新一代

必備

行銷人

新技能

U0058438

Marketing Insights
Statistical, Computational and
Modeling thinking

羅凱揚・蘇宇暉・鍾皓軒 著

旗標
FLAG

感謝您購買旗標書,
記得到旗標網站
www.flag.com.tw
更多的加值內容等著您…

<請下載 QR Code App 來掃描>

● FB 官方粉絲專頁:旗標知識講堂

● 旗標「線上購買」專區:您不用出門就可選購旗標書!

● 如您對本書內容有不明瞭或建議改進之處,請連上旗標網站,點選首頁的 聯絡我們 專區。

若需線上即時詢問問題,可點選旗標官方粉絲專頁留言詢問,小編客服隨時待命,盡速回覆。

若是寄信聯絡旗標客服 email,我們收到您的訊息後,將由專業客服人員為您解答。

我們所提供的售後服務範圍僅限於書籍本身或內容表達不清楚的地方,至於軟硬體的問題,請直接連絡廠商。

學生團體　訂購專線:(02)2396-3257 轉 362
　　　　　傳真專線:(02)2321-2545

經銷商　　服務專線:(02)2396-3257 轉 331
　　　　　將派專人拜訪
　　　　　傳真專線:(02)2321-2545

國家圖書館出版品預行編目資料

新一代行銷人必備的新技能:
統計思維 × 運算思維 × 模型思維 /
羅凱揚, 蘇宇暉, 鍾皓軒著. -- 初版. 臺北市:旗標科技
股份有限公司, 2023.02 面; 公分

ISBN 978-986-312-739-0(平裝)

1.CST: 行銷學 2.CST: 資料探勘 3.CST: 商業分析

496　　　　　　　　　　　　　　111020835

作　　者/羅凱揚‧蘇宇暉‧鍾皓軒

發 行 所/旗標科技股份有限公司

　　　　　台北市杭州南路一段15-1號19樓

電　　話/(02)2396-3257(代表號)

傳　　真/(02)2321-2545

劃撥帳號/1332727-9

帳　　戶/旗標科技股份有限公司

監　　督/陳彥發

執行企劃/陳彥發

執行編輯/劉樂永

美術編輯/薛詩盈

封面設計/薛詩盈

校　　對/陳彥發

新台幣售價: 500 元

西元 2023 年 2 月 初版

行政院新聞局核准登記-局版台業字第 4512 號

ISBN 978-986-312-739-0
版權所有‧翻印必究

推薦序

2022 年底，與人工智慧 AI 有關，最勁爆的一則新聞，莫過於最新版聊天機器人「Chat GPT」的震撼出世。Chat GPT 是馬斯克（Elon Musk）參與投資的基金會 OpenAI 所發佈的一款機器人。根據網路上的測試，Chat GPT 可以流暢地回答各種提問、語言翻譯、文本摘要、也可寫出幾乎無法分辨是真人版還是機器人版的文章等，還有其他許多強大功能的展示。現在，在行銷圈裡，不斷聽到有網路寫手、小編和行銷企劃，對於自己是否即將失業，而人心惶惶的討論了。

以上 Chat GPT 在行銷文案上的應用，只是 AI 行銷學或行銷資料科學的應用之一。隨著科技日新月異，可預見 AI 與資料科學應用的發展，將呈現指數性的成長，而值得行銷人，特別是年輕的一代，給予必要的關注與投入學習。

本書的作者群，都是我在臺灣科技大學管理學院的學生。他們於 2019 年出版了國內第一本的《行銷資料科學》書籍後；2020 年，推出《STP 行銷策略─Python 商業應用實戰》一書。接著，又在 2021 年出版了《最強行銷武器─整合行銷研究與資料科學》。到現在，2023 年初，這本《新一代行銷人必備的新技能：統計思維 × 運算思維 × 模型思維》即將問世。

這三位學生，能夠在五年間出版四本與「行銷資料科學」相關的書籍，這背後所代表的意義，是對時代潮流的敏銳關注，與對新知攝取的孜孜不倦。對於他們的努力，我表示非常的欣慰與肯定。本書將行銷資料科學背後所含的統計、運算，與模型三種核心思維，做了詳盡的剖析。對於想培養行銷洞見的人士來說，是一本非常好的案頭參考書籍，我很誠摯地推薦給大家。

林孟彥

臺灣科技大學企業管理系教授

作者序

對於從事行銷的人來說，如何擁有行銷洞見是一件相當重要的事情。畢竟擁有行銷洞見，能看到他人看不到的潛在機會，進而有利於掌握先機。但行銷洞見的培養，並非一朝一夕能養成。

為了能更有系統地協助行銷人擁有行銷洞見，本書作者結合行銷研究與行銷資料科學的相關研究與實務，整理出培養行銷洞見的思維方法，希望藉由統計思維、運算思維與模型思維的介紹，能讓讀者更有系統地學習與培養行銷洞見。

本書的出版，要特別感謝臺灣科技大學林孟彥教授的指導，作者群均為林孟彥教授的學生。同時也要感謝旗標公司陳彥發經理與劉樂永編輯的鼎力支持，讓本書能夠順利出版。

最後，雖然作者群十分用心地撰寫本書，為培養行銷洞見提供了一些指引，但唯恐因能力不及或論述未盡周詳，導致內容出現疏漏或錯誤之處，仍盼讀者們不吝提供建議，讓我們有機會加以改進，讓本書能更臻完善，謝謝。

作者 羅凱揚、蘇宇暉、鍾皓軒 謹識

2022 年 12 月

作者簡介

羅凱揚

　　臺灣科技大學管理學博士。臺灣科技大學兼任助理教授。著有《行銷資料科學》、《STP 行銷策略—Python 商業應用實戰》、《最強行銷武器—整合行銷研究與資料科學》、《電子商務與網路行銷》、《電子商務》、《商業自動化》、《管理學》、《個案分析》、《管理個案分析理論與實務》等書。

蘇宇暉

　　臺灣科技大學管理學院博士候選人。自由時報編政組主任兼報社發言人。著有《行銷資料科學》、《STP 行銷策略—Python 商業應用實戰》、《最強行銷武器—整合行銷研究與資料科學》。

鍾皓軒

　　臺灣行銷研究公司、臺灣行銷資料科學公司創辦人。曾任金融業、中華電信、BenQ、裕隆、資策會、工研院智慧製程、外貿協會國際企業人才培訓中心行銷資料科學 AI 專案講師，並執行多項資料科學專案、就讀臺科大工業與工程管理碩士班。著有《行銷資料科學》與《STP 行銷策略—Python 商業應用實戰》、《最強行銷武器—整合行銷研究與資料科學》、《實戰 Excel 行銷決策分析》。

目 錄

▋ 第 4 章　統計思考

第三篇 運算思維

第四篇　模型思維

■ 第 7 章　行銷模型

第一篇

概論

購物若是一場混沌歷程，
企業如何在混水中摸到大魚

在網路行銷裡，有一個很重要的理論叫做「行銷漏斗（Marketing Funnel）」，大意是指消費者在進行採購時，從探索、評估、到購買的過程，人數會像漏斗一樣，逐層遞減。而在這樣的過程中，消費者的評估屬於「線性歷程」，亦即消費者會先透過探索，再經過評估，最後才進行購買。

但隨著資訊科技的高速成長，消費者採購過程雖然同樣合乎行銷漏斗的階段性，但探索、評估、到購買的過程，卻變成了「混沌歷程」，亦即探索與評估不斷地重複（而且每一種產品的混沌歷程不同），直到收斂後才進行購買。

搜尋引擎龍頭谷歌（Google）的英國市場洞察主管阿利斯泰爾‧雷尼（Alistair Rennie）與強尼‧普羅瑟羅（Jonny Protheroe），2020 年 7 月[1] 發表了一篇文章《人們如何決定購買什麼，取決於購買過程中的「混沌歷程」》(How people decide what to buy lies in the 'messy middle' of the purchase journey)，用以解釋這樣的現象。

雷尼與普羅瑟羅兩人，因為長期從事 Google 消費者洞察的研究，發現當消費者有了購買需求，到最終決定購買，之間的歷程並非直線性的過程，而是一個相當複雜的接觸點網絡，同時還因人而異。他們將這樣的歷程稱為「混沌歷程」(Messy Middle)。

他們提到，「混沌歷程」背後有兩種心理模式：探索（Exploration）與評估（Evaluation）。因為任何一個人在使用搜索引擎、社群媒體和評論網站時，都

---

[1] 資料來源：https://www.thinkwithgoogle.com/consumer-insights/consumer-journey/navigating-purchase-behavior-and-decision-making/

可以歸類為探索和評估模式，而且要重複循環多次才做出購買決策。圖 1-1 中呈現 Google 混沌歷程與過往線性歷程的差異。

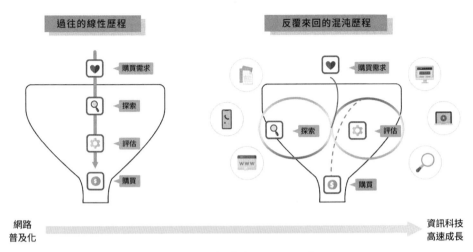

圖 1-1　混沌歷程（Messy Middle）
繪圖者：謝瑜倩、彭媛蘋
資料來源：https://www.thinkwithgoogle.com/consumer-insights/consumer-journey/navigating-purchase-behavior-and-decision-making/

　　舉例來說，當我們想購買一項 3C 產品時，可能會先在網路上進行探索，在論壇、部落格、官網上，搜尋各家品牌的資訊，以及網友的評價與使用心得。經過評估之後，鎖定了某一品牌，再次搜尋有關該品牌的評論、優缺點、規格等。之後，又在不同電商平台之間進行比價與評估。最後，選定正在進行優惠活動的某電商平台進行購買。這個探索與評估不斷循環的過程，我們可能從 10 多個管道蒐集資訊，並比較了 3 個品牌，而資訊擷取的時間可能長達一個小時。

　　此外，雷尼與普羅瑟羅還提到，可能影響購買決策的認知偏差（Cognitive Biases）。當消費者在混沌歷程中進行探索和評估時，認知偏差總會影響他們的購物行為與品牌選擇。他們在文章中提出，企業必須優先考慮六種認知偏差，因為有助於消費者解決問題，讓雙方達成交易，如圖 1-2 所示，並分述如下：

圖 1-2　六種認知偏差
繪圖者：彭煖蘋
資料來源：https://www.thinkwithgoogle.com/consumer-insights/consumer-journey/navigating-purchase-behavior-and-decision-making/

1. **類別捷思**（Category Heuristics）：企業產品規格的簡短描述，要能簡化消費者購買決策。

2. **追求當下**（Power of Now）：人們偏好能夠立即解決問題的選項。

3. **社會證明**（Social Proof）：他人的推薦與評論，具有強大說服力。

4. **稀缺偏差**（Scarcity Bias）：產品越少越受歡迎，選項太多反而是困擾。

5. **權威偏見**（Authority Bias）：受專家意見或可信來源強烈影響。

6. **免費力量**（Power of Free）：免費的禮物能促成強大的購買動力，因為人總是貪小便宜。

　　雷尼與普羅瑟羅兩人透過實驗模擬了金融服務、消費性民生用品、零售、旅遊和公用事業等 310,000 種的購物情境。在實驗過程中，消費者被要求在一個

類別中，選擇他們最喜歡與第二喜歡的品牌，並透過上述偏差來觀察人們是否會進行品牌轉換。同時，在每一個類別中，還包括一個虛擬品牌。

實驗結果顯示，透過有效的品牌管理，縱使是虛擬品牌，一樣能夠在混沌歷程中勝出。那麼行銷人員究竟該如何在混沌歷程中，贏得消費者的心呢？

雷尼與普羅瑟羅建議：

1. 強化品牌知名度，企業必須讓消費者在探索時，能很快搜尋到自己的產品或服務。

2. 善用行為科學的原理，讓消費者在評估選擇時更具有說服力。例如，就「追求當下（Power of Now）」來說，品牌商應該提供清楚且明確的全通路購物指引，立即解決消費者購買的問題。

3. 縮小觸發與購買之間的差距，全力降低現有顧客、潛在顧客能接觸到其他競爭者品牌的機會。

4. 建立強大、靈活的跨職能工作團隊。

以上的故事，凸顯出企業在進行網路行銷時的挑戰。無論是思考如何做好品牌管理？如何進行良好的 UI/UX（User Interface（使用者介面）/ User Experience（使用者體驗））設計？如何增加行銷漏斗各階段的轉換率？以及如何打造敏捷團隊……等。而這些問題，也常常困擾著行銷人。

偏偏以上的故事不會只是特例，環境會持續改變，消費者的需求與行為也會不斷地改變。行銷人為了要能因應這樣的趨勢與變化，其中一項能做的，就是培養出行銷洞見（Marketing Insight）。

而為了培養出行銷洞見，我們可以回歸到思維的本質，學習運用與行銷管理、行銷研究、行銷資料科學相關的思維，包括：統計思維、運算思維、與模型思維，來擁有行銷洞見。本書，即是對此議題進行分享。

第 1 章

行銷資料科學的
三種思維

洞見是什麼？

在進行（行銷）資料分析專案時，經常會遇到一個問題，那就是原始資料的數量往往非常龐大、且排列結構漫無章法。那麼一位好的（行銷）資料科學家究竟該如何才能找出隱藏在這些數據背後的「洞見」。

為了回應這個問題，我們需要先對「洞見」的定義進行了解。根據教育部重編國語辭典修訂本的定義，洞見指的是「能透徹的了解。指能透視不易察曉的事物，故見解高明。」至於在台語部分，還有一句更傳神的，就是「目睭看過三沿壁」，也就是要具有能夠看穿三層牆壁的慧眼。

至於洞見的英文，一般是指 Insight，Insight 在劍橋英語詞典中的解釋為 "(the ability to have) a clear, deep, and sometimes sudden understanding of a complicated problem or situation"，意指對複雜問題或情境，具有清晰、深刻、有時候甚至是突然的理解的能力。

根據波士頓顧問公司（Boston Consulting Group，BCG）合夥人暨董事總經理徐瑞廷的說法：「在 BCG 內部，我們都是直接叫『insight』。用一句話說，『insight 就是以某種思考模式，推演出獨一無二（unique）的觀點』」。

最後要引用《策略思考：建立自我獨特的 insight，讓您發現前所未見的策略模式》一書的作者，同時也是波士頓顧問公司（BCG）資深合夥人、董事總經理、日本負責人御立尚資的看法。他把 Insight，轉換成三個數學等式，他提出：Insight ＝速度＋視角；其中，速度＝（模式辨認＋圖表思考）× 假想檢驗；視角＝「廣角」視角＋「顯微」視角＋「變形」視角。

根據以上的定義，我們歸納出尋找 (行銷) 洞見的方法。那就是在進行 (行銷) 資料分析時，要能運用過去的模式 (pattern)，來釐清問題的核心，並快速提出解決方法。這裡的模式 (pattern)，可能是源自於自己過去的經驗、可能是夥伴們過去的經驗、可能是公司所累積的智慧資本、也可能是全世界的產業分析報告，或者是學術論文資料庫裡的 (行銷) 理論與知識。

其實，類似希臘科學家阿基米德在洗澡時能夠想到，澡盆溢出來的水，體積應該等於身體的體積，然後類推到與王冠等重的黃金，有沒有被金匠攙雜了「銀」。如此的頓悟，與這樣的推導過程，就是「洞見」的展現。如圖 1-3 所示。

希臘科學家阿基米德在洗澡時能夠想到，澡盆溢出來的水，體積應該等於身體的體積

然後類推到與王冠等重的黃金，有沒有被金匠攙雜了「銀」

這樣的推導過程，就是具有洞見的展現

圖 1-3　洞見的定義
繪圖者：謝瑜倩

此外，(行銷) 資料科學家或管理者在進行資料解析的討論時，必須要不斷地透過資料驅動思維與方式，以及從各種不同的角度，持續檢視這些資料：包括宏觀、微觀；長期、短期；線性、指數；連續、突變等不同的多元性觀點，以及統計思維、運算思維、系統思維等思維模式，來對龐大的資料和事物進行分析與批判。並善用各種圖表，與團隊夥伴們進行思辨與討論，進而找出背後的 (行銷) 洞見。

鳥之眼與蟲之眼

2006 年諾貝爾世界和平獎得主穆罕默德・尤努斯（Muhammd Yunus）一生都在為孟加拉的貧困人民努力。他發展出「小額貸款」的理論和實務，創建出孟加拉鄉村銀行，給家貧而無法獲得傳統銀行貸款的小型創業者貸款。他曾在演講時，提到「鳥之眼（Bird-eye）」與「蟲之眼（Worm-eye）」來比喻他自己的做事方法。他說，鳥眼能夠俯視每一樣事情；而在蟲之眼裡，只能看到眼前的事物。乍看之下，這兩種觀點大相逕庭且相互衝突，對照之下，又似乎以鳥之眼為佳，但事實上並非如此。

尤努斯自己就提到，「透過鳥眼能看到的事情太多了，但卻不會太詳細。身為一位教授，如果我用鳥之眼來看待貧窮，我會寫一篇論文。但我用蟲之眼來看貧困，就會看到那些受苦的人是我的鄰居，所以我沒有寫論文，而是在想如何幫助他們」。

《臥底經濟學家的 10 堂數據偵探課》（How to make the world add up）一書作者提姆・哈福特（Tim Harford）[2]，將鳥之眼與蟲之眼的概念對應到統計思維。鳥之眼的觀點（Bird-eye view）意指從數據中得到宏觀與嚴謹的洞見；蟲之眼觀點（Worm-eye view）意指從經驗中獲得微觀與豐富的認知。

這兩種觀點各有其優缺點，一種宏觀、一種微觀；一種是客觀的研究方法，但研究結果可能會因為許多研究上的限制，導致出錯。另一種是主觀的個人經驗，但個人經驗往往觀照的範圍有限，無法涵蓋所有情境，如圖 1-4 所示。

---

[2] 作者：提姆・哈福特（Tim Harford），譯者：廖建容、廖月娟，《臥底經濟學家的 10 堂數據偵探課》，天下文化。

鳥之眼（Bird-eye）

從數據中得到整體與嚴謹的洞見

蟲之眼（Worm-eye）

從經驗中獲得豐富但狹隘的認知

圖 1-4　鳥之眼與蟲之眼
繪圖者：謝瑜倩

　　哈福特以自己親身的經驗為例，倫敦巴士的每日平均乘客數是 12 人，但他每天早上跳上擠滿人的紅色雙層巴士時，單單座位數就有 62 個，而上面全都坐滿了人。顯然統計數據與真實情境之間，存有重大差異。

　　當然，我們可能會想到，不能拿整體平均數據與尖峰時的個人感受來進行比較，要比較的統計數據應該是尖峰期間的平均乘客數。不過，實務上，當我們想解決問題時，卻常常無法取得更細部、更詳實的數據，導致在資料分析時產生偏限。

　　哈福特建議，在進行問題的思辨時，應該結合兩種觀點的優點，彼此之間相輔相成，並思考如何在兩者間取得平衡。

　　統計思維是一項很好的工具，但每一種工具都有其適用性與局限性。如何與其他工具相互搭配，使自己能在發現問題、解決問題的過程中，做到「見樹又見林」。甚至是禪宗《指月錄》中所提到的「見山是山，見山不是山，見山還是山」，就有賴我們對統計思維、研究方法以及其他新工具的熟悉與精進。

同場加映

波士頓顧問群（BCG）在分析問題時，除了會用「鳥之眼」與「蟲之眼」，往往還會加上「魚之眼」讓自己的視野更週全，像是在水中時，可以透過魚眼，來判斷未來的潮流與趨勢。

資料科學商業應用三種思維

　　資料科學進入商業時代，搖身一變成為商業行銷的利器，讓許多經理人無不想方設法企圖將資料科學有效加以運用，然而以統計和資訊思維為出發的學科領域，現在再加進商業思維，讓整體學習難度又再向上提昇。不過，有心學習者其實不必太過憂慮，只要循序漸進，一步一步踏實地向前邁進，您就能將這個新興的行銷武器，操控自如。

　　平心而論，由於在透過資料科學進行商業應用的實務過程中，最後總是需要回歸到商業「決策」，而決策的好壞，往往又受到背後的「思維模式」所影響。我們將「資料科學」的商業應用，重新盤點和清查一次，發現大致都落在以下三個範疇：統計、資訊和商業。因此，由這三個範疇出發，我們可以發展出統計思維、運算思維與商業模型思維等三種思維模式，如圖 1-5 所示。

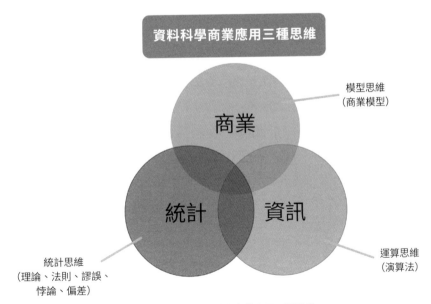

圖 1-5　資料科學商業應用三種思維
繪圖者：謝瑜倩

首先，在圖的左側，與「統計」相關的是「統計思維」，內容主要在如何善用常見的理論、法則，並且避開統計裡的謬誤、悖論與偏差，以期讓經理人做出正確的決策。例如：透過分期遷移（Stage Migration）現象避免誤判各分店營業額的成長，或是透過倖存者偏差（Survivorship Bias）找出 App 客訴的原因可能來自於程式的「閃退」。

其次，右側與「資訊」相關的是「運算思維」，內容主要討論如何像電腦一樣進行邏輯思考，尤其是背後的「演算法」。例如：透過最佳停止（Optimal stopping）演算法，找出自己的真命天子（女）。或是透過決策樹（Decision tree）來破解「二十個問題」（Twenty Question Game）遊戲。

最後，與「商業」相關的則是「模型思維」，主要談論如何透過「商業模型」來進行思考，做出有利的商業決策。而本書將商業模型的重心，放在行銷模型。例如：行銷策略的目標市場區隔＋產品牌定位模型（STP Marketing Model）、顧客滿意度與轉換模型、行銷組合模型、以及各種數位行銷模型等。透過這些行銷模型，有助於我們做好行銷決策。

值得一提的是，或許有人不太了解為什麼學術研究人員，每天開口閉口都在說要「建立模型」。我們曾經舉例，例如：如果一家企業已確知「口碑行銷模型」中，消費者在難以下定購買決策時，會以「產品認知風險」、「人際連結的強弱程度」、「專業知識」等三大因素，向親朋好友探詢口碑。那麼這家公司的經理人就應該大力說明公司產品的優點（不會有何種產品風險）、設法讓您週遭的親朋好友都能傳播公司正面口碑（強化您的人際連結），培養專業代言人（專業知識）。因為如此一來，等於逐一強化這些口碑傳播的正面因子，藉此讓行銷更加精準，更有力道，而這也就是模型思考的重要性。

第二篇

統計思維

「建立統計思維」的層次

「統計學」是一門很實用的學問。不過，許多學生學習了統計學的內容後，即便考試也考的很不錯，但就是無法在生活中與工作實務中，能夠很順利地應用出來。面對這類問題，我們總是鼓勵大家要先建立統計思維，從基礎的數據分析開始，養成以統計為基礎的批判思考能力。如此一來，就有機會將統計運用在實務上，進而讓統計學發揮出更大的價值。

那麼究竟什麼是「統計思維」呢？其實統計思維有層次性，如果把它視為一個金字塔型的構造，從最底層的敘述統計開始，依序是「數據分析」層次的敘述統計、推論統計和資料科學，到「批判思考」的統計思考和模型思維。以下，我們簡單說明建議統計思維的層次，如圖 2-1 所示。

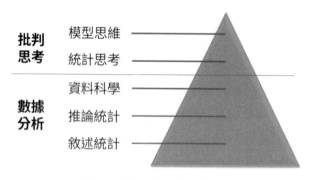

圖 2-1 「建立統計思維」的層

1. 敘述統計（Descriptive statistics）

敘述統計雖然只是基礎，卻已能夠呈現出許多有用的資訊。然而在使用敘述性統計時，還是要避免誤用。譬如，在計算美國大聯盟運動員的年薪時，應該用中位數來統計，而非平均數，以避免少數明星球員的超高薪資所造成薪水偏高的影響。

　　舉例而言，2019 年，洋基隊以一張九年三億兩千六百萬美元的合約，與投手柯爾（Gerrit Alan Cole）簽約，隨即讓柯爾成為美國職棒大聯盟（MLB）有史以來薪水最高的投手。而他的薪資一下子就把大聯盟 30 隊，近一千名球員的平均薪水 405 萬美元，拉高不少。但事實上，有些球員的最底薪，薪水只有 55.5 萬美元，差異非常懸殊。因此，大聯盟運動員的年薪不應該用平均數來看，而應該用中位數來檢視。

　　同時，在使用敘述性統計時，也得避免運用不當圖表視覺化的呈現，來操縱他人對圖表的認知。

2. 推論統計（Inferential statistics）

　　推論統計有兩大學派：頻率推論（Frequentist inference）與貝葉斯推論（Bayesian inference），兩者觀點雖然不同，但各有其擅長之處，而解決複雜問題的有效方法，通常是結合兩者的力量。

3. 資料科學（Data science）

　　資料科學背後有各式各樣的演算法，包括：決策樹（Decision tree）、隨機森林（Random forest）、迴歸（Regression）、神經網路（Neural network）、支持向量機（SVM）、XGBoosting…等。這些演算法，不但有助於進行數據分析，發展預測模型，甚至能建立 AI 人工智慧系統。

4. 統計思考（Statistics Thinking）

　　統計學裡有許多法則（law）、偏差（bias）、悖論（paradox），或是捷思法（heuristic，又稱經驗法則）…等，例如：小數法則（Law of small numbers）、倖存者偏差（Survivorship Bias）、辛普森悖論（Simpson's Paradox）、定錨捷思法（Anchoring heuristic）等。行銷人和資訊人必須好好運用這些知識，以利我們做好決策。

5. 模型思維（Model Thinking）

　　模型（Model）是「真實事物的簡要呈現（abstraction of reality）」。模型可以協助我們瞭解真實世界的運作，進而協助發現問題、解決問題。

　　還記得 COVID-19 疫情期間，陳建仁副總統所舉的疾病傳染案例嗎？如果一位被感染的同學會傳給三位同學，傳染病就會是 1 傳 3，3 傳 9，9 傳 27，這樣傳到第 10 遍，就是 59,049 人，接近六萬人；而如果是每一次被感染的三位同學，都有一位被隔離，兩位沒隔離，傳到第 10 遍，即 1 傳 2，2 傳 4，4 傳 8，傳到第 10 遍，仍會有 1024 人；但如果每一次被感染的三位同學，都有兩位被隔離，一位沒隔離，這時 1 傳 1 傳 1 傳 1，第 10 遍只有一位同學會傳播感染。透過傳染病模型，可以得到發生傳染病的機率，甚至估計一旦有多少人接種了疫苗，傳染病就不會發生。建立模型思維，也助於擁有智慧（Wisdom），培養洞見（Insight）。

破解「統計好可怕」的迷思

　　學習行銷資料科學，除了要懂得行銷管理的知識，會寫一點點 Python 或 R 程式，還要有一些統計學的基礎。不過，很多學生對於統計，天生都有「統計好難懂」、「統計好可怕」的迷思。這可能是來自於當初教授統計學的老師，並沒有從學生的立場出發，然後又加上統計需要運用數學計算、機率等基礎數理，導致學生視「統計學」為畏途。因此總是有人會一再提問「如何學好統計？」，而這也正是促成我們想撰寫統計學或研究方法的背景。

統計真有那麼不容易懂嗎？其實，統計學可分成「敘述性統計（descriptive statistics）」與「推論性統計（inferential statistics）」兩大類，如圖 2-2 所示。

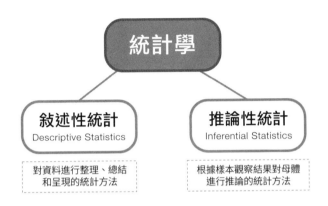

圖 2-2　統計學的兩大類型
繪圖者：王舒憶

我們先以敘述性統計為例。請先想像一下，您剛到一家新公司上班，回家後被家人問到，您們公司怎麼樣？您會如何回答？「嗯，還好，公司大概男女各半」或者「年輕人很多」。老實說，這樣的答案並不是很精準。因為聽不出來貴公司的人口統計分佈資料概況。

那麼，如果是一個學過統計的人，會如何描述這家公司呢？答案大概會是這樣：「我們公司人數大約是 1,200 人，男生佔 52%、女生佔 48%，平均年齡 27 歲、標準差 3 歲、年紀最大的董事長今年才 43 歲；公司有 42% 的同事負責新一代大數據和 AI 研發，24% 的人從事行銷」。哇，聽到這裡，我們的下巴已經掉下來，因為您們公司的同仁竟然這麼年輕，業務範圍大概則是以資料科學的新創產品為主。

現在，您有沒有看出來，沒有學過統計和學過統計者的差別？另外，為什麼只透過以上七十多個字（內含八個數字），已經可以經知道您公司的概況呢？

事實上，以上所使用的「敘述性統計」，就是一種「運用一些文字和數字，描述出資料集的屬性」的方法。應用到上述的例子中，也就是使用一些統計數量來「描繪」出這家公司的人口統計分佈的屬性。換言之，您已經藉此畫出這家公司就業人口的輪廓。

在前述的公司的敘述性統計中，並沒有使用到很高深的數學，因為百分比、平均數、標準差，甚至是年紀最大的董事長「離群值」43 歲，在國中、高中數學裡就已經學過，它們也都是統計學的初步。只是大家因為天生畏懼統計，並沒有好好拿出來使用而已。

再進一步來看，如果您能運用類似上述的概念，來解釋您上課的班級、上班的公司、參加的社團，以及上班使用的任何資料、或者您上個月、上半年、前一年度的業績。恭禧您，您已經往「建立資料腦」的方向邁進一步。

或者，您還沒有做過這樣的嘗試，現在拿起您的筆和計算機，大概統計一下您的業務。舉例來說，即便您是文字工作者，不妨算一下，上個月每日發稿字數、全月總發稿字數、平均每日發稿字數、再算一下標準差，您大概就可以對自己的工作量「瞭然於胸」。

當然，您也可以抱怨，哇，統計就是要把工作內容數量化。沒有錯，如果您能計算出您和同組同事之間，每月工作件數、內容數，甚至最後「過關」的數量與品質。到了年底，在被長官輪番檢討時，您只要拿出這些統計數字和同單位的同事做個比較，相信這時候，統計不但不可怕，還可能是您加薪，甚至是防禦自己被裁員的最佳武器。此時，您還會說「統計好可怕嗎？」

第 2 章

敘述統計

資料的描述

◆ 古人如何測出 1 英尺？

學過英文單字的人都知道，「腳」（foot）這個英文字，與英尺（foot）同義，它的複數形就是 feet，跟英文的英尺也相同。但您有沒有想過這對幾乎是「孿生兄弟」的英文字，它們的由來為何？

請先想像一下，過去在還沒有發明「尺」之前，歐洲人應該要如何測量出 1 英尺的單位？同時，甲地測出來的 1 英尺，也要與乙地測出來的差不多（否則土地如何買賣？）現在給您一個提示，測量英尺（foot）的方式，可以透過腳（foot）來衡量。

您想出來了嗎？

雅各布‧科貝爾（Jacob Köbel，1460 - 1533）是一位德國的出版商。他曾經透過一張圖形，說明在 16 世紀初時，測量英尺（foot）的方式，是透過一根長長的木棒來決定。

有趣的是，當時的 1 英尺，還真的是一隻腳底的長度。問題是，每個人的腳底長度有長有短，那到底應該用誰的腳來當作標準呢？

科貝爾提到，當時的作法是，居民做完禮拜後，找來 16 位成年男性。讓他們站成一排，自己的鞋頭對著前一個人的鞋跟。然後，從第一位居民的鞋頭開始量到最後一位居民的鞋尾，這就是 16 英尺的長度，如圖 2-3 所示。接著，將 16 英尺的長度，切成 16 份均等的長度，每一份長度，就是 1 英尺。

圖 2-3　16 位男性居民排排站
資料來源：Jacob Köbel（1522）

　　上述故事中的作法之所以有效，是因為雖然每個人腳底長度不一，但經過16 名男性腳底長度的數字加總，並採取平均後，就得到一英尺的長度。同時，在各地測出來的數字差異，也並不會太大。

　　至於英寸（inch）的制定則是更出人意料。英寸這字本意為「大拇指」，據說蘇格蘭國王大衛一世在《度量衡》一書中（約 1150 年），將蘇格蘭英寸定義為普通人大拇指指甲根部的寬度。而英國國王愛德華二世（1284~1327），為了制定出英寸，讓人們在一堆大麥中選擇最大的三粒麥穗，然後將其排列就成為了現在的英寸。

　　以上故事並不是在訴說，古代人制定「單位」不只隨意還很任性，而是對於「單位」這件事情，本來就和一般民眾的生活息息相關。尤其是透過腳（foot）來衡量英尺（foot）的方式，更是一種創意與統計結合的展現。

◆ 別誤用平均數

先問大家一個問題,「一輛汽車行駛一段路程,前半段時速 60 公里,後半段時速 30 公里(兩段距離相同),請問其平均速率為?」

再問大家另一個問題,「某公司過去 3 年的營業額成長率,分別為 10%,-3%,14%,請問,該公司這 3 年的營業額每年平均成長率為?

關於第一個問題,許多人的答案是(60+30)/2=45(時速 45 公里);至於第二個問題,大部分的人其答案是(10-3+14)/3=7(平均成長率 7%)。

在敘述性統計裡,最常用到且最常被誤用的,莫過於平均數(Mean)了。被誤用的第一個原因,就在於不了解平均數的類型,或是認為所有平均的概念,就是先將各項數值相加,再除以數值的個數。

事實上,平均數包括:算術平均數(Arithmetic Mean)、幾何平均數(Geometric Mean)與調和平均數(Harmonic Mean)。

日常生活中,當婆婆媽媽在市場上看到菜販的高麗菜一斤開價 50 元,隨即自己就出價 40 元,經過討價還價之後,雙方最後各退一步,以 45 元成交(50+40)/2=45。這是算數平均數的概念。

以兩個數值為例,其公式為 $\dfrac{a+b}{2}$。

而幾何平均數(Geometric Mean)則適用於比率數據的平均,因此計算某公司過去 3 年營業額(10%,-3%,14%)的平均成長率,應該採用幾何平均數的公式,以三個數值為例,其公式為 $\sqrt[3]{abc}$。

$\sqrt[3]{1.1 \times 0.97 \times 1.14} - 1 = 0.067$,所以平均成長率是 6.7%。

至於計算平均速率，則應該要用調和平均數（Harmonic Mean）。以兩個數值為例，其公式為 $\dfrac{2}{\dfrac{1}{a}+\dfrac{1}{b}}$ 。因此，前半段時速 60 公里，後半段時速 30 公里（兩段距離相同），其平均速率為 $\dfrac{2}{\dfrac{1}{60}+\dfrac{1}{30}}=40$ 公里。

最後，愛因斯坦（Albert Einstein）的好友、心理學家馬科斯‧韋特墨（Max Wertheimer），曾經出了一道考題給他：

想像一下，您正開著一台老爺車，準備完成一段上坡一英里、下坡一英里的旅程。上坡時，您的時速為 15 英里。請問，如果想要達成全程「平均」每小時 30 英里的時速，在下坡時，您的時速應該是多少英里。您的答案是？（如圖 2-4 所示）。

全程平均時速須為 30 英里，下坡時速為 ＿ 英里 / 小時？

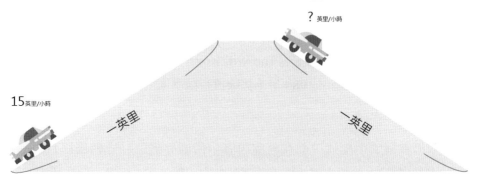

圖 2-4　馬科斯‧韋特墨的考題
繪圖者：謝瑜倩

答案不是 45 英里，而是根本辦不到。因為上坡一英里，時數 15 英里，所以費時 4 分鐘（60/15=4）。而要達成全程平均一小時 30 英里的時速，而全程為二英里，一樣費時 4 分鐘（120/30=4）。但因為上坡時已經花了 4 分鐘，所以下坡時開得再快，也無法達成。如果您答不出來，也不用沮喪，因為愛因斯坦第一時間也被這個題目騙了。

◆ 威爾 · 羅傑斯現象與分期遷移

「平均數」是所有資料集中，非常重要的特徵值之一，但是它也非常容易受到有心人士的操弄而改變，尤其在製作財務報告、業績報表時，甚至不用吹灰之力就可以將平均數，以「五鬼搬運」方式到處挪移，因此碰到這類被稱為「威爾 · 羅傑斯現象」或是「分期遷移」時，要特別注意。

1930 年代，美國有一位很出名的奧克拉荷馬州喜劇演員威爾 · 羅傑斯（Will Rogers），有一次在自嘲時，曾經說過這樣一句話「當奧克拉荷馬州的居民離家，搬到加利福尼亞州時，他們可以一次拉高這兩個州的平均智商。（When the Okies left Oklahoma and moved to California, they raised the average intelligence level in both states.）」。

不曉得，各位注意到了嗎？這種將一個群體中的某些個體，搬移到另一群體後中，竟然可以拉高兩群體的平均數的現象，是怎麼來的嗎？

其實，「威爾 · 羅傑斯現象」（The Will Rogers phenomenon）這個名稱，不是由羅傑斯所創，而是由 1985 年，美國流行病學家阿爾文 · 芬斯坦（Alvan Feinstein）所提出。

芬斯坦在論文中描述了他在癌症患者中所觀察到的「分期遷移」（Stage Migration）現象。簡單來說，癌症隨著癌細胞的數量從少到多、惡性腫瘤的形狀從小到大、擴散程度從低到高，一共分成四期（不包括第零期）。第一期患者的存活率最高，依序遞減，第四期患者的存活率最低。

不過，當醫療技術越來越發達時，原本醫生沒有發現到的微小腫瘤細胞，開始被診斷出來，結果原本被歸類為第零期的患者，就往後退到第一期，結果反而造成第一期患者的平均壽命，跟著提高，如圖 2-5 所示。

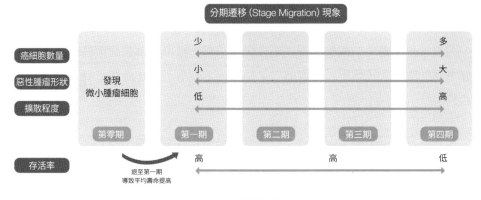

圖 2-5　分期遷移
繪圖者：謝瑜倩

然而，這種提升平均壽命的「成效」（對應到商業上，就是企業的績效表現），並非源自於醫療的結果，而僅僅是數字移動後計算出來的成果。就被稱為「分期遷移」（Stage Migration）或者是「威爾·羅傑斯現象」（The Will Rogers phenomenon）。

我們再以一個簡單的案例來說明。某公司旗下有 A、B、C 三個業務團隊，每個團隊底下都有好幾名業務人員。其中，A、B、C 團隊的平均績效差異很大，A 團隊的平均業績最好，B 團隊次之，C 團隊一直墊底。如果今天您接任該公司的業務副總，被授命必須在短期內，提升 A、B、C 三個業務團隊的業績，您該怎麼辦？

在這裡，我們並不是要討論如何透過「管理學」來提升整體業績，而是要如何使用一種偷天換日的方法，藉此來解釋「業務數字」背後的盲點。

其實，對於業務副總來說，最簡單的方法就是在 A 團隊中，選取兩位業績落後 A 團隊平均業績，但是卻超越 B、C 團隊平均業績的業務人員，並且將其分別改派到 B、C 團隊中。因為只要做了這件事情，其他條件均不變，幾乎不用吹灰之力，就可以讓 A、B、C 三個團隊的平均業績，同步獲得成長。

◆ 基本率謬誤

假設您是陪審團的成員，現在正在參與一起計程車肇事逃逸案件的審理。這起案件的案情大致如下：三週前的某個深夜，發生了一起計程車撞人肇事逃逸事件。

全案只有一位目擊者的證詞，該名證人是個老人，從窗戶看到遠處的事故，他說，肇事計程車是藍色計程車。而城裡只有兩家計程車行，分別是「綠色」與「藍色」計程車行。事故當晚，路上計程車數分別為綠色 85%；藍色 15%；而依據法院對目擊者進行測試結果，發現目擊者有 80% 的機率，能在深夜裡正確分辨出計程車的顏色。請問，在目擊者證詞的前提下（肇事計程車是藍色計程車），果真是藍色計程車肇事的機率有多高？（如圖 2-6 所示）

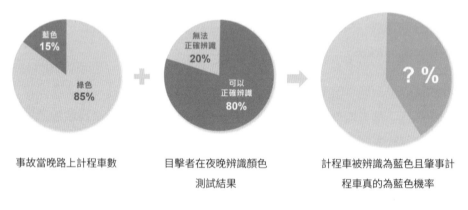

圖 2-6　計程車肇事逃逸案件
繪圖者：彭媛蘋

這個問題，是美國行為科學家阿莫斯・特沃斯基（Amos Tversky）和諾貝爾經濟學獎得主丹尼爾・康納曼（Daniel Kahneman）所做的研究。特沃斯基和康納曼發現，大部分參加實驗的人，答案都選擇 80% 的機率，主要是根據目擊者有 80% 的機率能正確分辨出計程車的顏色。

不過，這樣的推論其實是有問題的，因為受測者完全忽略路上計程車數分別為綠色 85%；藍色 15% 這件事實（亦即藍色計程車數遠低於綠色計程車數）。那真實的機率應該是多少呢？

根據貝氏定理的公式：

$$P（A \mid B）= \frac{P(A \cap B)}{P(B)}$$

$P(A \mid B)$ 是指在事件 B 發生的情況下，事件 A 發生的機率。

$P(A \cap B)$ 是指 A 與 B 同時發生的機率。

$P(B)$ 是指事件 B 發生的機率。

其中，

$$P（A \mid B）= \frac{P(A \cap B)}{P(B)} = \frac{P(A \cap B)}{P(A \cap B) + P(A' \cap B)}$$

$$= \frac{P(A) * P(B \mid A)}{P(A) * P(B \mid A) + P(A') * P(B \mid A')}$$

根據以上公式，將可能的情境帶入：

A：藍色計程車肇事

A'：綠色計程車肇事

B：目擊者聲稱是藍色車肇事

因此，沒有其他前提時，肇事車為藍色的機率 P(A) 為 0.15

沒有其他前提時，肇事車為綠色的機率 P(A') 為 0.85

藍色車肇事的情況下，目擊者聲稱是藍色車肇事的機率（即為目擊者正確辨識的機率）P（B︱A）為 0.8

綠色車肇事的情況下，目擊者聲稱是藍色車肇事的機率（即為目擊者錯誤辨識的機率）P（B︱A'）為 0.2

現在，我們想知道的是，當目擊者指稱肇事計程車是藍色的情況下，果真是藍色計程車肇事的機率為：

P(A︱B)

$$= \frac{P(A) * P(B︱A)}{P(A) * P(B︱A) + P(A') * P(B︱A')}$$

$$= \frac{0.15 * 0.8}{0.15 * 0.8 \ + \ 0.85 * 0.2}$$

= 0.41

所以，真實的機率為 0.41，遠比大部分參加實驗的人所認知的 80% 來的低，大約只有一半左右。

其實，從以上故事中，忽略計程車數分別為綠色 85%；藍色 15% 這件事，而導致判斷錯誤，就是所謂的「基本率謬誤」(Base Rate Fallacy)。

基本率謬誤 (Base Rate Fallacy) 或稱「忽略基本比率 (Base Rate Neglect)」，顧名思義，是指在做判斷時，我們常常忽略了基本比率。

　　德國暢銷書作者魯爾夫‧杜伯里（Rolf Dobelli）在《思考的藝術》這本書中，提到一個有趣的問題。某人是一位喜歡聽莫札特的音樂，戴著眼鏡的瘦子，您覺得他有可能是一位卡車司機，還是一位住在法蘭克福的文學教授？

　　杜伯里告訴我們，大部分的人會猜某人是文學教授，但這個答案很可能出錯。只因為在德國，卡車司機的人數，比住在法蘭克福的文學教授的人數，多出了 1 萬倍。所以，喜歡聽莫札特音樂且戴著眼鏡的瘦子，可能與我們所認知的卡車司機的印象不太相符，但他是卡車司機的機率，其實真的比較高。

◆ 六個人的小世界

　　社會學裡，有一個很有名的理論稱為「六度分隔理論」（Six degrees of separation），又稱「六個人的小世界」，內容是指世界上互不相識的兩個人，只需要少數（大約是六個人）的中間人，就能夠相互建立起聯結。對了，您有沒有在臉書上發現，您的這個朋友，怎麼也會認識您的另外一個好久沒有連絡的朋友呢？這就有六度分隔理論隱身在後。

　　「六度分隔理論」的概念，源自於 1929 年匈牙利作家卡琳西‧佛里吉斯（Karinthy Frigyes）的短文《鏈鎖》（Chains）。大約四十年後，1967 年美國社會學家史坦利‧米爾格拉姆（Stanley Milgram）依據這個概念做過一次連鎖信實驗證明，嘗試證明平均只需要 6 步就可以聯繫任何兩個互不相識的人，他後來還因此宣稱六度分隔理論在美國實際存在。

　　不過，到了 2002 年，美國心理學家茱蒂絲‧克萊因費爾德（Judith Kleinfeld）在今日心理學期刊（Psychology Today）發表了一篇名為《六度分隔：都會傳說？》（Six Degrees: Urban Myth？）文章，提出了不同的看法。

克萊因費爾德檢視了存放在耶魯大學檔案室中，米爾格拉姆的論文檔，並追蹤小世界研究的相關細節。她發現，在其未發表的初始研究中，發出的 60 封信中其實只有 3 封成功寄達，只佔全數的 5%。同時，在他的研究對象中，社會階層與種族界線也是很大的鴻溝。尤其，如果寄件者是低收入戶，收件者是高收入階層，達成率幾乎為 0。米爾格拉姆的實驗，並未像他宣稱的那樣完美。

相反地，哥倫比亞大學的鄧肯‧瓦茨（Duncan Watts）在 2000 年，與他的同事們透過數學模型，展示小世界是如何運作的，並成功引起其他領域如疾病傳播研究者的興趣。到了 2008，微軟公司的研究人員，透過對 MSN 資料庫的分析，對比了 300 億則通訊，證實了人與人之間的間隔為 6.6 人。

克萊因費爾德認為，實際上，人們對小世界的感知經驗，與數學家的認知之間也有區別。克萊因費爾德舉例，在美國，一位領著社會救濟金的母親，與美國總統之間的距離可能不到「六度」。她的社會救濟金經辦人可以是第一位中間人，該經辦人的主管可能是第二位，而主管的主管可能是市長 (第三位中間人)，而市長有可能認識美國總統 (所以只需要三位中間人)。然而這有什麼意義，6 看起來很小，但傳達的距離卻很遙遠，如圖 2-7 所示。

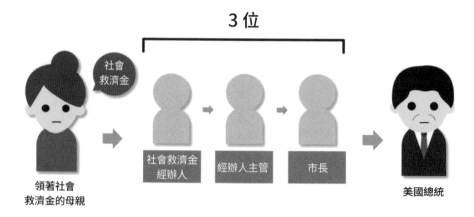

圖 2-7　領社會救濟金的母親與美國總統之間的距離
繪圖者：彭煖蘋

　　有趣的是，「六度分隔理論」在兩個行業中受到廣泛的應用，您猜得到是哪個行業嗎？答案是保險業及直銷業。因為這兩個行業特別注重人脈，他們最常使用的銷售技巧就是您的誰誰誰，也買了我們家的保險或產品。小小世界裡，平常兩位素不相識的人之間，透過一定的聯繫方式，往往能夠產生必然的連結，或建構出特定的關係。

資料視覺化

◆ 直方圖與長條圖之差異

　　直方圖是統計學中，最初步也是最簡單的圖形表示方法之一，透過幾根長方型的圖條，就可以表達一組資料集的大致樣態。因此，這種簡單明瞭的表達方式也讓它在各類統計應用中，歷久不衰。

　　直方圖（Histogram）是每一位初學統計的人的入門課程。如果大家還記得，每位統計老師在第一次上課，介紹到資料集的表示方法時，第一個登場的通常就是「直方圖」。

　　直方圖的英文為 Histogram，第一次看到這個英文單字，會以為直方圖跟歷史 History 有密切關連，但兩者的關係其實是八竿子打不著。而直方圖還有一個長相近似的孿生兄弟，叫做長條圖（Bar chart），但兩者在表達資料的用法上，還是有一些差異，如圖 2-8 所示，初學者應該特別注意。

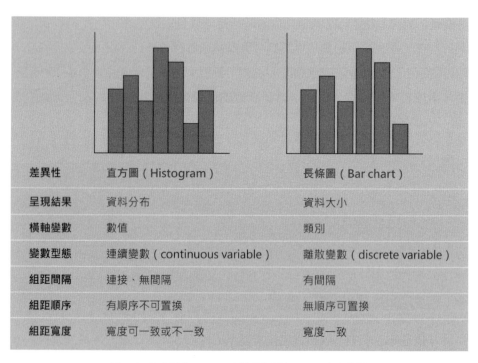

差異性	直方圖（Histogram）	長條圖（Bar chart）
呈現結果	資料分布	資料大小
橫軸變數	數值	類別
變數型態	連續變數（continuous variable）	離散變數（discrete variable）
組距間隔	連接、無間隔	有間隔
組距順序	有順序不可置換	無順序可置換
組距寬度	寬度可一致或不一致	寬度一致

圖 2-8　直方圖（Histogram）與長條圖（Bar chart）之差異
繪圖者：傅嬿珊

　　基本上，直方圖主要在呈現資料分布的結果，長條圖呈現的是各組資料的大小。直方圖的橫軸變數為「數值型連續變數」，長條圖則為「類別型離散變數」。至於組距的「間隔」，直方圖各組距之間是連接在一起的，彼此之間沒有間隔；長條圖則是組距之間存在著間隔（有人認為，有間隔才能呈現分布的狀態，並讓直方圖和長條圖能有區隔；但也有人認為，有無間隔差異不大）。

　　另外，直方圖的組距是有順序的，所以不可相互置換，而長條圖則無順序，可以置換。但長條圖也因為可以置換，通常在畫出圖形後，可以對橫軸的組別，依次數大小進行排序，以利使用者用在後續的決策制定。

此外，直方圖裡各組距次數的加總，即為條形圖的總面積，每個條形圖背後所佔的面積，就代表每個組距中包含的次數。當組距變大時，會使得條形圖的高度跟著改變，如圖 2-9 所示。

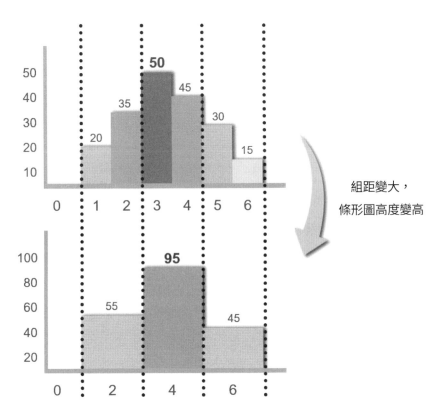

圖 2-9　直方圖各組距次數加總
繪圖者：彭媛蘋

最後，直方圖與長條圖在使用上，有時並不明確。舉例來說，業績報表中常會以「顧客年齡」作為呈現的依據，而年齡是數值型態的連續變數，所以是透過直方圖來呈現（如圖 2-10 所示，在此以有間隔方式呈現）。然而，一旦以顧客業績做為排序的依據時（亦即將顧客業績依高至低進行排列），這時候，各個年齡組距的順序就會被打破，就會呈現出企業顧客最重要的年齡組距（如圖 2-11 所示）。

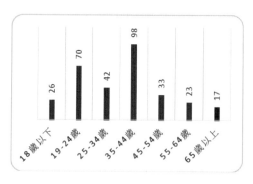

圖 2-10 　各年齡層組距之營業額

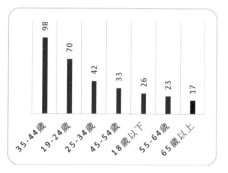

圖 2-11 　各年齡層組距之營業額 (排序後)

直方圖表面上看似簡單，卻隱藏了一些內涵，值得初學者特別注意一下。

◆ 用圖表騙人，以及如何避免被圖片所騙！

2019 年 3 月 19 日，某新聞媒體報導高雄壽山動物園有意引進兩隻珍貴的貓熊，不讓台北市的團團圓圓專美於前。當時，台灣某家無線電視台便出現了以下新聞，認為台北木柵動物園因為引進團團、圓圓，吸引大量人潮，新聞更配合斗大的標題「6 年入園人數成長近百萬」，經濟效益可觀。

該新聞內容提到引進貓熊對觀光有很大的幫助，由數字上可以發現，2008 年團團圓圓來台，當年木柵動物園入園人數衝到 328 萬；2009 年團團圓圓首度亮相，木柵動物園入園人數上升到 367 萬；到了 2014 年，小圓仔亮相，當年度的入園人數更是突破 422 萬人。再配合斗大的標題，「6 年入園人數成長近百萬」週邊商品銷售更超過五億新台幣。看到這張圖表，新聞似乎就是要讓人，明顯感受到貓熊經濟所帶來的威力，如圖 2-12 所示。

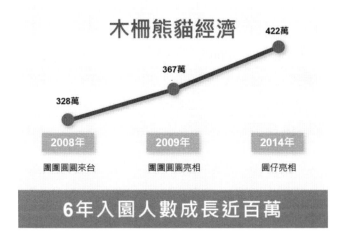

圖 2-12　某電視台示意畫面
繪圖者：彭媛蘋

　　不過，如果我們下載，台北市立木柵動物園 100 至 109 年（2011 至 2020年）遊客入園參觀的人數統計表，同時進一步將其製作成折線圖（如圖 2-13 所示），便可發現，電視畫面中的圖表已經明顯被人「操弄」過。

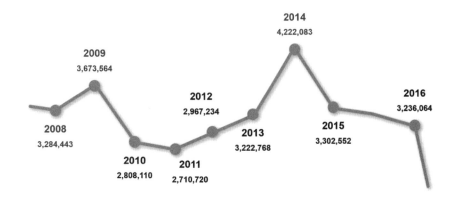

圖 2-13　台北市立動物園歷年入園人數折線圖
繪圖者：彭媛蘋

由圖 2-13 中可以明顯發現，該無線電視台其實只是截取 2008、2009、2014 三個明顯較高的數據，而利用這三年的數據，讓人誤以為入園人數年年持續成長。然而，事實上卻是過了 2009 年，一直到了 2013 年，每年的入園人數全部低於 2009 年。更慘的是，甚至過了 2014 年的最高峰，接下來五年的入園人數每況愈下，然而這一部分，該篇報導則是完全略而不提（請記得這篇報導的時間是 2019 年 3 月 19 日）。

要強調的是，這篇報導中的數據的確是真實的，但該媒體卻透過「有技巧」的方式來呈現，很容易讓閱聽大眾產生錯誤的判斷，以為引進貓熊之後，壽山動物園的遊客就會絡繹不絕，可以有效拉高票房收入。

為了避免讓人產生錯誤的判斷，我們應該擁有批判的思維，以及實事求是的態度與方法。往後在碰到類似的統計數字時，千萬要記得務必回頭查核一下官方的統計數據，並且據以相互對照，進而釐清事實真相，才能做出正確的決斷。

註：本篇文章中的故事，取材自曾擔任電視台記者與國小現場教學的大惠老師〈媒體素養〉課程。

◆ 南丁格爾的極座標圓餅圖

如果您是一位懂得統計，又能展現研究洞見的人，但往往在有了研究成果後，卻常常得面對一群可能完全不懂統計的主管，不知該如何向他們解釋研究結果時，此時，不妨學一學最受人讚揚的白衣天使，佛羅倫斯 · 南丁格爾（Florence Nightingale）的作法，利用圖表來讓您的資料視覺化。

過去，我們對南丁格爾的印象，都是她在戰場上救人無數的護理事蹟，然而她卻也是一個不折不扣的統計學者，更是統計製圖和資料視覺化的先驅。

事實上，來自英國上流社會的南丁格爾，從小就一心選擇要做為病人服務的護士，並把它當成自己一生的天職。

　　1853 年，英、法兩個與俄國為爭奪小亞細亞地區權利而開戰，爆發了一場克里米亞戰爭（1853-1856 年）。南丁格爾隨同 38 名女性志願護士，前往克里米亞英國主要軍營的所在地照顧士兵。但她在整理資料時卻發現，士兵的高死亡率並非來自於戰爭中的傷亡，反而是來自於像霍亂這樣的疾病，以及衛生條件和政策上的漏洞。因此她廣泛地使用統計資料，向那些不太可能閱讀統計報告的國會議員進行講解，以改善英國野戰醫院的衛生措施。

　　南丁格爾承襲威廉・普列費爾（William Playfair）[1] 的圓餅圖概念，繪製出「極座標圓餅圖（Polar area diagram）」，如圖 2-14 所示。

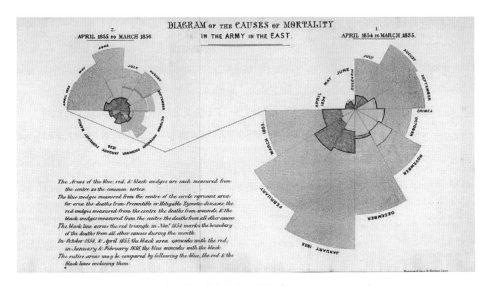

圖 2-14　南丁格爾的極座標圓餅圖（polar area diagram）
資料來源：https://commons.wikimedia.org/wiki/File:Nightingale-mortality.jpg
DIAGRAM OF THE CAUSES OF MORTALITY IN THE ARMY IN THE EAST

---

[1] 威廉・普列費爾（William Playfair，1759-1823）是蘇格蘭的發明家與經濟學家。普列費爾發明了幾種類型的統計圖表：包括 1786 年的經濟數據折線圖、面積圖與長條圖；1801 年的圓餅圖等。

以圖 2-14 為例。這張圖是彩色的,並由三種不同顏色的楔形面積所構成。最外層為藍色,中央分別為紅色與黑色。三種顏色的楔形面積,是以共同的中心點進行衡量。在這張圖中,藍色楔形面積代表可預防疾病的死亡;紅色楔形面積代表真正因打仗所導致的死亡;黑色楔形面積則代表因其他原因所導致的死亡。

透過圖形的呈現,能清楚地看到,可被預防的死亡(藍色部分)其實遠遠大於因戰爭所導致的士兵折損率。南丁格爾發現,造成這種原因主要是傷兵未得到妥善的照顧,加上軍方官員態度冷漠,再加上藥物供應不足,而軍營的衛生條件也被忽略,才會造成大規模的感染。其實,在戰爭的第一年就有超過 4 千名士兵死於斑疹傷寒、傷寒、霍亂,而這個數字是戰死人數的十倍。次年,英國政府派出衛生委員會到戰地改善污水管、通風和醫療設備,使得死亡率馬上大幅降低。

南丁格爾利用這種亦被稱做是「玫瑰圖(Rose Chart)」的圓極座標餅圖,成功說服英國政府。而這樣的圖形表示法,在當時算是一種相當新穎的資料呈現方式。值得一提的,鑑於南丁格爾對於統計學的貢獻,1859 年,她被選為英國皇家統計學會的第一位女性成員。後來,南丁格爾更成為美國統計協會的名譽會員。

第 3 章

推論統計

推論性統計推論什麼？

　　很多人都看過偵探「福爾摩斯」小說或者「柯南」偵探系列卡通。它們之所以迷人，在於「福爾摩斯」或者「柯南」能夠從小地方推斷一個人的職業、嗜好、習慣，甚至是嫌疑犯的犯罪行為。例如，可以他們從一個人所著的西裝口袋上沾染的些許白粉，推論他可能是個老師，甚至擁有什麼樣的教書習慣，因為善於觀察，又關注細節，再加上又能做出有效的「推論」，使得成為無案不破的著名偵探。而我們這次要討論的「推論性統計」，它的精神也和偵探的「見微」能夠「知著」非常相似。

　　之前我們提到統計學裡前半部的「敘述性統計」，只要善用幾個「統計數字」的綜合「敘述」，就能夠清楚「描繪」出一個群體（例如一家公司）的「輪廓」。至於統計學的後半部，則是希望利用「數量有限」的樣本，來推論您想評估的「母體」。而這也正是「推論性統計」要做的事。

　　我們先不討論推論性統計背後所使用的各類複雜的統計工具。先想像一下，如果看到一個小女生的臉孔、體態和身材，在正常情況下，您大概可以猜想出她的媽媽大概長得怎麼樣。因為有句俗話不是說「有其母，必有其女」。

　　現在，在小孩（樣本）散居各處，媽媽（母體）又長像不明，我們又很想知道媽媽的長相如何時？身為統計學者或資料科學家，我們只能藉由「抽樣」，利用抽到長得很像媽媽的小孩（樣本），來拼湊出媽媽（母體）的整體樣貌。而這正是「推論性統計」的精髓所在。

　　推論統計之所以不容易，在於母體或是抽樣架構（Sampling Frame）可能隨時在「改變」，而抽樣又很容易「出現偏誤」。因此要做到完全正確的推論幾乎不可能。舉例來說，過去總統大選，國內各家民調公司，都將台灣地區 1,120 多萬戶（裝有市內電話）的家庭當成抽樣架構來進行抽樣。而過去「市內電話」

是可以接觸到這批有投票權的人的最佳途徑，但是隨著行動電話越來越多，一天當中會一直守在家用電話的家庭人口年齡都偏高（以爺爺奶奶和媽媽為主），民調公司很難有效找到持有行動電話的年輕人。因此也造成民進黨和國民黨總統初選時，部分候選人就堅持要有行動電話的樣本，一併加入抽樣的範圍內，才不會導致出現抽樣偏誤，導致後續推論跟著出現偏誤。

再舉一個例子，雖然大家很想知道總統大選可能的最終結果，但因為隨時有不同事件發生，影響民意的起伏，因此各家民調中心誰也都不敢宣稱它的調查最準確。因此只能說，民調通常只在看民意變化的「趨勢」。

此外，由於先天上無法推論出百分之百正確的母體樣貌，大家要習慣的是，統計學家會使用一個「區間」的敘述來推論真實的得票率。通常您會看到是像以下的敘述「這次調查於八月五日至七日晚間進行，成功訪問 1,080 位成年民眾，在 95% 的信心水準下，某某候選人的得票率為 42%，而其誤差在正負 3% 左右」。事實上，這句話的真正意思是「如果 100 家不同的民調中心來做同樣的調查，會有 95 家所做出來某某候選人的得票率，大概都落在 39%~45% 的範圍內（42 + 3%）。」

當然，民意或市調專家要讓調查精準地落在一個比較「合理」的範圍內，首先必須確保「抽樣」技術和過程，能抽到可以有效代表母體的樣本，起碼讓「孩子要長得像媽媽」，才能讓調查最符合實際情形。舉例而言，台北市士林區的天玉里，因為歷次五次大選的候選人得票率與全市得票率誤差值幾乎在 1~0.5%，有「章魚哥里」封稱。天玉里之所以這麼出名，主要在於它的人口結構最像台北市民的組成，因此也有「小台北」之稱。而這顯示樣本的「品質」很重要。

有趣的是，「樣本的數量」在統計中，反而沒有那麼重要，因為只要抽到一定的標準即可。根據統計學，不管是二十萬人口的小鄉鎮，甚至到二千萬人的大都會，民意調查都只要抽樣到業界公認的 1,067 人左右即可。

機率

◆ 統計學的重要基礎──機率論的誕生

　　十七世紀的法國，賭博在法國上層社會的貴族之間非常風行。當時有一位名叫德‧梅雷（Chevalier de Méré）的貴族，向學者布萊巴斯卡（Blaise Pascal, 1623-1662）請教一旦賭博半途被迫中斷時，莊家該如何分配賭注的問題。

　　這個問題，其實早在 1494 年，就由義大利數學家帕西沃里（Luca Pacioli, 1445-1509）在《算術、幾何、比例和比例性概論》（SUMMA DE ARITHMETICA, GEOMETRIA, PROPORTIONI ET PROPORTIONALITA）一書中所提出。

　　例如，甲乙兩人要賭博，並約定誰先贏了 6 局就可以拿到所有賭金。當甲贏了 5 局，乙贏了 3 局之後，遊戲因故必須終止（不曉得是不是警方前來攻堅取締），這時，賭金該如何分配？

　　帕西沃里認為，這個問題是比例問題，所以應該用 5：3 的比例進行分配，然而有人認為這樣的分配方法不公平。因為對甲來說，只要再贏 1 局，就可以拿走所有賭金，而乙則還需要再贏 3 局。就難度來說，乙的難度遠大於甲，但如果用 5：3 的方式分配，獎金差異卻沒有難度差異來的大。

　　這個問題，經過了 160 年，一直到了 1654 年，德‧梅雷向巴斯卡請教時，都還無解。

　　然而，巴斯卡對這個問題非常感興趣，他直覺認為，獎金分配比例應該與賭博中止後雙方輸贏的各種可能性有關。舉例來說，回到前面的案例，如果下一局甲贏了，則甲可以拿走所有獎金。如果是乙贏了，則乙還要再贏 2 局才能拿

到獎金。到了下下一局，一樣有兩種狀況，甲贏了拿走所有獎金，乙贏了則還要再贏 1 局才能拿到獎金。最後，到了下下下一局，甲贏了拿走所有獎金，乙贏了拿走所有獎金。

在這過程中，甲、乙贏的機會相同。這樣，就可以算出甲應該拿走 1/2*1+1/2*1/2*1+1/2*1/2*1/2*1=7/8 的獎金，而乙應該拿走 1/2*1/2*1/2*1=1/8 的獎金。因此，甲乙獎金比例應該是 7：1。

巴斯卡與住在南法的學者費馬（Pierre de Fermat, 1601-1665）透過信件進行討論。費馬認同巴斯卡的思考方式，但必須用另一種方式來呈現。

以上述案例來說，費馬的想法是，事先確認要結束賭博最多還需要 3 次（乙連贏 3 把），而在這三次中，所有的排列組合共有 8 種，包括：甲甲甲、甲甲乙、甲乙甲、甲乙乙、乙甲甲、乙甲乙、乙乙甲、乙乙乙。在這八種組合裡，只有乙乙乙出現時，乙才能贏。所以甲乙的獎金分配應該是 7：1。

費馬的回饋，讓巴斯卡驗證了自己的思路。而巴斯卡的思路裡，則是用到了「期望值」的概念（假設甲乙贏的機率各為 1/2）。

到了 1657 年，荷蘭科學家惠更斯（Christiaan Huygens, 1629-1695）（如圖 3-1 所示）寫了《論賭博中的計算（Tractatus de ratiociniis in aleae ludo）》一文，內容提到許多巴斯卡與費馬的想法。而這本書後來被認為是「機率論」最早的著作。

而 1654 年，也就是巴斯卡和費馬開始通信的那一年，後來也被學界公認是「機率論」的誕生年。

圖 3-1　惠更斯
(Christiaan Huygens, 1629-1695)

◆ 古典機率、相對次數機率與主觀機率

「統計思維」是現代行銷或資料科學初學者應有的基礎思維之一。基本上，統計思維的背後，又以數學的「機率分配」為骨幹，然而沒有學過或者不懂機率的人，經常對機率分配的種類與定義一知半解，結果就造成在日常生活中的一些嚴重謬誤出現。

很多人在國中和高中時代，都學過機率，但如果生活中不常用，現在這些知識大概也都還給了老師。現在我們就來重拾一下記憶。基本上，一般教科書都將機率分成三大類：古典機率（Classical Probability）、相對次數機率（Relative Frequency Probability）與主觀機率（Subjective Probability）。

首先，先來談談「古典機率」。假設 A 為拋銅板出現正面的事件，拋一次銅板，出現正面的機率為：

$$P(A) = \frac{1}{2} = 0.5$$

這個機率為理論上、數學上的機率，之所以稱為理論上、數學上，是因為我們假定這個銅板是一枚沒有瑕疵的銅板，而拋銅板的結果則是一個隨機實驗（亦即不知道結果為何，可能是正面，也可能是反面），正、反面彼此互斥（不是正面就是反面，而正面、反面也不會同時出現）。

接著，再來看看「相對次數機率」。一樣以拋銅板為例，假設 A 為拋銅板出現正面的事件，當連續、重複拋銅板 10 次後，發現正面的次數為 6 次，所以出現正面的機率為：

$$P(A) = \frac{6}{10} = 0.6$$

而當連續、重複拋銅板 100 次後，發現正面的次數為 56 次，所以出現正面的機率為：

$$P(A) = \frac{56}{100} = 0.56$$

　　而當連續、重複拋銅板 1,000 次後，發現正面的次數為 506 次，所以出現正面的機率為：

$$P(A) = \frac{506}{1000} = 0.506$$

因此，相對次數機率為 $\dfrac{\text{出現該事件的次數}}{\text{隨機實驗的總次數}}$ 。

　　不知道，大家有沒有注意到，當相對次數機率中的連續、重複次數越多，相對次數機率會越來越接近古典機率，如圖 3-2 所示。

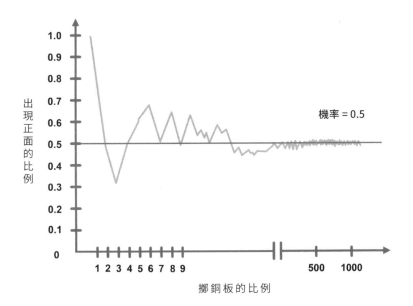

圖 3-2　大數法則
繪圖者：彭媛蘋

　　這裡，正是統計學中所謂的的「大數法則」（Law of Large Number）。

至於「主觀機率」，顧名思義，指的是該機率取決於人們主觀相信的程度。舉例來說，參加這次高普考，依照目前準備的情況來看，我認為自己不是考上，就是落榜，機會是一半一半？如果我故意把十數萬人競爭的一千多個錄取名額（錄取率 3.7%）解釋成 50%，就您來看，我是樂觀還是傻呢？還是我只是藉此紓解一下自己的壓力？

最後，打開中央氣象局的網站，發現預報明天公司附近下雨的機率是 30%，這 30% 代表的意義為何？而您個人覺得，明天下雨的機率又會是多少？要不要帶傘呢？

◆ 降雨機率有多高？

有一位國外女網友曾經發佈一段有關降雨機率的 Twitter 影片。女網友表示，過去她一直以為降雨機率 30%，代表當地有 30% 的機率會下雨。結果到現在她才知道，當天這個地方 100% 會下雨，只是雨下在當地的哪 30% 的區域裡並不知道。相信有許多人跟她都有相當的想法，但經過她這樣一講，一瞬間又把大家搞糊塗了。

就在網友一陣討論之際，氣象達人彭啟明隨後也在自己的臉書說明，在國際上，降雨機率確實本來就有兩種定義。

首先，第一種在該區域內，有多少 % 的面積會下雨（正如同 Twitter 影片中女網友後來所提到的）。

其次，則是交通部中央氣象局對台澎金馬地區「降雨機率」的定義，也就是預測出在某一地區及一定時段內降水機會的百分數，而降水機率預報是指各預報區未來 36 小時內的 3 個時段（每 12 小時為 1 時段），出現 0.1 毫米或以上的降水機會，和降水時間以及面積是無關的。

　　事實上，由於天氣預報的技術越來越好，中央氣象局現在能夠預測的區域範疇也越來越小（越精準），因此依照國際上多數的氣象機構所定義的降雨機率，目前也多以第二種為主。如圖 3-3 所示。

降雨機率算法

1.　在該區域內，有多少%的面積會下雨。

2.　在某特定地點，有多少%的機會會下雨。

多數的氣象機構所定義的降雨機率，
會以第二種為主。

圖 3-3　降雨機率
繪圖者：謝瑜倩

　　由以上的內容，似乎已經釐清降雨機率的定義。不過，現在如果我們再進一步詢問大家，「降雨機率 30%，代表有 30% 的機率會下雨。」這句話中的「30% 的機率」是甚麼意思，卻得到以下有趣的答案（這些答案是一些大學生與在職人士的意見回饋）。

　　「就是有 30% 的『機會』會下雨」（將「機率」改成了「機會」）

　　「就是有 30% 的『時間』會下雨」（所以「機率」變成了「時間」）

　　還有一位大學生更有創意，回答道：「總共有 10 個單位進行預測，其中有 3 家預測會下雨」（雖然答案不對，但感覺這位同學比較有機率的概念）

事實上，從機率的定義來看，機率強調「重複出現」的相對頻率（相對次數機率），所以「有 30% 的機率會下雨。」意指「如果重複出現 100 次，會有 30 次下雨。」而不是有 30% 的「機會」會下雨；也不是有 30% 的「時間」會下雨；更不是 10 家單位進行預測，有 3 家預測會下雨。

那麼，降雨機率的百分比又是如何計算出來的呢？中央氣象局說，目前的天氣預報，係以最近數天的大氣狀況做為起始資料，然後參考過去同樣氣候條件的統計資料，以電腦計算出未來可能的天氣概況。

換言之，預報人員依據氣象衛星得到的雲量、溼度、受天氣系統影響是否會下雨、地形、天氣系統的移動速度及過去的降雨量、降雨時數、範圍等各種氣象資料，經過分析整理之後，預測出某一地區的降雨機率。等於依據最近數日所得的氣象資料，比對過去同樣的天氣狀況中與下雨日數的百分比。（下雨日數／以往與該日相同的天氣狀況之日數）×100%。

◆ 頻率推論 vs. 貝葉斯推論

「敘述性統計」和「推論性統計」是現代統計學的兩大主軸，而推論性統計更是統計學中的重中之重，因為要從小樣本推論到大母體的過程，都仰賴推論性統計。值得一提的是，推論統計裡，還有頻率推論（Frequentist inference）和貝葉斯推論（Bayesian inference）兩大派別，而在傳統統計邁向資料科學與大數據之際，重點也從「頻率推論」移往「貝葉斯推論」發展。

我們先來看一下，推論統計學裡的靈魂人物，再談重點何在？在「頻率推論」與「貝葉斯推論」兩大派別中，「頻率推論」的代表人物是羅納德‧費雪（Ronald Fisher，1890~1962）（圖 3-4）；「貝葉斯推論」的代表人物是托馬斯‧貝葉斯（Thomas Bayes，1702~1761）（圖 3-5）。

圖 3-4　羅納德・費雪
（Ronald Aylmer Fisher）

圖 3-5　托馬斯・貝葉斯
（Thomas Bayes，1702~1761）

　　所謂「頻率推論」，又稱「虛無假設顯著性檢定」（null hypothesis significance testing，NHST）。20 世紀時，頻率推論佔了推論統計的主導地位，在許多研究領域裡，經常會看到像是「p 值」和「信賴區間」等指標，然而到了資料科學與大數據的時代，貝葉斯推論在機器學習上的應用，已經有了巨大的復興。以下簡單說明兩者的差異，如圖 3-6 所示。

頻率推論 VS. 貝葉斯推論
Frequentist inference **Bayesian inference**

頻率推論		貝葉斯推論
費雪 Ronald Aylmer Fisher	代表	貝葉斯 Tomas Bayes
無	對機率進行假設	有
不需要	先驗	需要
少	計算量	多
需要一定樣本數	樣本數	少量即可
20 世紀占主導地位	主導時間	20 世紀之前占主導地位。21 世紀之後，因大數據與資料科學興起，又開始受到重視。

圖 3-6　頻率推論與貝葉斯推論之比較

自從費雪在 1925 年出版的《研究工作者的統計方法》(Statistical Methods for Research Workers)一書中建議，將 $p < 0.05$ 當成一個檢驗標準，於是乎從此就誕生了一個觀念，只要 $p < 0.05$，就代表有統計顯著性(statistical significance)。事實上，p 值與統計顯著性有很大的局限，人們對於 p 值也產生很大的誤解。這些都是頻率推論遭人質疑的地方。

不過，回過頭來看，過去因為電腦技術和網路技術不足，主張和認同「頻率推論」的人認為，只要抽樣方法正確、樣本足夠，加上這個方法已經使用了 100 多年，它也算得上確實有效。

至於所謂的「貝葉斯推論(Bayesian inference)」，它的理論基礎是「貝氏定理」開始，意即在已知一些條件下，可以計算出某特定事件的發生機率，由於它背後的邏輯明確，加上有了先驗機率，所有的計算有明確的演繹邏輯推演。但批評的人認為，先驗機率相當主觀，而且不同的人會產生不同的先驗，因此可能得出不同的後驗機率與結論。

值得一提的是，各位可能覺得很奇怪，圖 3-6 中，可以看到頻率推論必須依賴大量樣本。以街頭訪查為例，可接受的樣本數要達數百份，而民意調查的公認標準則要 1067 份(95%信賴水準和 3% 的誤差區間)。早年因為施測不易，這樣的數量可謂是「大量樣本」。至於貝葉斯推論則需少量樣本即可，但現在大數據分析不都需要大量樣本嗎？

事實上，在進行貝葉斯推論時，確實只需要少量樣本即可執行，但貝葉斯推論一樣適用於大樣本的情境(重點在於背後需要大量的計算)。而且，真正的多寡，其實都是相對比較而來。畢竟做民意調查分析時，一千份問卷已經算是大樣本，但在進行大數據分析時，一千筆資料只能算是很小的數字。

那到底該採用頻率推論或是貝葉斯推論呢？MIT 麻省理工學院數學系傑里米‧奧爾洛夫(Jeremy Orloff)教授指出一個方向：頂尖的統計學家之間所形成的共識，是解決複雜問題最有效的方法，通常是在兩派學者共同合作後，擷取

其中的最佳見解（The consensus forming among top statisticians is that the most effective approaches to complex problems often draw on the best insights from both schools working in concert.）。

◆　主觀機率與貝氏定理

先前我們曾經提過，機率可以分成「客觀機率」與「主觀機率」。客觀機率主要與頻率有關，像是當丟一枚公平銅板的次數越多，出現正面或反面的機率就會越接近 0.5。這種客觀機率，強調在相同條件下的反覆執行，而且每次執行之間的結果是彼此獨立。每一次的丟擲結果，都不會影響到下一次。

不過，在日常生活中，許多事件背後發生的機率，卻非客觀機率。一方面，這些事件發生可能與之前事件有關（舉例來說，某一家企業這一次併購案的成功機率，就與該企業上一次併購的經驗有關）。而一旦所要進行的事件，如果本身缺乏前例可循，自然就無法計算出客觀機率。所以，在這種情況下，主觀機率應運而生。

十八世紀，英國牧師托馬斯‧貝葉斯，提出一種作法，在估算某一個事件的機率時，可以先用主觀的方式，給予一個數值，然後檢視實際執行的狀況，再來修正最初的設定值。

舉例來說，您遇到了一位心儀的對象，想要判斷是否值得進一步交往。這時，您先給予「值得交往」與「不值得交往」的機率，各設為 0.75 與 0.25。接著，透過與他（她）進一步接觸的過程，觀察他（她）是否會說謊、是否貼心、是否會遲到……等，來修正之前初始的設定。

例如，假設「值得交往」的人，有 80% 不會說謊，有 20% 會說謊；假設「不值得交往」的人，有 90% 會說謊，有 10% 不會說謊。所以值得交往且不會說謊的機率是 0.6（0.75*0.8）；值得交往且會說謊的機率是 0.15（0.75*0.2）；不值得交往且不會說謊的機率是 0.025（0.25*0.1）；不值得交往且會說謊的機率是 0.225（0.25*0.9）。

接著，原本您還抱著心有好感，但是在與對方交談的過程中，您卻發現對方竟然說了一次謊。此時，在貝氏推論下，從「值得交往且會說謊」與「不值得交往且會說謊」的兩種機率中，則可進一步推論出「值得交往」與「不值得交往」的機率。

這時可以發現，值得交往的機率從原本的 0.75，一下子降到 0.4(0.15/(0.15+0.225))；不值得交往的機率，反而從 0.25 提升到 0.6（0.225/(0.15+0.225)），如圖 3-7 所示。

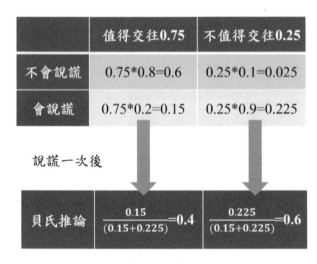

圖 3-7　貝氏推論

換言之，透過貝氏定理，在您的心目中，他或她已經因為說謊（不夠誠信），被您在好感度上打了一次折扣。而這樣的評估過程竟然還可以「數值化」，算是很客觀吧！

要提醒的是，貝氏定理的應用非常廣泛多元，像是「垃圾郵件過濾法」中的「貝氏過濾法」(Bayesian Filtering) 就是常見的應用。值得一提的，由貝葉斯牧師所提出的方法，是於 1761 年他去世後，手稿才由好友理查德・普萊斯（Richard Price）協助發表而問世。

◆ 衡量主觀機率—德・芬內蒂遊戲

您覺得明天下雨的機率有多高？這是很典型的主觀機率。事實上，主觀機率也可以衡量。1906 年出生的義大利統計學家布魯諾・德・芬內蒂（Bruno de Finetti）[1] 設計了一個遊戲，來協助我們衡量主觀機率。

想像一下，您有個朋友剛剛結束考試，他覺得自己考得非常好，有機會獲得 100 分。這時候，應該如何衡量他獲得 100 分的主觀機率？

方法是這樣的。請拿一個裝有 100 顆球的袋子給他，其中有 98 顆球是紅色，有 2 顆球是黑色。這時給他兩個方案：

● 方案 1：抽一顆球。如果從袋子裡抽出一顆紅球，他將獲得 1,000 元新台幣。

● 方案 2：等到考試成績公布時，真的獲得 100 分後，再給他 1,000 元新台幣。

如果他百分之百相信（主觀機率）自己會考 100 分，那他就不會選擇抽球，畢竟抽球會有 2% 的機會抽到黑球，肯定拿不到這 1,000 塊錢。然而如果他選擇了抽球，代表他並沒有百分百相信自己會考 100 分（甚至連 98% 都不到），因為這時抽中紅球獲得 1,000 元的機率是 98%。

接著，假設您的朋友最終選擇抽球，而為了找出您朋友覺得自己會考 100 分的主觀機率，接下來的做法很有趣。

首先，先將黑球數增加到 40 顆[2]（亦即袋子裡有 60 顆紅球、40 顆黑球），並請他再次做選擇。如果他選擇等到考試結果，代表他相信自己考 100 分的主觀機率大於 60%。

[1] B. de Finetti, Theory of Probability: A Critical Introductory Treatment, Vol. 1 (A. MachiÃŒÂ and A. Smith, trans.), New York: Wiley, 1974.

[2] 這裡的 40 顆黑球只是舉例，也可以是其他數字。

之後，再將紅球數增加到 90（亦即 90 顆紅球、10 顆黑球），然後請他再做選擇。如果他選擇抽球，就代表他相信自己考 100 分的主觀機率小於 90%。

以此類推，逐步逼近，直到最後形成一個小區間，或是一個值為止（假設最終的主觀機率為 85%），如圖 3-8 所示。

一個裝有 100 顆球的袋子，其中 98 顆球是紅色，有 2 顆球是黑色

方案 1
抽一顆球。如果從袋子裡抽出一顆紅球，將獲得 1,000 元新台幣。

方案 2
等到考試成績公布時，真的獲得 100 分後，再給他 1000 元新台幣。

抽球
相信自己會考 100 分的主觀機率低於 98%。

不抽球
相信自己會考 100 分的主觀機率為 100 %。

若選擇抽球，將黑球增加到 40 顆（亦即袋子裡有 60 顆紅球、40 顆黑球）

抽球
相信自己會考 100 分的主觀機率低於 60%。

不抽球
相信自己會考 100 分的主觀機率大於 60%。

若選擇不抽球，並將紅球數增加到 90 顆（亦即袋子裡有 90 顆紅球、10 顆黑球）

相信
相信自己會考 100 分的主觀機率低於 90%。

不相信
相信自己會考 100 分的主觀機率大於 90%。

以此類推

圖 3-8　德・芬內蒂遊戲 (The de Finetti Game)
繪圖者：謝瑜倩

一個看似無法衡量的主觀機率，透過以上的遊戲被衡量出來。只是衡量的標的是考試，對比的是金錢。現在有個重要的問題是，男女之間的愛情與麵包哪個重要，是否也能如法炮製，就值得商榷了。

◆ 下一次會更好？拉普拉斯接續法則來說明

日常生活中，我們經常面臨「統計」和「小數據」等的問題。例如這一班到高雄的自強號會晚點的機率有多少？個人所支持的兄弟象棒球隊，在這次季末賽中可能會贏嗎？其實，提出「貝氏定理」的貝葉斯牧師，對於類似問題的思考，都給了一些解答。

當時，貝葉斯以購買新推出的彩券為例，來推敲類似上述的問題。假設我們不知道新彩券的獲獎率，所以先到彩券行隨機買了 10 張，結果有 5 張中獎，那麼推估這一批彩券中獎機率，大概就是 0.5。

不過，假設我們只買了一張彩券而且中了獎，那中獎的機率就是 1？

聽起來這似乎不太合理，發行彩券的券商會那麼笨嗎？會讓您買的每一張彩券都中獎？不過，如果機率不是 1，那麼合理的機率又應該是多少呢？

後來，法國著名的天文學家與數學家拉普拉斯（Pierre Simon, Marquis de Laplace, 1749-1827）又提供了一種簡單的方法，來協助我們估算出背後的機率。

拉普拉斯 1774 年發表了一篇名為〈論事件成因的機率〉（Treatise on the Probability of the Causes of Events）的論文，解決上述的問題。

假設我們重複一個將導致成功或失敗的實驗，獨立進行 n 次，獲得 s 次成功和 n-s 次失敗，那麼下一次成功的機率是多少？如圖 3-9 所示。

假設我們重複一個將導致成功或失敗的實驗，獨立進行 n 次，獲得 s 次成功和 n－s 次失敗，那麼下一次成功的機率是多少？

拉普拉斯提出一個公式，來預測下一次成功的機率。這個公式為：
P（next outcome is success）=（s + 1）／（n + 2）

說明： 這項公式稱為「拉普拉斯接續法則（Laplace's Rule of Succession）」。其中，n 為過去發生試驗的次數（例如，進行了 10 次試驗），s 為成功的次數（例如，5 次成功），下次成功的機率就是（s+1）/（n+2）。

舉例： 假設買了 10 張彩券（n=10），其中有 5 張中獎（s=5），下一次中獎的機率就是 6/12，為 0.5。假如過去火車有 10 班（n=10）準點，有 2 班晚點（s=2），下一班火車晚點的機率則是 3/12=0.25。

圖 3-9　拉普拉斯接續法則
繪圖者：謝瑜倩

拉普拉斯提出一個公式，來預測下一次成功的機率。這個公式為：

P（next outcome is success）=（s+1）/（n+2）

這項公式稱為「拉普拉斯接續法則（Laplace's Rule of Succession）」。其中，n 為過去發生試驗的次數（例如，進行了 10 次試驗），s 為成功的次數（例如，5 次成功），下次成功的機率就是（s+1）/（n+2）。

舉例來說，假設買了 10 張彩券（n=10），其中有 5 張中獎（s=5），下一次中獎的機率就是 6/12，為 0.5，至少中獎機率沒有往下掉。假如過去火車有 10 班（n=10）準點，有 2 班晚點（s=2），下一班火車晚點的機率則是 3/12=0.25，也就是下一班準點率還稍微提高了。

拉普拉斯接續法則簡單，也算是合理，但還是招來了一些批評 [3]。在維基百科裡的例子中，根據拉普拉斯所提供的公式，明天太陽升起的機率為：

$$P(\text{sun will rise tomorrow})=(d+1)/(d+2)$$

其中 d 是過去太陽升起的次數。有些人認為這樣的計算相當荒謬，但拉普拉斯認為，由於太陽升起的數字太過龐大（以 45 億年來計算，太陽升起的次數是 1.64 兆次），因此，可以推斷明天太陽依舊還是會升起，只要不下雨，您明天一早還是可以在東方看到大太陽出現。

拉普拉斯接續法則提供一種簡單的方法，讓我們在面對小數據時，估算下次成功的機率。

◆ 巨數法則─無限猴子理論

巨數法則（Law of Truly Large Numbers）與大數法則（Law of Large Numbers）不同。巨數法則是由同時身兼魔術師的史丹佛大學統計學教授佩爾西 ‧ 戴康尼斯（Persi Diaconis）與哈佛大學統計學教授弗雷德里克 ‧ 莫斯特勒（Frederick Mosteller）[4] 所提出。他們認為「當樣本數夠大，任何令人難以置信的事情，都有可能發生（With a large enough sample, any outrageous thing is likely to happen）」。

有一句話說，只要給一隻長生不老的猴子一台打字機，讓牠在鍵盤上亂打亂敲，只要時間夠長，它就能打出任何所給定的文字，甚至是莎士比亞的著作。這個概念在統計界，稱為「無限猴子理論（Infinite monkey theorem）」。

---

[3] https://en.wikipedia.org/wiki/Pierre-Simon_Laplace

[4] Diaconis, P. and Mosteller, F. "Methods of Studying Coincidences." J. Amer. Statist. Assoc. 84, 853-861, 1989.

美國數學家艾克瑞爾（Amir D. Aczel）以莎士比亞的文學鉅著《哈姆雷特》為例，來計算猴子打出這部作品的機率。為了計算方便，假設有 30 種輸入的字元，包括 26 個英文字母與四種標點符號（為了方便，大寫、空格與其他字元就不予計算了，因為您要教猴子針對某個字母換成大寫鍵，可能又得花上一陣時間）。

這個時候，猴子打出第一個正確字母的機率是 1/30，連續打出兩個正確字母的機率是 1/30*1/30。而整本《哈姆雷特》共有 142,943 個字母，所以一隻猴子要正確打出這部巨著的機率就是 1/30 的 142,943 次方。

雖然這個機率微乎其微，但因為長生不老的猴子有無限時間可以進行無限次的試驗，所以最終打出一整本的《哈姆雷特》機率趨近於 1，如圖 3-10 所示。

猴子打出第一個正確字母的機率是 1／30 ➡ 連續打出兩個正確字母的機率是 1／30 *1／30

整本《哈姆雷特》共有 142,943 個字母

一隻猴子要正確打出這部巨著的機率就是 1/30 的 142,943 次方

雖然這個機率微乎其微，但因為長生不老的猴子有無限時間可以進行無限次的試驗，所以最終打出一整本的《哈姆雷特》**機率趨近於 1**

圖 3-10　無限猴子理論（Infinite monkey theorem）
繪圖者：謝瑜倩

　　儘管理論上是如此，科學家們就是想知道真實世界裡的猴子是否真能打出文章出來。2003 年，一群英國動物園的科學家將一台電腦與鍵盤放到猴子群裡，結果最後得到 5 頁幾乎都是字母 S 的紙，因為牠們一直狂按 S 鍵。

　　此外，巨數法則既然強調，只要樣本數夠大夠多，任何令人難以置信的事情都有可能會發生，這也讓我們理解，那些所謂的驚人的巧合，也就不足為奇了。

　　最後，巨數法則也點出一個問題，就是當樣本數量越大，越有可能出現更多的「偽相關」（Spurious correlations），而這也是我們需要注意的地方。

◆　小數法則

　　在日常生活中，我們很難對某些人或事，進行數百次，甚至數千次的試驗或觀察。但是相對的，我們也很容易將過小的樣本或試驗，當做「真實現象」。這種不自覺地以為小樣本能反映實際機率的現象，稱為「小數法則」(Law of Small Numbers)。

　　小數法則是根據大數法則（Law of Large Numbers）的說法而來，因為大數法則又稱「平均法則（Law of Averages）」，它是指某一些規律的隨機事件，在大量重複出現的條件下，往往會呈現出幾乎必然的統計特性。比方說：大量「擲銅板」試驗，只要隨著試驗次數越來越多，其結果就會越來越呈現出「50% 正面，50% 反面」的現象。

　　反過來看，「小數法則」是一種以小視大、以偏概全的思考偏差，亦即誤認小樣本能代表母體的一種狀況。

「小數法則」（Law of Small Numbers）是美國行為科學家阿莫斯·特維爾斯基（Amos Tversky）和諾貝爾經濟學獎得主丹尼爾·卡尼曼（Daniel Kahneman）所提出來的。事實上，他們兩人認為，小數法則並不存在，該法則只是特維爾斯與卡尼曼用來嘲諷那些，企圖應用大數法則，但樣本數卻不多的情境。

特維爾斯與卡尼曼設計了一個實驗[5]。

某城鎮有兩家醫院。在較大的醫院裡，每天大約有 45 名嬰兒出生，在較小的醫院裡，每天大約有 15 名嬰兒出生。就您所知，大約 50% 的嬰兒是男孩，但是確切的百分比每天都在變化。有時可能會高於 50%，有時會低於 50%。如圖 3-11 所示。

大醫院：每天 45 名嬰兒出生

小醫院：每天 15 名嬰兒出生

在一年的時間裡，兩家醫院都記錄了超過 60% 新生兒是男孩的日期。
您覺得哪家醫院記錄的天數較多？

1. 較大的醫院（21）
2. 小醫院（21）
3. 大致相同（彼此相差 5% 以內）（53）
（*請注意，選項後方括號中的數值，是選擇該答案的大學生人數。）

——>事實上，根據抽樣理論，小醫院中超過 60% 的嬰兒是男孩的預期天數，
會比大醫院要多得多，因為大樣本不太可能偏離 50%。

圖 3-11　醫院實驗
繪圖者：謝瑜倩

[5] Tversky, Amos and Daniel Kahneman, (1974) "Judgment under Uncertainty: Heuristics and Biases," Science, New Series, Vol. 185, No. 4157. (Sep. 27, 1974), pp. 1124-1131.

在一年的時間裡，兩家醫院都記錄了超過 60% 新生兒是男孩的日期。您覺得哪家醫院記錄的天數較多？

1. 較大的醫院（21）

2. 小醫院（21）

3. 大致相同（彼此相差 5% 以內）（53）

請注意，選項後方括號中的數值，是選擇該答案的大學生人數。從上述的答案中可發現，大多數人選擇是大小醫院紀錄的天數大致相同。但事實上，根據抽樣理論，小醫院中超過 60% 的嬰兒是男孩的預期天數，會比大醫院要多得多，因為大樣本不太可能偏離 50%。這種的統計結果，很顯然與人們的直覺不相同。

卡尼曼在《快思慢想》（Thinking, Fast and Slow）中提到，一般人都知道「大樣本比小樣本精確」；但必須將「小樣本比大樣本更容易得出極端結果」變成直覺後，才會真正了解「大樣本比小樣本精確」這句話的意義。

◆ 隨機控制試驗

澳洲社會科學院院士安德魯・雷伊（Andrew Leigh）教授，2018 在他所出版的《隨機試驗》（Randomistas: How Radical Researchers Changed Our World）一書中，提到一個故事。

在醫學還不發達的 1747 年，英國戰艦薩利斯布里號（Salisbury）上，許多船員罹患了俗稱為水手病的「壞血病」。它的早期症狀包括身體虛弱、感覺疲勞及手腳疼痛。如果不即時進行治療，往往會造成貧血、牙齦出血萎縮、頭髮產生變異，甚至是皮膚嚴重出血。同時隨著病情持續惡化，患者的傷口也不容易癒合，有時還會性情大變甚至因為感染或出血而死亡。

值得注意的是，壞血病是因為在水手的飲食中，長期缺乏維生素 C 所引發的。有些船員，更是在出現症狀之前，長達一個月以上，完全不攝取維生素 C 所致。當時，土法鍊鋼式的醫治壞血病的方法很多。有人建議多喝葡萄酒，有人採取食用生薑，也有人提議要用鹽巴。但是，這些做法都未經過嚴謹的醫療程序實證，因此壞血病依舊造成許多人大量死亡，尤其是長年漂泊在海上的水手。

後來，船上一位名叫詹姆斯・林德（James Lind）的船醫，對 12 名病情嚴重且狀況相似的士兵進行不同療法的測試。林德將這 12 位士兵分成 6 組，分別給予蘋果酒、硫酸（當時英國海軍的主要療法）、醋、海水、肉豆蔻與大蒜芥末的混合物、柳橙與檸檬。除了治療方法不同，其他在飲食與居住等條件上都相同。結果，食用柳橙與檸檬的第六組，很快就看到成效。如圖 3-12 所示。

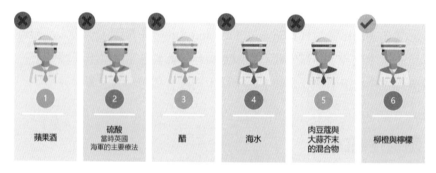

圖 3-12　最早的「隨機控制試驗」
繪圖者：謝瑜倩

這樣給予不同食物或藥品的療法，堪稱是最早的「隨機控制試驗」。

現在來看，所謂隨機控制試驗，是指將實驗對象進行隨機分組，並對不同的組別，實施不同的「介入」（Intervention），並依最後結果，比較其中的差異。而它的基本方法是，將研究對象隨機分組，對不同組實施不同的干預，在這種嚴格的條件下對照效果的不同。在研究對象數量足夠的情況下，這種方法可以「抵消」已知、未知的混雜因素，對各組的影響。

　　雷伊教授在書中提到，隨機控制試驗要做得好，必須遵守「隨機試驗的十條戒律」。根據這十條戒律的內容，整理如下：

1. 決定是要測試一種「介入」，還是在兩種以上的「介入」之間加以比較。

2. 考量實際情況與符合倫理，創造出隨機差異。

3. 假設自己是對照組，這時會怎麼做。

4. 決定要測量那些效果。

5. 選擇要運用隨機方法的層級，是在不同個人、不同單位或不同組織之間進行。

6. 確保研究樣本夠大，善用網路上「檢定力計算」(Power Calculation)計算器。

7. 為隨機試驗進行登記，並且通過倫理審查。

8. 確保關鍵人物充分瞭解並支持隨機試驗。

9. 用真正的隨機處理方式為樣本進行分組。

10. 盡可能先實行小規模的先導研究。

◆ 醉漢走路

　　日常生活中，我們看到醉漢走路，都會用「步履蹣跚、東倒西歪」來形容，但是在物理與統計學界，醉漢走路 (Drunkard's Walk) 則是一個專有名詞，指的是一種不規則的變動軌跡。在行動時，每一步的變化會以隨機的形式出現，就好像酒後亂步一樣。

與醉漢走路類似的名詞，還有隨機漫步（Random Walk）。加州理工學院曼羅・迪諾（Leonard Mlodinow）教授在《醉漢走路》(The Drunkard's Walk: How Randomness Rules Our Lives)一書中提到「直覺並不可靠」。他也提及，我們常常以為的偶然，其實都是必然。

迪諾教授在書中舉出許多故事，來說明我們很難對「隨機事件」進行判斷。在該書第九章中，迪諾教授提到「隨機」比「天機」更難以分辨。他以數學家斯賓塞・布朗（Spencer-Brown）的書為例，布朗在書中提到，一個由 10 的 1,000,007 次方個 0 與 1 所組成的隨機序列裡，出現連續 1 百萬個 0 所組成，而且又互不重疊的子序列，至少會有 10 次（而且 10 次還是低估）。

迪諾教授提到，想像一下，有一個可憐的科學家，在他的研究過程中，需要用到隨機亂數，結果剛好就碰到上述的隨機序列。他的軟體連續跑出 10 個 0；然後是 100 個 0；接著是 1,000 個 0；之後是 10,000 個 0…。如果他要求退貨，難道錯了嗎？（難道軟體公司也錯了嗎？）

迪諾教授進一步指出，Apple 最初用在 iPod 的隨機自動選歌方法就碰到類似的問題，因為總是有顧客認為 iPod 的隨機自動選歌，感覺上並不隨機。於是蘋果公司的負責人史提夫・賈伯斯（Steven Jobs）便下令旗下的工程師，讓自動選歌方式，不要那麼隨機，以便讓顧客感覺更隨機。如圖 3-13 所示。

顧客認為 iPod 的隨機自動選歌，感覺上並不隨機。

史提夫・賈伯斯 (Steven Jobs) 便下令旗下的工程師

讓自動選歌方式，不要那麼隨機，以便讓顧客感覺更隨機。

圖 3-13　不那麼隨機，以便讓顧客感覺更隨機
繪圖者：謝瑜倩

其實，由於「隨機」經常違反我們的「直覺」，所以在用直覺進行決策時，往往會產生很大的問題。

此外，迪諾教授還提到一個違反我們直覺的觀點。無論是事業是否成功？投資是否賺錢？電影是否賣座？書籍是否暢銷？都跟「命」有關（受到背後的「隨機」所掌控）。

在這樣的觀點下，作者期待人們在面對不確定時，能夠改變思維模式，認清使我們有所成就的隨機事件。進而在做決策時，避免產生粗劣的判斷與選擇的偏見。

◆ 好喝的奶茶，應該先加「奶」還是先加「茶」？

在台灣，如果您曾經去手搖飲料店買過飲料，一定有過被店員或工讀生，問過一句「甜度或冰塊？」的經驗，如果您一時想不出，他們可能會補上一句，那「來一杯『完美比例』，怎麼樣？」您點了點頭。不過，有趣的是，現在即使您把整杯飲料都喝完了，恐怕對什麼是「完美比例」還是不知所以然。事實上，類似如何沖泡出一杯完美奶茶的問題，早於 1930 年代，就已經在英國出現。

1935 年，英國羅納德 · 愛爾默 · 費雪爵士（Sir Ronald Aylmer Fisher）出版了《實驗設計》（The Design of Experiments）一書，裡面提到一則關於好喝的英式下午茶的調配方法的故事。故事裡的問題是，沖泡奶茶時，究竟應該是先加「奶」，還是先加「茶」？（如圖 3-14 所示）

圖 3-14 沖泡奶茶時，究竟應該是先加「奶」，還是先加「茶」？
繪圖者：盧曉慧

　　話說，在某個微風和煦，陽光明麗的午後，一群英國的紳士與淑女正在鳥語花香的漂亮庭園裡，優閒地喝著下午茶。當時有位女士突然說：「奶茶的沖泡順序對口味影響很大，將茶加入牛奶，或者將牛奶加入茶裡，兩種沖泡方式風味不同。而我可以分辨的出來」。

　　當時大家聽了都覺得「怎麼可能？」，畢竟先加茶或先加牛奶，結果都是奶茶。這時，一位紳士走出來說：「哪我們來做個實驗，驗證一下吧。」

　　這位不信邪的紳士，便是大名鼎鼎的費雪。於是一群人手忙腳亂開始動作，準備了許多茶杯，並透過隨機排序，讓這名「鐵齒」的女士，品嚐許多杯不同的先加奶或是先加茶的奶茶。

　　費雪並未在書中寫出該女士測試的結果，但據說該女士最後真的分辨出每一杯茶。這代表「奶茶的沖泡順序對口味影響很大」。畢竟如果該女士是用猜的，假設測試了 10 杯，10 杯全部要猜對的機率只有 1/1024。

　　2003 年，英國皇家化學學會（Royal Society of Chemistry）刊出了一篇文章〈如何泡出一杯完美的奶茶〉（How to make a Perfect Cup of Tea）[6]。裡面提到

[6] http://www.academiaobscura.com/wp-content/uploads/2014/10/RSC-tea-guidelines.pdf

66

一句話，「首先將牛奶倒入杯中，然後再倒入茶，旨在獲得豐富且誘人的色彩（Pour milk into the cup FIRST, followed by the tea, aiming to achieve a colour that is rich and attractive.）」。不過，這樣聽起來反而有點像咖啡「拉花」的技巧，而不是在泡茶。事實上，英國皇家化學學會在這句話中告訴我們，想要泡出一杯完美的奶茶，應該要先倒「奶」而非先加「茶」。

奶茶的美味，來自於牛奶中含有蛋白質，能抑制紅茶的苦澀味，因此，如何保護牛奶中的蛋白質不會變質，就成了完美奶茶的關鍵。而牛奶裡的蛋白質，在溫度超過攝氏 75 度時會變質。將牛奶倒入熱紅茶中，牛奶的溫度會迅速上升，容易超過變質的臨界點。而將熱紅茶倒入冷牛奶中，牛奶的溫度會上升得較慢。因此能抑制紅茶的苦澀味。

下次在泡奶茶時，不妨試著先倒「奶」，後加「茶」。

◆ 黑天鵝與灰犀牛

最近這幾年，企業在談論「風險管理」議題時，大家都擔心兩種「動物」的突然來臨，一種是相當罕見的黑天鵝（Black swan），一種則是奔馳在大草原上，往往來勢洶洶的灰犀牛（Gray rhino）。

這兩種動物之可怕，一種在於世所罕見，一種則在於人們漠視，但這兩種動物威力都很驚人。紐約大學教授納西姆・尼可拉斯・塔雷伯（Nassim Nicholas Taleb）於 2007 年出版《黑天鵝效應》（The Black Swan: The Impact of the Highly Improbable）一書後，「黑天鵝」一詞開始流行起來。

首先，「黑天鵝」事件是指那些發生機率極低、不可預測且衝擊力大的事件。但當它真的發生之後，人們往往會對它產生「後見之明」，並且企圖對它的出現做出某種合理的解釋。2001 年的「911 事件」就是一個典型的範例，

例如就有學者指稱 911 事件並非恐怖攻擊的開始，也不是恐怖攻擊的結束，但卻是恐怖攻擊的重要分水嶺。因為沒想到恐怖份子竟然會利用民航客機發動攻勢，更重要是，美國情報界與國安人員早就預測到，只是大家都不相信它真的會發生。

塔雷伯教授之所會使用「黑天鵝」一詞，主要是因為在 16 世紀的歐洲，當時的人們根深蒂固地認為所有的天鵝，天生都是白色的。可是後來在 1697 年，有人在澳洲發現了黑天鵝後，就一舉推翻了人們一直以來存在的信念（只要一隻黑天鵝，就能推翻數以萬計白天鵝所建構起的信念）。

至於「灰犀牛」一詞，則是由曾任紐約世界政策研究所（World Policy Institute）主席的米歇爾‧渥克（Michele Wucker）所提出。她於 2016 年出版《灰犀牛：危機就在眼前，為何我們選擇視而不見？》(The Gray Rhino: How to Recognize and Act on the Obvious Dangers We Ignore) 一書，從此「灰犀牛」一詞廣為流傳。

「灰犀牛」是指那些發生機率極高、有明顯地徵兆、突發性強、且衝擊力大，同時容易被忽視的威脅。舉例來說，2008 年的美國次貸危機就是「灰犀牛」。因為早在 2004 年美國聯邦調查局 FBI 就提醒大家要慎防抵押詐欺；爾後 2008 年初，世界經濟論壇就指出，當時房地產市場就已潛藏著巨大的衰退風險。

會用「灰犀牛」來做比喻，是因為生長在非洲大草原裡的灰犀牛，身軀碩大、看似行動緩慢，但當灰犀牛狂奔起來，攻擊力爆棚，容易產生極具破壞性的影響。

無論是黑天鵝或是灰犀牛，都是影響巨大，但黑天鵝發生的機率極低，灰犀牛發生的機率很高。重要的是，它們都不容易看見，或是容易讓人視而不見，如圖 3-15 所示。

比較	黑天鵝 Black swan	灰犀牛 Gray rhino
定義	發生機率極低、不可預測且衝擊力大的事件	發生機率極高、有明顯地徵兆、突發性強、且衝擊力大，同時容易被忽視的威脅
共通點	兩者都是影響巨大且不容易看見，或是容易讓人視而不見	

圖 3-15　黑天鵝與灰犀牛
繪圖者：彭媛蘋

　　面對黑天鵝與灰犀牛，企業要做好「風險識別」，一個發生機率極低，易受忽略；灰犀牛發生機率很高，易遭忽視。企業當定期檢視、且發揮相當程度的想像力，在識別完風險之後，即可開始對風險進行評估與回應（如風險規避、風險降低、風險移轉、風險承擔等），並做好「風險控制」。

◆ 反脆弱

　　講到「脆弱」這個形容詞，您會想到什麼？單薄的物品，薄弱的玻璃心性格，還是手無縛雞之力的弱女子？美國紐約大學教授納西姆‧塔雷伯，在其著作《反脆弱》(Antifragile: Things That Gain from Disorder) 提到，如果從「脆弱」的特性出發，世界可以分成三種結構特性。從脆弱到強固，再到能夠與時俱變的「反脆弱」，因此「脆弱」有時並非全是壞處。

塔雷伯教授是這樣將世間的物質，分成三類結構的，如圖 3-16 所示：

脆弱 (Fragile)	強固 (Robustness)	反脆弱 (Antifragile)
首先是擁有脆弱特性的人事物，他們適合存在穩定(沒有波動)的環境中。 舉例來說，像是玻璃、瓷器就是「脆弱」的，只能放置在穩定的平面上，掉到地上就可能粉身碎骨了。	擁有強固特性的人事物，能夠適應持續波動的環境，保持原狀。 例如，擁有專業訓練的醫生、特別縫製的足球，都是「強韌」的，他們能抵抗高強度的壓力。	擁有反脆弱特性的人事物，能夠與時俱變，在市場的大幅波動中獲利或成長。 例如，技術創新、人體、或者某些金融商品，都具有「反脆弱」的能力，能夠從壓力與波動中獲益。

圖 3-16　三種結構特性
繪圖者：謝瑜倩

1. 脆弱（Fragile）

　　首先是擁有脆弱特性的人事物，他們適合存在穩定（沒有波動）的環境中。舉例來說，像是玻璃、瓷器就是「脆弱」的，只能放置在穩定的平面上，掉到地上就可能粉身碎骨了。

2. 強固（Robustness）

　　擁有強固特性的人事物，能夠適應持續波動的環境，保持原狀。例如，擁有專業訓練的醫生、特別縫製的足球，都是「強韌」的，他們能抵抗高強度的壓力。

3. 反脆弱（Antifragile）

擁有反脆弱特性的人事物，能夠與時俱變，在市場的大幅波動中獲利或成長。例如，技術創新、人體、或者某些金融商品，都具有「反脆弱」的能力，能夠從壓力與波動中獲益。

再以「新冠肺炎」為例。假設一個人因為「封城」措施而失業，如果他沒有存款，無法在家接單，只能靠政府補助，這個時候他就是「脆弱」的；如果一個人有鐵飯碗，或是存款足夠，甚或是有好爸媽、好的另外一半可以養他，這時他就是「強韌」的；如果他不但有能力在家上班，還能順勢在家接案（甚至接全世界的案），更厲害的則是在家創業，可以因疫情而獲利，甚至致富，這時他就是「反脆弱」。

塔雷伯認為，在世界上，「黑天鵝」一定會不斷地出現。因此，個人要擁有反脆弱的能力，才能生存下來。至於具體作法，塔雷伯提出一個「槓鈴策略（Barbell Strategy）」來因應亂世與變局。

他以投資為例，建議應該將 90% 的資產，放置於無風險之處。而將 10% 的資產，投資在風險高但獲利率高的領域。因此縱使遇到黑天鵝，損失的只是有限的 10%，但如果真的獲利，資產可能倍增。塔雷伯認為，如果投資在槓鈴中間，選擇「適度風險、適度報酬」的方案，一旦碰到黑天鵝，反而是最脆弱的。

塔雷伯也提出，歐洲大陸有一些文學家，本身是公務員，除了讓自己保有一份相對穩定的工作之外，下班後專心致力創作，這就是一種「槓鈴策略」的展現。

此外，塔雷伯也認為，應該要持續創新、從錯誤中學習。持續進行小規模的實驗、錯了也沒關係，讓系統某部分具備某種程度的脆弱性，就能增加對風險的承受能力。

機率分配

◆ 二項機率分配機器

您曾經到過夜市打彈珠換玩具換氣泡飲料嗎？對，就是那種彈珠一路從上方撞擊鐵釘往下掉，進到不同格子得到不同分數的遊戲。您有沒有想過，那其實也是一種機率分配的現象，如果彈珠撞擊格子之後，向左走向右走的機率相同，彈珠會掉在哪些格子內的機率最多，彈珠檯的老闆又該何設計他的得分格，才不會賠本？

之前，我們曾經提過，生活中有很多現象有機率隱藏在背後，像是您想跟傾慕的對象「告白」，而告白的結果不外有兩種，一種成功，成功了，恭喜您可以戀愛了；一種是失敗，被拒絕了，雖然傷心，但起碼知道對方的意向，擦乾眼淚，振作起來（趕快換個對象，呵呵）。告白成敗是一種機率，向老板開口要加薪也是。而這其中涉及的機率就是最簡單，也最著名的「二項分配」。

什麼是二項分配？只要符合下面 3 個特點，就可以判斷某些事件是二項分配，首先，在相同條件下執行某事件的次數（又稱試驗）用 n 表示（例如拋硬幣5 次），其結果相互獨立；其次，每個事件都有相互對立的兩種可能結果（成功或失敗），例如正面朝上代表成功，反面朝上代表失敗；第三，成功的機率用 p 表示，失敗的機率用 1- p 表示。例如，每一次拋一個均勻銅板，出現正面朝上或是反面朝上的概率都是 1/2。

話說回來，英國數學家卡爾 · 皮爾森（Karl Pearson，1857~1936）是將機率分配的概念帶入科學研究中的重要貢獻者。在他的文章〈Contributions to the Mathematical Theory of Evolution II: Skew Variation in Homogeneous Material〉裡，設計了一個類似「彈珠台」的機率分配機（如圖 3-17 所示），來描述二項機率分配的概念。

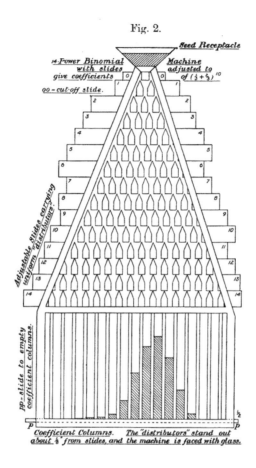

圖 3-17　卡爾‧皮爾森所設計之機率分配機器

資料來源：Karl Pearson，〈Contributions to the Mathematical Theory of Evolution II: Skew Variation in Homogeneous Material〉

　　卡爾‧皮爾森說明，如果從機器的最高點，把沙粒（sand）或者是油菜種子（rapeseed）放入，在落下的同時，會持續碰到分隔柱（鐵釘），而每次掉到到右邊或左邊的機率相等，都是 0.5。在經過連續 14 次的分隔與掉落後，最後可以得到一個近似常態分配的曲線。亦即當 N 越大時，二項分配會近似於常態分配。

圖 3-18 與圖 3-19 即為 N 等於 4，成功機率為 0.5；以及 N 等於 48，成功機率為 0.5 的圖形，可以明顯看出機率分配的差異。

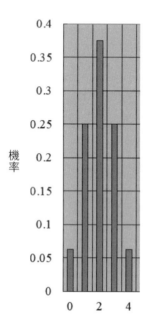

圖 3-18　二項分配機率圖，次數 4，成功機率 0.5

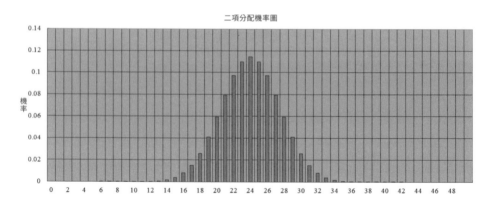

圖 3-19　二項分配機率圖，次數 48，成功機率 0.5

有了這樣的概念，您有沒有注意到，假設在沒有任何人為故意操縱的行為下，彈珠往兩側的機率掉落的機率一定最低，往中間集的趨勢最高，因此聰明的老板如果不想要賠本，一定得把高分的洞口擺在兩側。

最後，談到常態分配，順便提到一個小故事。在使用歐元之前，德國的貨幣是德國馬克（Deutsche Mark），當時的 10 元馬克上，正面就印著「數學王子」高斯（Johann Carl Friedrich Gaus，1777~1855）的肖像。肖像的左邊，還印上了常態分配（normal distribution，又名高斯分配（Gaussian distribution），以彰顯他的貢獻（如圖 3-20 所示）。

圖 3-20　10 元德國馬克

◆ 白努利黃金定理

想像一下，房間的桌上有一個很大的罐子，裡面有 2,000 顆黑色石頭與 3,000 顆白色石頭。現在，如果要從裡面取出白色石頭，算一下機率是 3,000/5,000=0.6，大概是取出十顆會有六顆是白色石頭。現在，假設我們不知道罐子裡的石頭比例，這時候，我們應該要抽多少顆石頭，才能有「信心」地推論出「接近」背後真正的機率。

先說明，我們這裡指的「信心」可能是 90%；95%；99%；至於「接近」，又稱「精確度」，可能與真實機率之間，相差 ±10%、±5%、±1%。

其實，直覺上，信心度越強，接近程度越近，所需的抽出石頭的數量，就要越多。根據瑞士籍的數學家雅各 · 白努利（Jakob Bernoulli）在十七世紀的計算，要在 99.9% 的信心水準下，以及落在 ±2% 的誤差水準下，必須要抽出 25,550 顆石頭，遠大於罐子裡的 5,000 顆。（不過，依據現在的計算，只要抽出 6,767 顆，各位可用網路上的樣本計數器來檢驗一下，http://www.raosoft.com/samplesize.html）。

實務上，面對以上的問題，一般會採取降低信心水準或是精確度的做法。以民調為例，如果抽樣人數達到 1067 人，將有 95% 的機會，達到 ±3% 誤差的結果。

事實上，以上抽取石頭的過程，可以把它想成是一次次的試驗，每次試驗都只有兩種結果，而且結果是隨機出現、彼此獨立的。這樣的試驗，在統計學裡稱為「白努利試驗」，而這一次次試驗的過程，稱為「白努利過程」。由於每次試驗都只有兩種結果，因此又稱做「二項分配」。這在生活上就有很多的應用。像是生男生女、銅板出現正面反面……等，都可以用白努利試驗來模擬。

值得注意的是，要計算一個事件的發生機率，必要先知道隱藏在其背後的機率分配是什麼。例如丟銅板，連續出現兩次正面的機率就是 1/2*1/2。至於等公車的時間，則用「卜瓦松（Poisson Distribution）」分配，因為它主要是在單位時間內隨機事件發生次數的機率分配。而像電話交換機之類的服務設施，在一定時間內接受服務請求的次數、汽車站台的候客人數、機器出現的故障數，甚至是自然災害發生的次數，一樣適用卜瓦松分配，它的機率分配就和二項分配不同。

　　雅各・白努利將他的證明稱為黃金定理，又稱「大數法則」（或弱大數法則）。而這個法則，也在他死後第八年，即 1713 年出現在他的鉅著《猜度術》（Ars Conjectandi）裡，如圖 3-21 所示。

圖 3-21　《猜度術》(Ars conjectandi)

◆ 事件彼此之間未必獨立

　　在賭場裡，紅黑相間的輪盤中，連續開出 10 次的黑，第 11 次開出黑的機率是否會降低（亦即開出紅的機率是否會增加）？答案是不會。因為每一次轉動輪盤，彼此之間都是「獨立事件」。

　　不過，在真實世界中，並不是所有的事件彼此之間都是獨立事件。許多時候，事件背後隱藏著可能的關聯性。如果我們在做風險評估時，僅僅是將兩個事件的機率相乘，此時，可能會承受很大的風險。

　　有個笑話是這樣子講的。一位機長在數百名旅客興高采烈的航程中，向大家廣播，他告訴大家，目前飛機的一具引擎發生故障，但請大家不用擔心。

因為根據統計，每一顆引擎出狀況的機率，只有十萬分之一。而大家搭乘的這架飛機有兩具引擎，兩顆引擎同時出狀況的機率，更是只有百億分之一，所以請大家放心。

不過，機長沒有告訴大家的事實卻是，這兩具引擎不僅是由同一家發動機製造商所生產，而且用了同一批零件，同時，兩顆引擎之間所牽涉到的系統迴路、燃料注入結構等，也未必完全沒有關聯。甚至兩具引擎可能在同一天出廠，並且都已經使用了很長一段時間。現在，其中一顆開始出現問題，誰也難保另外一具不會在此時也跟著出問題。如圖 3-22 所示。

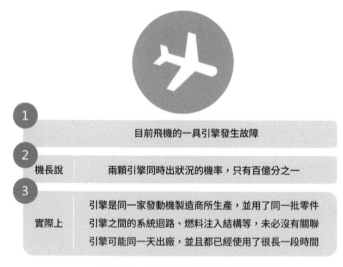

圖 3-22　兩顆引擎背後未必是獨立事件
繪圖者：謝瑜倩

再舉一個例子。資訊部門常常為了避免斷電時，系統無法運作，通常會以購買「不斷電系統（Uninterruptible Power Supply, UPS）」來因應。但光就停電來說，停電可能不會只是某一幢大樓，還可能是某個地區全部都停。甚至是全台灣地區用電戶分為 A、B、C、D、~、J 等 9 組當中，一次停了兩三區。2021年初，台電即針對電費帳單代號 A、B 組用戶輪流限電，表面上只停了兩區，但影響卻是遍及全台灣。

　　所以，當資訊部門在考慮異地備援時（亦即在另一處地點設置另一套相同的系統，以確保原系統出問題時可以馬上銜接），心思縝密的工程師，也應該要將這一點納入考量。畢竟雖然已經採取了「異地」來避險，但背後可能還是「有關」，遠遠不是「獨立」事件。所以，當資訊部門自認為已經透過異地備援來降低事件發生的機率，但所降低的風險可能依舊有限。

　　我們要提醒的是，世上許多事件彼此之間往往看似獨立，但卻並非獨立。所以，在實務上進行機率分析時，不要輕易隨便假設背後事件彼此獨立，以避免遭到誤導。

◆　常態分配

　　常態分配（Normal Distribution）又稱高斯分配，顧名思義是為了紀念德國數學家高斯（Carl Friedrich Gauss, 1777-1855）所命名。不過有趣的是，常態分配是流亡到英國的法國數學家亞伯拉罕・棣美弗（Abraham de Moivre）所提出[7]。

　　常態分配的圖形如圖 3-23 所示。該圖形的中心為一平均數，曲線寬度是不同的標準差。圖形中有三個數字，68%、95%、99.7%，意指常態分配的隨機數量，落在平均數一個正負標準差內的機率為 68%，落在平均數兩個標準差的機率為 95%，落在平均數三個標準差的機率則是 99.7（品質管理中，著名的六個標準差，則是指每百萬次只能有三個缺失。機率是 99.999997%）。

　　舉例來說，假設某公司員工的個人考績分數平均為 80 分，標準差 4 分。如果考績符合常態分配，代表 76-84 分之間的人佔 68%；72-88 分之間的人佔 95%；68-92 分之間的人佔 99.7%。

---

[7] 這又是一個史帝格勒定律（英語：Stigler's law）的案例。

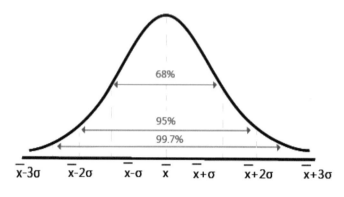

68%

95%

99.7%

$\overline{x}-3\sigma$ $\overline{x}-2\sigma$ $\overline{x}-\sigma$ $\overline{x}$ $\overline{x}+\sigma$ $\overline{x}+2\sigma$ $\overline{x}+3\sigma$

圖 3-23 常態分配

繪圖者：謝瑜倩

附註：本張圖是根據 68–95–99.7 法則而畫，所以比較不那麼精準，但較方便記憶。較精準的數字為：正負一個標準差的值為 0.6826895；正負兩個標準差的值為 0.9544997；正負三個標準差的值為 0.9973002。

　　常態分配的圖形中，還有一個「尾 (tail)」，意指平均數右側 (或左側) 某點右邊 (或左邊) 的區域。這個「尾 (tail)」源自於提出 Student's t-test 的英國統計學家威廉 · 希利 · 戈塞 (William Sealy Gosset，1876－1937)，他在 1908 年畫了一張類似下面的圖，用兩隻面對面的袋鼠，來類比常態分配的圖形，而袋鼠的尾巴，就對應到某點右邊 (或左邊) 的區域，如圖 3-24 所示。

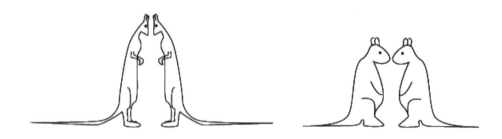

圖 3-24 仿 William Sealy Gosset 所繪常態分配的雙尾

繪圖者：謝瑜倩

回到圖 3-23，因為總機率為 1，所以落在平均數一個標準差右邊的區域，機率為（1-68%）/2=16%。以此類推，落在平均數 2 個標準差右邊的機率為 2.5%；三個標準差右邊的機率為 0.15%。

◆ 常態分配不常態，論「平均人」

無論大家是否有學習過統計，或多或少都聽過「常態分配（The Normal Distribution）」，而因為其圖形呈現鐘形，所以又稱為「鐘形曲線」。舉例來說：在學校時，常會聽到班上同學們的身高、成績呈現常態；在工作時，則會聽到員工的績效呈現常態，所以年底打考績時要淘汰績效差的 5%。

由於常態分配太出名，導致許多人誤認為常態分配無所不在，甚至放諸四海皆準。事實上，認為常態分配無所不在的，不只是現代人。早在 19 世紀中葉，就已經出現這樣的疑問。

比利時天文學家阿道夫‧凱特勒（Adolphe Quetelet）根據常態分配，提出了「平均人（I'homme moyen，英文 average man）」的概念。其實，平均人並非專指一個人，每個群體有其平均人。不同年齡、職業、種族…等，都有其平均人，如圖 3-25 所示。

而這個概念可以用來當作不同群體之間比較的工具。舉例來說，比較英國人與法國人平均身高的差異，或者是紀錄不同時間平均身高的變化，來推導出一條成長曲線。

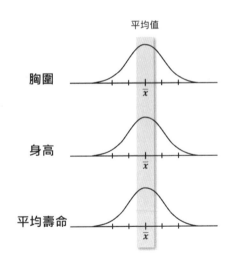

圖 3-25　平均人的概念
繪圖者：彭煖蘋

凱特勒蒐集了許許多多有關人類特徵的資料，並相信已找到人類的基本定律（即常態分配）。例如：凱特勒紀錄了 5,738 名蘇格蘭士兵的胸圍，並與計算出的常態分配值做比較，兩者結果幾乎一致。

凱特勒也蒐集了十萬名法國徵召入伍士兵身高，製作成常態分配圖，並發現士兵的平均身高偏矮，與法國一般男性的曲線不符。由於他認為常態分配本身沒有問題，所以他懷疑，有 2% 的士兵謊報身高，企圖躲避兵役。

凱特勒花了多年的時間，蒐集各種資料，包括：人們出生率與死亡率；根據氣溫、時間進行分類；調查不同年齡、職業、區域…的人的平均壽命；考量身高、體重…；對酗酒、犯罪、死亡…等進行統計，並繪製圖表說明不同屬性之間的關係。凱特勒並將研究結果，在 1835 年出版了《論人類與其才能發展（Sur l'homme et le développement de ses facultés : ou, Essai de physique sociale)》一書。

以上的故事看似合理，但常態分配無所不在的概念很早就受到質疑與批評。一樣以平均人為例，其中批評最激烈的是法國數學家暨經濟學家安托萬 · 奧古斯丁 · 庫爾諾（Antoine Augustin Cournot）。他以數學裡的直角三角形為例，提到將許多直角三角形的各邊平均之後，就不是直角三角形了。而平均人也不再是個人，而是怪物。曾經就有學者用了一個很諷刺的口吻來描述這個現象，他說，經過男女的性別平均，「平均人」是擁有一個乳房與一顆睪丸的人。

其實，隨著統計學的發展，已經證明了常態分配並非放諸四海皆準。例如：財富的分配就不是常態分配，而是「柏拉圖分配（Pareto Distribution）」，也就是全世界 80% 的資產，會集中在少數 20% 人的手上。所以，常態分配其實並不常態。

◆ 考績最差的 5% 註定該淘汰？

在高度競爭的商業世界裡，每年都有許許多多的企業，會遭受外部環境威脅而自然淘汰。企業則為了保持自己的競爭力，也會刻意淘汰不具競爭力的員工。在人力資源管理的績效考核中，就有一項奉行汰弱留強的「強迫淘汰制」，大意是每年都要評比出績效最差的 5% 左右的員工，設法讓他們離職或資遣，再引進新血輪替。

這個制度乍看起來沒有問題，畢竟「汰弱留強」是管理上的重要做法。而在這個淘汰制裡，一般都會假設員工績效屬於常態分配（Normal Distribution），左右兩端代表最優秀與最差的人才，但為數不多，能力介於中間的人數則比例最高。但問題是，如果員工績效並不符合常態分配，連一開始的「假設」都錯了，那後續的做法是否就有問題。

美國印第安那大學人力資源教授恩斯特・奧伯利（Ernest O'Boyle JR.）與華盛頓大學商學院赫爾曼・阿吉尼斯（Herman Aguinis），就在《人事心理學（Personnel Psychology）》期刊上，共同發表了一篇文章，〈最優與最劣：重新審視個人績效的正常水平（The best and the rest: Revisiting the norm of normality of individual performance）〉。

在該篇文章裡，奧伯利與阿吉尼斯教授重新審視了人力資源管理中，眾多企業一個長期存在的假設—「個別員工的績效表現遵循常態分配」。

他們為此進行了五項研究，涉及的範疇包括：研究人員、演藝人員、政治人物以及業餘和職業運動員共 633,263 名。結果在各個行業、職位類型、績效指標類型、和時間範圍內，結果都非常一致，呈現出「個人績效不是常態分配，而是柏拉圖分配」，如圖 3-26 所示。

柏拉圖分配可以簡單地歸納成一種表達方式，企業中前 20% 員工，創造出企業 80% 的績效，至於其它 80% 的員工帶來 20% 的結果。只是如果要用這樣的研究來淘汰員工，恐怕會嚇死一堆人。

值得注意的是，這個研究結果顛覆了我們的刻板印象，它也提醒我們，很多時候，錯誤的假設將導致錯誤的管理決策。而「最優與最劣」的研究讓我們重新思考，人力資源管理中選、訓、用、留的影響，畢竟這些議題與個人績效之間有很大的關係。

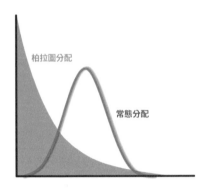

圖 3-26　常態分配與柏拉圖分配

繪圖者：彭媛蘋

資料來源：O'Boyle, E. H., & Aguinis, H. (2012). The best and the rest: Revisiting the norm of normality of individual performance. Personnel Psychology, 65(1), 79-119.

◆ 面對長尾理論，身體與尾巴都要顧

過去，某些商品只要過了宣傳期，加上企業只要認定它無利可圖、不再販售時，它就慢慢在倉庫裡積灰塵、凋零，然後走向焚化爐。不過，拜網際網路之賜，這些商品因為在網路上可以讓消費者搜尋得到，無形中拉長了銷售週期，等於在銷售曲線上畫出一條長長的右尾，而這樣的改變就是著名的「長尾理論（The Long Tail）」。

所謂的「長尾理論」是由《連線（Wired）》雜誌總編輯克里斯·安德森（Chris Anderson）所提出。安德森認為，以往大家著重的是 20/80 法則，也就是銷售量前 20% 的暢銷品，往往替公司帶來 80% 的利潤。

不過，安德森也強調，只要銷售的管道夠強大（例如在網路上），那些屬於後 80% 的非主流商品（又稱利基品），也能夠與那些需求量大的主流商品（亦即暢銷品），在銷售量上相匹敵。甚至利基品整體的銷售量還會大於暢銷品，這就是所謂的長尾理論（如圖 3-27 所示）。換言之，網路時代的到來，讓這些冷門的利基品，在銷售上帶來了曙光，透過網路無遠弗屆的力量，讓產品突破時間、地點進行銷售，積少成多。

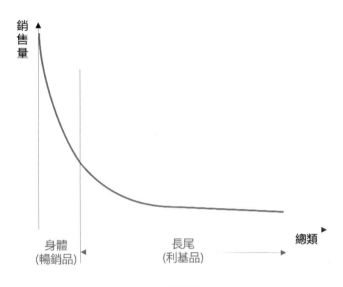

圖 3-27　長尾理論
繪圖者：謝瑜倩
資料來源：Chris Anderson，長尾理論－打破 80/20 法則的新經濟學 The Long Tail，天下文化，2006。

　　哈佛商學院教授安妮塔‧艾伯希（Anita Elberse）在哈佛商業評論（HBR）上發表的一篇文章〈『長尾』真的有商機？〉（Should You Invest in the Long Tail?）[8] 中提到，長尾理論認為，在數位世界裡，「利基型商品」比「暢銷型商品」來得有利。但根據艾伯希教授的研究，「暢銷品」不僅比以前攻下了更多市場，就連處於長尾區的消費者，也不見得只喜歡利基型商品。

　　艾伯希教授引用威廉‧麥克菲（William McPhee）的「暴露理論」（Theory of Exposure），說明在偏好「熱門商品」的群眾裡，有極大的比例是「交易相對稀少」的消費者。而偏好「冷門商品」的群眾中，「交易相對頻繁」的消費者佔有極大的比例。

[8] 資料來源：潘東傑譯自 "Should You Invest in the Long Tail?" HBR, July-August 2008，哈佛商業評論全球繁體中文版，September 2008。

麥克菲發現，會選擇冷門商品的人，大多也熟知許多替代品，而這群人對「冷門商品」的喜愛程度，會低於對「熱門商品」的偏好度。也因此，比起熱門商品，冷門商品平均較不受一般人的青睞，也較少被人消費。

艾伯希教授的研究發現，麥克菲的論點同樣適用在網路世界。她並且根據這樣的發現，在文章中，給予「生產者」以下四個建議：

1. 切勿大幅改變暢銷品的資源分配，或是產品組合的管理策略。一些賣座商品仍會持續暢銷，甚至賣的更好。

2. 生產利基品時，要盡量設法降低成本。因為獲利不高，甚至會愈來愈低。

3. 強化數位通路，專門行銷暢銷品。

4. 改善網路曝光度與客戶的商品組合需求。並認知暢銷品仍扮演關鍵性的角色。

此外，在文章中，艾伯希教授也給「零售商」四項建議：

1. 如果企業的目標是照顧交易頻繁的顧客，建議擴大產品類別，並加入利基商品。

2. 嚴格控管銷售極差產品的銷貨成本。並建構一種除非下單，否則不需支付成本的模式。

3. 運用最暢銷的產品來爭取並管理顧客。

4. 就算冷門商品獲利高，也要避免經常把客戶帶到長尾區，導致顧客滿意度下滑。

安德森的長尾理論，點出了利基商品的價值，而艾伯希教授的研究，則告訴我們，不要忽略暢銷品的優勢。面對長尾理論，則是身體與尾巴都要顧，兼具暢銷品與利基品，讓自己做到「魚跟熊掌兼得」。

◆　有錢人為何更有錢—冪次法則

除了常態分配外，世上還有一種分配也很常見（例如財富上的分配、網站流量排名的分配…等），那就是柏拉圖分配（Pareto Distribution），而其背後的曲線分佈，又稱為冪次法則（Power Law），以及現代人經常引用的「80/20 法則」。

我們曾經提過人們的身高、體重和智商，甚至成績或者企業員工的績效表現通常都會呈現「常態分配」，但是有一項與人們日常生活有關的東西偏偏不是常態分配，那就是「財富」。

義大利經濟學家柏拉圖（Pareto）過去就發現，一個國家大部分的財富，掌握在少數人手裡。而冪次法則（Power Law），即意指規模與排名的次方成反比，如圖 3-28 所示。也就是說，一個國家 80% 的財富，往往集中在前 20% 富人的手上，亦即「80/20 法則」。

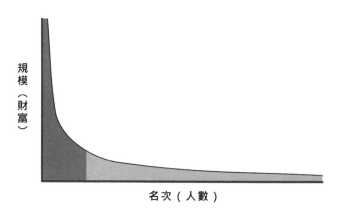

圖 3-28　冪次法則
繪圖者：彭媛蘋

有錢人之所以會更有錢，通常並不是因為他比一般人更努力，畢竟有錢人縱使每天上班時間為 16 小時，頂多也只是他人努力的 2 倍。但有錢人財富

的增加，因為投資行為中複利效果和冪次法則，其成長的速度，卻可能超過千倍萬倍。這也是台灣有句俗諺說「人兩腳，錢四腳」，形容人往往跑不過財富的追求和累積。

此外，法國物理學家吉恩 · 菲利普 · 布紹（Jean-Philippe Bouchaud）與馬克 · 梅扎德（Marc Mezard）在 2000 年曾發表了一篇文章〈簡易經濟模型中的財富凝聚（Wealth condensation in a simple model of economy）〉[9]。

在這篇文章裡，布紹與梅扎德透過模型，模擬了一個經濟體系，裡面包括人與人之間的交易行為，以及個人的投資行為（同時假設每個人擁有相同的投資技巧）。研究結果發現，交易行為會產生一股力量，使得財富分配趨於平均。但投資行為卻會產生另一股更大的力量，讓財富分配呈現「冪次法則」。

該研究也發現，光是靠運氣，就足以讓有些人比其他人更有錢，而且財富的累積是乘法關係而非加法關係，其結果就是會呈現柏拉圖（Pareto）分配的樣貌。

其實，對於財富是透過乘法關係的累進，我們很難體會背後的「威力」（呼應冪次法則（Power Law）英文中的「Power」）。然而，不妨讓我們以下面這個遊戲來說明。

「一張厚度 0.01 公分的紙，最多只能對摺幾次？」

您可能曾經聽過，一張紙最多只能對摺 8 次[10]。第一次聽到這個答案，您可能會覺得有點吃驚，畢竟一張紙那麼薄，應該可以多摺幾次。但進一步告訴您，將一張厚度 0.01 公分的紙對摺 20 次後，厚度是 104.86 公尺；對摺 30 次，厚度是 107.37 公里；對摺 42 次，厚度可以登月球；對折 51 次，厚度已達太陽；根據估計，對摺 103 次後，厚度將等於宇宙。

[9] 資料來源：Bouchaud, Jean-Philippe and Marc Mezard,（2000）"Wealth condensation in a simple model of economy," Physica A 282（2000）: 536.

[10] 2002 年，一位美國小女孩 Britney Gallivan，成功將衛生紙對摺 12 次。

現在，您可以拿出一張紙來對摺試試，親身感受一下冪次法則背後「乘法關係累進」的威力。

◆ 生日悖論

某一天，在一班約莫有 30 名學生的課堂上，老師突然提到：「我們來玩個小賭局。只要課堂的現場上，有任何兩位同學的生日是同一天的，就算老師贏；如果沒有任何人的生日是相同的，就算老師輸。如果老師輸了，就請全班喝飲料，如果老師贏，下次上課時，全班不准有人遲到。」假如您剛好是這一個班上的同學，您賭不賭？

直覺上，這個賭局似乎對全班同學很有利，看來飲料是喝定了。畢竟課堂上只有 30 位同學，但對應到生日，一年卻有 365 天，兩個人同一天生日應該很低。因為遇到同一天生日的機率為 1/365，或 0.002739。這機率也太小了吧，這也是在生活中，一旦您遇上到一個和您同一天生日的人，往往會讓您感慨，這也太巧了。

事實上，這是一場違反直覺的賭局，老師贏的機率可是高達七成，這就是俗稱的「生日悖論 (Birthday Paradox)」。

生日悖論是奧地利數學家理察‧馮‧麥澤斯 (Richard von Mises)，於 1939 年針對「資料儲存技術」所發表的論文。大致的內容以數學方式來說：若有一個均勻的映射函數將 23 個不同、屬於整數集的數，映射到〔1，365〕時，兩個數映射到同一位置的機率為 0.5073（> 0.5）。因此，可知利用散列儲存技術查尋儲存器時，難免會發生碰撞。

翻譯成白話文的意思為「如果一間屋子裡，有 23 個人以上，其中 2 人同一天生日的機率，會大於 1/2」。

要算出背後的機率觀念上不難。以 30 位同學為例，先計算 30 位同學生日都不相同的機率，第一位同學的生日有 365 種可能；第二位同學的生日有 364 種可能（因為生日要不同），第三位同學的生日有 363 種可能，以此類推，第 30 位同學生日有 336 種可能。

所以，30 位同學生日都不同的機率為，365 乘 364 乘 363 乘…乘 336 除上 365 的 30 次方，大約是 30%。所以班上至少有兩位同學生日相同的機率為 1-30% 等於 70%。

從公式來看，所有人的生日都不相同的機率為：

$$P = \frac{365*364*...*(365-N+1)}{365^N}$$

根據這項公式，n 等於 23 人時，兩人同一天生日的機率 1-P（補集），已經為 50.7%，意思是，教室內只要有超過 23 名同學，老師贏的機率已經超過一半；當 n 一旦來到 30 人時，1-P 為 70.6%；而 n 等於 50 人時，1-P 為 97.0%；當 n 等於 60 人時，1-P 為 99.4%。如圖 3-29 所示。

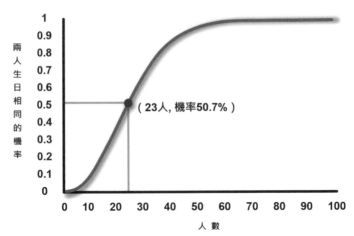

圖 3-29　兩人生日相同的機率曲線

繪圖者：彭嬡蘋

其實，生日悖論往往在提醒我們，「直覺」通常是不可靠的，而且統計學很重要。因此在做決策時，要儘可能地蒐集資料，並對資料進行分析，以利理性決策的進行。還有，就是千萬不要跟老師對賭，因為輸的機率很高。下次上課您就得乖乖地提早來！

◆　愛滋檢出陽性，先別慌

請想像一個情境，您本身不是愛滋病的高危險群，假設在做愛滋篩檢時，不幸驗出是陽性（有愛滋病），這時的您會怎麼辦？

許多人面對這樣的情境時，會不斷地自我否定，然後非常地驚訝、擔心與恐懼。然而，從統計學家的角度來思考，您應該暫時先冷靜下來，先到另外一家醫院做另一次的檢測。因為檢驗出有陽性反應，但實際上真正感染愛滋的機率，其實並沒有您想像的那麼高。

為了說明背後那個統計概念，我們先來簡單了解一下，檢驗過程中何謂偽陽性、偽陰性、真陽性率與真陰性率，如圖 3-30 所示。

		疾病	
		有	無
檢驗	陽性	真陽性率 (True Positive Rate) 靈敏度 (Sensitivity)	偽陽性 (False Positive)
	陰性	偽陰性 (False Negative)	真陰性率 (True Negative Rate) 特異度 (Specificity)

圖 3-30　偽陽性、偽陰性、真陽性率與真陰性率
繪圖者：謝瑜倩

「偽陽性（False Positive）」意指檢驗出實際上並不存在的事。例如，沒病檢驗成有病（應該是陰性，檢驗呈陽性，就是統計學裡的型一錯誤）；「偽陰性（False Negative）」意指做了檢驗，卻未發現存在的事，例如有病但沒檢驗到（應該是陽性，結果卻呈陰性，這個屬於統計學裡的型二錯誤）。

與偽陽性、偽陰性相關的還有「真陽性率（True Positive Rate）」又稱「靈敏度（Sensitivity）」，意指有病而被檢驗出陽性的機率；「真陰性率（True Negative Rate）」又稱「特異度（Specificity）」，意指沒病而被驗出是陰性的機率。

接著，我們將以上的概念帶入以下可能的情境。舉例來說，台灣的愛滋盛行率（Prevalence）在約 0.2%[11]，而某一檢驗方法的真陽性率為 99.7%，真陰性率為 99.9%。

那麼到底，在您被驗出有陽性反應，但真正感染愛滋的機率有多高呢？

以檢測 10 萬人為例，因為愛滋盛行率為 0.2%，代表每 10 萬人有 200 人得到愛滋病。而檢驗方法的真陽性率為 99.7%，代表 200 位愛滋病患中，會檢驗出 199 位陽性（200*0.997）；真陰性率為 99.9%，代表 99,800 位非愛滋病患中，會檢驗出 99,700 位陰性（9980*0.999）。如圖 3-31 所示[12]。

[11] 衛生福利部 https://www.mohw.gov.tw/cp-17-42785-1.html
[12] 這種圖形被彼得‧塞德邁爾（Peter Sedlmeier）教授稱為頻率樹（Frequency Tree）。

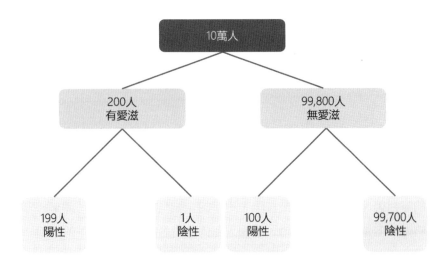

圖 3-31　真正感染愛滋的機率
繪圖者：謝瑜倩

所以，驗出有陽性反應，但真正感染愛滋的機率＝得到愛滋病的人數／驗出陽性人數 $=\dfrac{199}{199+100}=0.67$。

0.67 或者 67% 這個數字看起來不低，因為等於三個人中，就會有兩個人患有愛滋病，不過，它與 100% 或是 99% 的差距還是頗大。因此，面對愛滋篩選，只要您不是愛滋的高危險群，如果檢驗出來不幸是陽性，請先不要慌張或者心情不好。現在，您要做的就是要再跑到另外一家醫院，做另一次篩選，或許就會有好消息出現。

風險與不確定性

◆ 不同環境（穩定、風險、不確定性）下的決策

企業經理人幾乎每天都在做決策，小的從淡旺季的人力調度、每日、每週、每月的庫存管理；大的到未來五年、十年的企業營運發展策略，都是經理人的決策範圍。但是環境每天在變，經理人如何應對各種不同情況下的環境變化，已是當前所有經理人的重要課題。

舉例來說，2021 年我國籍長榮海運旗下的超大型貨櫃輪「長賜號」意外卡在埃及蘇伊士運河，當時它因為強風吹襲而偏離航道，完全阻塞了運河。造成超過 300 艘船隻排隊等候，結果引發國際間，因為原物料無法準時送達，造成開工延遲和物價大漲。數十年來，一向可供貨船安穩通過的蘇伊士運河卡船事件，轉眼間成為許多經理人的高度不確定的決策難題。

事實上，一般經理人在做決策時，或多或少都會依循未來的環境（情境）變化進行假設。而未來的情境，又大致可分成三種狀態：

1. 確定環境（Certainty）

確定的環境，意謂決策者清楚知道每一項決策的精確結果。在商業上，大部分以利潤極大化為原則。舉例來說，一些大公司設置採購平台，符合條件的供應商，在上面競標，最終低價者得標。這個過程，甚至可以完全由電腦來執行。

2. 風險環境（Risk）

　　風險是指可預估各種決策方案的機率。通常透過期望值的方式來協助進行決策。以下是一個期望值的例子。

　　假設某企業正面臨不同的投資方案，這時，投資案 1 會有三種可能的情境，25% 的機率獲利 2,000 萬；55% 的機率獲利 1,000 萬；20% 的機率虧損 2,000 萬。這時，方案 1 的期望值即為：0.25*2000+0.55*1000+0.2*(-2000)=650（萬），如圖 3-32 所示。

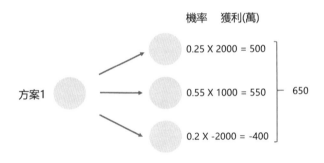

圖 3-32　期望值的計算
繪圖者：謝瑜倩

　　接著將其他方案的期望值都計算出來，最後選擇最大者，即為所欲投資的方案。

　　以上的概念雖然簡單，學生在課堂上考試也很容易獲取高分。但在實務上，其中的「機率」應該如何計算出來（總不會像考試題目卷上，會自己出現），也是同學最大的疑惑。

　　其實，在實務操作上，這些機率的估算，通常會透過歷史資料與專家討論來獲得。以歷史資料為例，假設我們要估算未來的匯率，坐落在那些區間的機率，便可對過去 N 年來的歷史資料進行分析，進而計算出各區間背後出現的機率，如圖 3-33 所示。

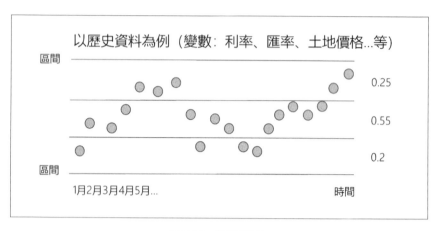

圖 3-33　機率的估計
繪圖者：謝瑜倩

　　當然，這樣的估計還是會有一些問題，因此可以再輔以專家討論的方式，進行調整，進而估算出未來不同情境下的機率。

　　至於獲利，則需要配合財務報表進行預估，在不同的情境下，財務報表各科目背後的數字會有所不同，進而會獲得不同的獲利數字。

3. 不確定環境（Uncertainty）

　　管理者通常無法對不確定的環境進行預測。在這種環境下，適合透過直覺決策的方式來進行。

　　其實，在這些不同環境下做決策，很容易因為「空想」而失焦，因此在軍方就以「兵棋推演」方式，來讓各種環境「視覺化」。在電影中可以看到軍方人員經常人做出大小平原、河流、森林和山丘等環境模型，先在上面模擬出各種狀況，然後由自己與假想敵進行攻防。而企業也可以透過資料視覺化工具，用多元化的方式來呈現各種資料分析的結果，目的就是希望讓經理人能夠在更有臨場感的情況下，做出更佳的決策。

◆ 風險與不確定性的分類與因應

經營環境詭譎多變，面對不同類型的環境，我們需要不同的決策模式，來協助做好決策。對於未知的環境，學者一般將其歸納成「風險」與「不確定性」兩種不同類型，以設法應對。

美國芝加哥大學經濟學家法蘭克 · 奈特（Frank Knight），將可衡量與量化的隨機性，如樂透彩，稱為「風險」；不可衡量與量化的隨機性，如尋找外星生命，稱為「不確定性」。

英國劍橋大學的經濟學家約翰 · 凱因斯（John M. Keynes），在《就業、利息和貨幣通論（The General Theory of Employment, Interest, and Money）》一書中，提到對於不確定性的看法。他認為輪盤賭博不受不確定性的影響；公債的贖回也不是不確定性的；預期壽命、天氣也只是「稍微」不確定性。而凱因斯「認定」的不確定性，則是指類似歐戰爆發、20 年後的鋼價及利率，因為它們都沒有科學基礎可以做為機率計算的根據。

奈特與凱因斯都對「風險」情境與「不確定性」情境先加以區分，再設法應對。

牛津大學聖約翰學院院士約翰 · 凱伊（John Kay），以及曾任英國央行總裁，紐約大學以及倫敦政經學院的經濟學教授莫文 · 金恩（Mervyn King），在他們合著的《極端不確定性（Radical Uncertainty: Decision-Making Beyond the Numbers）》一書中，用「可解決（Resolvable）」不確定性，以及「極端（Radical）」不確定性來說明。他們認為「可解決不確定性」可藉由已知結果的機率分配來表示；「極端不確定性」則無法用機率來描述，是那種模糊、定義不清的問題，缺乏資訊的情境。

至於在企業的「專案管理」中，典型的風險分類方式是基於對風險事件發生的了解程度（已知或未知）和對其影響的了解程度（已知或未知），並將其分成

四種類型：已知的已知（Known Knowns）、未知的已知（Unknown Knowns）、已知的未知（Known Unknowns）、未知的未知（Unknown Unknowns），如圖3-34 所示。

影響		
事件	**已知的已知** (Known Knowns) 通常指實際與預期的落差，它一定會發生。 例如專案執行時，每個人都有自己的休假安排，可能影響專案的執行。	**已知的未知** (Known Unknowns) 風險管理中，最重要的一種風險。它發生的機率介於已知風險與未知的未知風險之間，我們可以未雨綢繆，做好準備。 例如，2021年五月，當了一年的防疫模範生的台灣突然疫情大爆發，事先大家都知道新冠肺炎疫情可能蓄勢反撲，卻沒有想到會產生變種病毒，威力這麼強大。
	未知的已知 (Unknown Knowns) 例如假設年底已確定要舉辦市長選舉，只是因為還沒有到選舉日，不知結果如何，但一定有人當選	**未知的未知** (Unknown Unknowns) 那種發生機率極低，而且無法預測。如果不幸發生了，只能做好危機處理。 例如，2019年末的新冠肺炎，根本無法預測在一年半內導致全球超過三百萬人的死亡。

圖 3-34　風險的類型
繪圖者：謝瑜倩
資料來源：修改補充自 Cleden, D. 2009. Managing Project Uncertainty. Farnham: Gower.

「已知的已知」，通常指實際與預期的落差，它一定會發生。例如專案執行時，每個人都有自己的休假安排，可能影響專案的執行。

「未知的已知」，例如，假設年底已確定要舉辦市長選舉，只是因為還沒有到選舉日，不知結果如何，但一定有人當選。

「未知的未知」，那種發生機率極低，而且無法預測。如果不幸發生了，只能儘量做好即時危機處理。例如，2019 年末的新冠肺炎，根本無法預測在一年半內導致全球超過三百萬人的死亡。

「已知的未知」則是風險管理中，最重要的一種風險。它發生的機率介於已知風險與未知的未知風險之間，我們可以未雨綢繆，做好準備。例如，2021年五月，當了一年的防疫模範生的台灣突然疫情大爆發，事先大家都知道新冠肺炎疫情可能蓄勢反撲，卻沒有想到會 Delta 變種病毒，威力這麼強大。

對於未知的環境，不同的學者有著不同的定義，筆者依奈特與凱因斯的分類方式，將其歸納成兩種不同的類型，「風險」與「不確定性」。

講了半天，現在請思考一下，為什麼學者都主張要將自己的環境試圖加以分類呢？聰明的您，應該可以想到，透過這些分類方式，企業管理者可以將自己能操控的因素提升到最高，不可控的因素則可因事前都思考過了，一旦發生時，起碼可以比較從容面對。達到「人忙我不忙，人亂我不亂」境界。

◆ 已知風險與未知風險

決策是企業管理中，很重要的一環，因為決策會牽涉企業哪些業務的「做」與「不做」。而談到決策，無論個人和企業在制定決策時，有所謂的理性決策（Rational Decision）、有限理性決策（Bounded Rationality Decision）與直覺決策（Intuitive Decision）。其中，理性決策和有限理性決策，與邏輯、數學相關；直覺決策則與認知、經驗、潛意識有關。

學習統計思維，能夠協助我們做好與「理性」相關的決策。主要的原因，則是可以回歸到風險的本質來探討。

人們總喜歡了解甚至是掌控自己未來的命運。自 17 世紀機率論出現以來，人們就企圖透過統計思維來面對未來的命運。但這種未來，其實還可進一步分為已知的未來（或稱已知的風險）與未知的未來（或稱未知的風險）。

德國「柏林普朗克人類發展研究院（Max Planck Institute for Human Development）」的捷爾德‧吉格倫澤（Gerd Gigerenzer）教授，在其著作《機率陷阱（Risk Savvy）》中，將風險分成「已知風險」與「未知風險」。

其中，「已知風險」是指能掌握事情發展的所有可能性，並評估可能發生的機率。例如：玩樂透就帶有已知風險（儘管中頭獎的機率很低很低）。

至於「未知風險」是指無法列出事情發展的每一種可能，導致無法精算出它的風險。例如 2001 年的九一一恐怖攻擊事件、2008 年的美國金融風暴和 2019 年的新冠肺炎（COVID-19），都可以算是未知風險。而面對各類風險，他認為，各國政府最應該做的，其實是提昇人民評估和管理風險的能力。

吉格倫澤教授認為，面對「已知風險」，可透過邏輯與統計思維來協助進行決策；面對「未知風險」，則可透過直覺與經驗法則（亦稱捷思法，Heuristics）來協助進行決策，如圖 3-35 所示。

風險	已知風險	未知風險
定義	能掌握事情發展的所有可能性，並評估可能發生的機率	無法列出事情發展的每一種可能，導致無法精算出它的風險
決策方法	透過邏輯與統計思維	透過直覺與經驗法則（亦稱捷思法，Heuristics）

圖 3-35　如何面對已知風險與未知風險
繪圖者：彭煖蘋

無論是理性決策或是有限理性決策，背後都與邏輯、數學有關。學習統計思維，有助於理性決策或是有限理性決策的制定。

最後，人生中所遇到的大小事情，有些屬已知風險，有些為未知風險。在決策時，常常需要透過綜合理性與直覺來進行判斷。

◆ 不安不是來自於「風險」而是「不確定性」－艾爾斯伯格悖論

您是否覺得自己懷才不遇？能力無法展現？抱負無法實現？或是您認為自己老是待在舒適圈裡，無法突破，想跨出那一步，卻充滿「無力感」遲遲無法行動。其實這些問題背後的原因，經濟學家早就給我們解答。

現在，想像一下，您的面前有 A 和 B 兩個摸彩箱。A 摸彩箱裡有 50 個黑色小球與 50 個紅色小球。B 摸彩箱裡也有 100 個小球，但是黑色小球與紅色小球的比例未知。這個時候，請先預測會抽出的球的顏色（黑球或紅球），然後再選擇從 A 摸彩箱或是 B 摸彩箱抽出一個小球。如果抽出的球，其顏色與您之前所預測的相同，您將獲得 1 塊美金的獎勵。那麼，您會從哪個摸彩箱裡抽出小球呢？

實驗結果顯示，選 A 摸彩箱的人較多。

這個遊戲是於 1961 年，由美國哈佛大學經濟學博士也是軍事專家丹尼爾 · 艾爾斯伯格（Daniel Ellsberg）所設計。

其實，這個遊戲背後，A 和 B 兩個摸彩箱裡，抽中預期顏色小球（無論是黑色或紅色）的獲獎機率都是相同的。舉例來說，在 A 摸彩箱，您預測會抽出黑色小球，而抽中黑球的機率是 0.5。

在 B 摸彩箱裡，您一樣預測會抽出黑色小球，但黑球與紅球可能出現的排列組合很多，黑球從 0~100 顆都有可能。而將每一種情境背後抽出黑球的機率計算出並平均後，其實獲獎的機率還是 0.5（當黑球為 0 顆時，預期為黑球的獲

獎機率為 0；黑球為 1 顆時，預期為黑球的獲獎機率為 0.01；2 顆時為 0.02；以此類推…，當黑球為 100 顆時，預期為黑球的獲獎機率為 1。將所有機率加總平均後，獲獎機率為 0.5。（0+0.01+0.02+...+1)/101=0.5)。

所以，無論是 A 或 B 摸彩箱，獲獎機率是一模一樣的，如圖 3-36 所示。

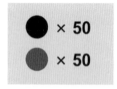

預測黑球且抽中黑球機率：0.5

獲獎機率：= 0.5

A

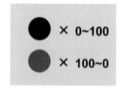

不同排列組合下抽中黑球的機率：0 ~ 1

獲獎機率：平均後 = 0.5

B

圖 3-36　從不同摸彩箱抽到球的機率相同
繪圖者：彭媛蘋

　　這個遊戲揭開了人們對於未知的不確定性，會產生「規避」的心理，進而選擇已知的風險。換句話說，人們其實是很厭惡模糊（Ambiguity aversion）的，不喜歡一個機率分配不清楚的遊戲或賽局，同時，即便是懂機率的人，在冒險時，也喜歡使用已知的機率當基礎，且寧可不選擇未知的機率。

　　事實上，縱使艾爾斯伯格對受測者一再解釋了這項悖論，總還是有相當數量的人繼續選擇 A 抽獎箱。顯示人們對於不確定性的規避心態，遠比想像中的嚴重。

艾爾斯伯格悖論讓我們了解，人們的不安，往往不是來自於「風險」，而是來自於「不確定性」。而這也正是，在組織裡很多人會一直嚷嚷著，說自己要換工作，但往往喊最大聲、喊最久的人，都一直待在舒適圈裡，無法突破，無法跨出辭職那一步。「無力感」讓他們裹足不前，因為他們擔心的不是找不到工作的風險，而是找工作要面對很多「不確定性」。

最後，值得一提的是，這項悖論早在 1920 年代，就被英國經濟學家約翰‧凱恩斯（John Keynes）和美國芝加哥大學的經濟學家法蘭克‧奈特（Frank Knight）所發現，但後來才被艾爾斯伯格發揚光大。

相關與迴歸

◆ 新生兒與送子鳥的高度相關？

在台灣，結婚多年的夫婦如果要求子，必須去拜註生娘娘；在歐洲，則是有個古老的「送子鳥」的傳說，未出生的嬰兒們躺在水塘邊，白鸛會飛來將這些新生兒叼去給新生兒的父母。而跟隨這個有趣的傳說是，由於每一隻歐洲白鸛只專門負責一個嬰兒的運送，因此人口越多的國家，照理說野生白鸛的數量也應該要跟著變多？但這是真的？還是瞎掰的？

根據台北市立動物園的資料顯示，歐洲白鸛體長 110-115 公分，體重 2.3-4.4 公斤，翼展（翅膀張開）有 155-215 公分，由於翼展幾乎已達成人高度，屬於大型的鳥類，因此傳說中由牠們來負責運送嬰兒，似乎也不為過。歐洲白鸛的食性很廣泛，因此不論昆蟲、魚類、兩棲類、爬蟲類或小型哺乳動物都是牠的食物，而公母鳥並有經常在建築物的屋頂、煙囪、電線桿、樹上等處築巢的習性。

中世紀，在歐洲日耳曼北部流傳，人類未出生的靈魂棲息於水泉、池塘、沼澤等水域，歐洲白鸛將這些幼兒帶來人間，送給企盼嬰兒出生的雙親。由於歐洲白鸛經常於溼地覓食、活動，又常在人們的住家屋頂築巢棲息，因此這個傳說與歐洲白鸛的生態習性相當吻合。北歐人認為嬰兒是由歐洲白鸛送給人類的；十九世紀中葉的安徒生童話，也在故事「鸛鳥」一文中描述，未出生的孩子躺水池旁做夢，等待白鸛鳥飛來，送他們去父母親的家。

英國伯明罕的阿斯頓大學（Aston University）羅伯特‧馬修斯（Robert Matthews）教授，於 2000 年的《教學統計》(Teaching Statistics) 期刊上發表了一篇文章〈Storks Deliver Babies (p = 0.008)〉[13]，馬修斯教授企圖了解一個國家的鸛鳥數量，是否與該國出生人口數之間呈現相關性。表 3-1 為 1980 年至 1990 年期間，歐洲 17 個國家的地理面積、白鸛（對）數、人口、出生率等數字。也就是說人口越多的國家，照理說野生白鸛的數量也跟著增多。

馬修斯將歐洲白鸛的（對）數與 17 個國家的出生率進行相關，可以得出兩者之間存在著一定的相關性（如圖 3-37 所示）。

國家	地理面積 (km²)	鸛鳥 (對)數	人口 (10⁶)	出生率 (10³/yr)
阿爾巴尼亞	28,750	100	3.2	83
奧地利	83,860	300	7.6	87
比利時	30,520	1	9.9	118
保加利亞	111,000	5000	9.0	117
丹麥	43,100	9	5.1	59
法國	544,000	140	56	774
德國	357,000	3300	78	901
希臘	132,000	2500	10	106
荷蘭	41,900	4	15	188
匈牙利	93,000	5000	11	124
義大利	301,280	5	57	551
波蘭	312,680	30,000	38	610
葡萄牙	92,390	1500	10	120
羅馬尼亞	237,500	5000	23	367
西班牙	504,750	8000	39	439
瑞士	41,290	150	6.7	82
土耳其	779,450	25,000	56	1576

表 3-1　歐洲 17 個國家的相關數字
繪圖者：謝瑜倩

資料來源：Matthews, Robert, 2000, "Storks Deliver Babies (p = 0.008)," Teaching Statistics. Volume 22, Number 2, Summer 2000.

[13] Matthews, Robert, 2000, "Storks Deliver Babies (p = 0.008)," Teaching Statistics. Volume 22, Number 2, Summer 2000.

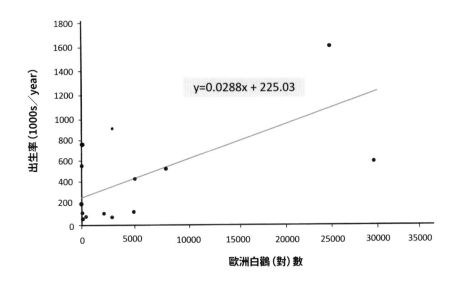

圖 3-37　鸛（對）數與 17 個國家的出生率之間的相關性
繪圖者：謝瑜倩

　　他的作法是，對歐洲每個國家的年出生數與白鸛繁殖對數進行線性迴歸，證實相關性確實存在（相關係數 0.62），而 p 值為 0.008。但縱使這樣的分析結果，在相關性上具有高度的統計意義。不過，從因果關係上來看，卻是很荒謬的。

　　馬修斯教授透過數據證明，歐洲白鸛與各國的嬰兒出生率之間，確實存在著高度統計顯著的相關性。但事實上，送子鳥的故事只是個傳說，而馬修斯教授則是希望透過這個研究凸顯一項事實，那就是，當我們對「相關性」產生誤解以及對 p 值產生濫用，肯定會得出一個不靠譜的結論。

◆ 如何避開迴歸分析的陷阱？

迴歸分析是統計分析中，找出兩種變數（事物、現象）之間關係的一種重要統計方法（這裡的迴歸分析指簡單線性迴歸）。通常在分析時，會畫出一條呈現資料分配趨勢的直線，而此直線又代表兩變數之間的相關性，像是居住地區與居民收入的相關性。

迴歸分析大量運用在行銷領域，舉例來說，行銷部門將過去幾年每個月的網路關鍵字廣告投放預算（X軸），與商品營業額（Y軸）進行迴歸分析，結果跑出一條從左下至右上的直線，代表X軸與Y軸之間呈現正相關，亦即當關鍵字廣告投放預算越高，商品營業額往往會越高。反之，如果是負相關，則代表一方數量增加，另一方數量會減少。從以上的說明，我們可以發現，迴歸分析雖然不見得可以判定兩變數之間一定有因果關係，但迴歸分析與「相關」之間關係密切。

另一方面，簡單線性迴歸還有一個優點，它具備了「預測」的性質，因為它提供了一種使用自變數X來預測應變數Y的方法。它顯示當X在單位中平均增加多少，Y將朝哪個方向平均變化。舉例來說，行銷部門透過迴歸分析，發現每月網路關鍵字廣告的投放預算（X），與商品營業額（Y）之間存在著正向關係，等於可以「預測」一旦下個月的關鍵字廣告投放預算增加時，商品營業額也會往越高的方向發展（也就是說，它可以指出成長方向，但不一定告訴我們具體的營業額會是多少，因為未必準確）。

不過，簡單線性迴歸還是有些缺點，以下簡單說明，在使用時要特別注意，並且避開可能的陷阱，如圖 3-38 所示。

圖 3-38　如何避免迴歸分析時可能的陷阱
繪圖者：彭煖蘋

1. 相關未必等於因果

　　迴歸分析顯示變數之間具有相關性，但卻未顯示兩者之間具有因果關係。不過，如有因果關係，則必然相關。

2. 硬拉出直線未必有意義

　　變數之間未必是單純的直線關係，可能是曲線關係，或是其他形式。一個最簡單的驗證方法，即是跑出樣本分布圖，看看背後的趨勢變化是否呈現直線關係。

3. 注意背後的其他因素

　　通常影響 Y 的因素，可能不只一個 X，可能還有第二個 X，甚至是第三個 X。同時，背後也可能會有干擾因素，例如，將資料分組之後，可能會呈現出完全不同的迴歸分析結果。

4. 對所欲研究的領域進行文獻探討

在選擇變數時，未使用合理的推論（比較合理的方式是透過文獻探討）來確定迴歸模型中應包含哪些變數。同時也應避免只根據統計顯著性就將變數包括在模型中。

5. 模型越簡單越好

簡單的模型通常比複雜的模型來的好。這裡並非指複雜的模型沒有用武之處，而是指不要透過模型的複雜化，來增加 R 平方。

◆ 小時了了，大未必佳─迴歸均值的有趣現象

先問一個問題，您會不會好奇，在您離開校園一、二十年之後，當年那些功課很好的同學，他們現在在哪裡？他們的社會成就有比您優秀嗎？而經過多方探索，往往您可能會發現，當年那些功課不得了的同學，長大後有些也實在不怎麼樣，出社會就是表現平平，就是所謂的「小時了了，大未必佳」。其實，看完今天的內容，您就會了解這種情況就是統計學上所稱的「迴歸均值」的特殊現象。

1886 年，英國遺傳學家弗朗西斯‧高爾頓爵士（Sir Francis Galton）在《人類學學院學報（Journal of the Anthropological Institute）》期刊上，發表了一項有趣的研究成果，名為〈遺傳身材回歸平凡（Regression towards mediocrity in hereditary stature）〉。

高爾頓的研究結論是這樣子來的，父母親與他們的子女之間的身高，往往具有相關性，個子高大的父母，通常會生下高個子的小孩，因為身高通常會遺傳。父母的高大基因，往往容易生出高個子的子女。但是，往往物極必反，身材高大的父母，生出的小孩沒那麼高大；身材矮小的父母，生出的孩子又

沒那麼矮小。高爾頓稱這種現象就叫做「迴歸到平均值（regression toward the mean），簡稱迴歸均值」。

當年，高爾頓搜集了 205 對父母與 928 名成年子女的身高資料，並將分析結果，整理如圖 3-39 所示（單位為吋，一吋為 2.54 公分）。

TABLE I.

NUMBER OF ADULT CHILDREN OF VARIOUS STATURES BORN OF 205 MID-PARENTS OF VARIOUS STATURES.

(All Female heights have been multiplied by 1·08).

| Heights of the Mid-parents in inches. | Heights of the Adult Children. | | | | | | | | | | | | | | Total Number of | | Medians. |
	Below	62·2	63·2	64·2	65·2	66·2	67·2	68·2	69·2	70·2	71·2	72·2	73·2	Above	Adult Children.	Mid-parents.	
Above ..	..	..	..	..	..	..	..	..	..	..	1	3	..	4	5	..
72·5	..	..	..	..	..	..	1	2	1	2	7	2	4	19	6	72·2
71·5	..	..	..	1	3	4	3	5	10	4	9	2	2	43	11	69·9
70·5	1	..	1	..	1	1	3	12	18	14	7	4	3	68	22	69·5
69·5	..	..	1	16	4	17	27	20	33	25	20	11	4	5	183	41	68·9
68·5	1	..	7	11	16	25	31	34	48	21	18	4	3	..	219	49	68·2
67·5	..	3	5	14	15	36	38	28	38	19	11	4	..	..	211	33	67·6
66·5	..	3	3	5	2	17	17	14	13	4	..	..	..	..	78	20	67·2
65·5	1	..	9	5	7	11	11	7	7	5	2	1	..	..	66	12	66·7
64·5	1	1	4	4	1	5	5	..	2	..	..	..	..	..	23	5	65·8
Below ..	1	..	2	4	1	2	2	1	1	..	..	..	..	..	14	1	..
Totals ..	5	7	32	59	48	117	138	120	167	99	64	41	17	14	928	205	
Medians ..	..	..	66·3	67·8	67·9	67·7	67·9	68·3	68·5	69·0	69·0	70·0	..	..	..	..	..

NOTE.—In calculating the Medians, the entries have been taken as referring to the middle of the squares in which they stand. The reason why the headings run 62·2, 63·2, &c., instead of 62·5, 63·5, &c., is that the observations are unequally distributed between 62 and 63, 63 and 64, &c., there being a strong bias in favour of integral inches. After careful consideration, I concluded that the headings, as adopted, best satisfied the conditions. This inequality was not apparent in the case of the Mid-parents.

圖 3-39　迴歸均值表

資料來源：Francis Galton, Regression towards mediocrity in hereditary stature, Journal of the Anthropological Institute, 15, pp 246-263 ,1886.
NUMBER OF ADULT CHILDREN OF VARIOUS STATURES BORN OF 205 MID-PARENTS OF VARIOUS STATURES.

最左邊的欄位是父母平均身高的級距（64.5-72.5）；最右邊的欄位是兒女身高的中位數（65.8-72.2）。最上面中間的欄位是成年兒女的身高級距（62.2-73.2）；最下面的列是父母身高的中位數（66.3-70.0）。

接著我們來看一下表格中間的部分。以父母身高為 69.5 吋的級距為例，共有 41 對父母（右邊算起第二欄），兒女中位數為 68.9 吋（右邊算起第一欄），其中兒女 183 位（右邊算起第三欄），69.2 吋的有 33 位（右邊算起第九欄）。

從表 1 中還可以發現，無論是父母或是兒女，身高皆呈常態分配。同時，資料從左下角到右上角呈對角線的分布狀況，代表父母與成年兒女的身高呈現正相關。

而且，對最左欄的父母平均身高的級距，與最右欄的兒女中位數進行比較，可以發現「迴歸均值（regression toward the mean）」的現象。當父母平均身高級距大於 68.5 吋時，兒女身高的中位數都小於父母的平均身高；當父母平均身高級距小於 68.5 吋時，兒女身高的中位數都大於父母的平均身高。

最後，高爾頓在文章中，用圖 3-40 來呈現迴歸均值的概念。我們可以發現，父母親身高級距的斜率較大，兒女身高級距的斜率較平緩，呼應上一段文字的內容。

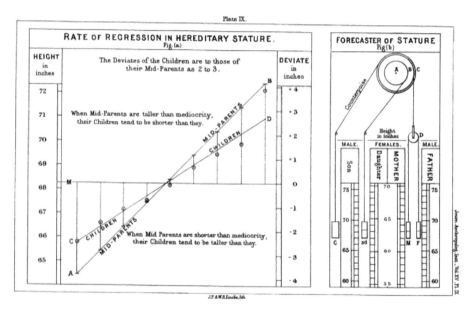

圖 3-40　迴歸均值圖

資料來源：Francis Galton, Regression towards mediocrity in hereditary stature, Journal of the Anthropological Institute, 15, pp 246-263 ,1886.
RATE OF RECESSION IN HEREDITARY STATURE　FORECASTER OF STATURE

而這樣的趨勢，後來被廣泛應用來解釋投資股票和像是「小時了了，大未必佳」等許多社會現象。

第 4 章

統計思考

估計

◆ 芝加哥有多少位鋼琴調音師──費米估計

先問個問題，「台灣地區，一共有多少頭豬？」麻煩請大家「估計」一下？（抱歉，這不是腦筋急轉彎 XD）。

生活中，有很多問題在還沒有爆發之前，就會出現許多端倪。「先知」可以藉由很少的資訊，推斷出整體情況或者預判未來可能出現的大問題，這種能力又稱「見微知著」或「洞燭機先」。

美國亞利桑那州立大學（Arizona State University）的理論物理學家勞倫斯・克勞斯（Lawrence M. Krauss）曾經在他 1994 年所出版的「物理，我怕怕！《Fear of Physics》，暫譯」這本書中問到，如果大家在沒有去過芝加哥的前提下，我們應該如何估計芝加哥這個大都會區，會有多少位鋼琴調音師（大家不妨試著先估計一下？）。

克勞斯教授告訴我們，這個問題該如何下手：

首先，由於芝加哥是大都會，人口一定高達數百萬，不過，因為它不是紐約（有 840 萬人口）的規模，所以我們先假定芝加哥有 400 萬人口好了。

其次，假設每戶家庭平均有 4 人，所以芝加哥約有 100 萬個家庭。

第三，想像一下自己認識的朋友，多少人家中有鋼琴，假設 10%，所以，大約有 10 萬架鋼琴需要定期或不定期調音。

第四、同時假設調音頻次為一年一次，假設每次費用大概在 75-100 美元。一位專職的鋼琴調音師，每天需調 2 架鋼琴才能養活自己，因此每週約 10 架，每年約 500 架。

最後，將 10 萬除上 500，就可以得到約 200 位鋼琴調音師的答案。而最後，真實的答案大概落在 150 位左右，如圖 4-1 所示。

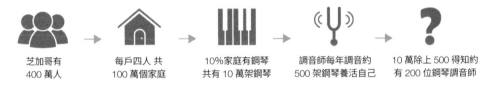

芝加哥有　　　每戶四人 共　　　10%家庭有鋼琴　　　調音師每年調音約　　　10 萬除上 500 得知約
400 萬人　　　100 萬個家庭　　　共有 10 萬架鋼琴　　　500 架鋼琴養活自己　　　有 200 位鋼琴調音師

圖 4-1　估計芝加哥有多少位鋼琴調音師

其實，上述這個估計芝加哥大都會區有多少位鋼琴調音師的故事，是由諾貝爾物理學獎得主，也是原子彈發明人之一的恩里科‧費米（Enrico Fermi）所提出。費米教授提出一種能透過很簡單的方式，用以估計出複雜問題的答案（如：原子彈的爆炸威力）的方法。這種方法，被學者稱為「費米估計（Fermi estimation）」。估計芝加哥有多少位鋼琴調音師，就是利用費米估計的一個範例。

費米估計的價值，在於透過「少量的資訊」即可進行估算，並且能獲得一個「可接受」的結果。因為我們在日常生活中，面對問題時，許多時候我們無法有足夠的時間，取得充足且高品質的資訊，但卻又必須解決問題。這時「費米估計」提供了我們一種方法。換句話說，這類問題通常涉及只能取得有限的資訊，就要您做出合理的猜測。而在實際作法上，費米估算就是要先將大的問題，分解成若干個相關的次一級、小而簡單易解的問題，再以「化整為零」的方式，逐一估算，然後推斷出接近的數值。

事實上，在經營企業的過程中，行銷人或資料科學家都應該要培養出「估計」的能力。畢竟在直覺決策能力還不成熟之前（至少需要 30~40 年的努力），學習科學化的理性思考方式，有助於我們估算出有用的資訊，進而對我們在做決策時，能夠給予相當大的協助。

為了培養這種「估計」能力，我們平常可以試著多多練習。目前許多資訊都已經有具體的客觀事實，例如上政府網站（如主計處）就可以獲得各類統計數據。藉由這些資訊，我們可以自行設計問題，並試著估計答案，最後再將估計值與答案做比較。透過多次的演練，我們將會發現自己的估計能力漸入佳境。

現在，請再回想一下「台灣地區，有多少頭豬？」，您的答案要修正嗎？

PS. 根據農委會網站，到 2019 年 11 月底，台灣有 5,514,211 頭豬，您的推測與正確答案差距很大嗎？

◆ 統計估計優於情蒐—德國坦克數量怎麼算

如果您看過，美國知名影星布萊德‧彼特（William Bradley Pitt）在 2014 年監製、主演的電影「怒火特攻隊（Fury）」，當中他帶領自己的戰車兵，駕著美國雪曼輕型坦克，對抗德國重型坦克的畫面讓人印象非常深刻。

二次世界大戰期間，德國以產製各式的重型坦克，橫掃歐洲大陸各個國家，無論是以火力、鋼板強大而著名的虎式坦克，或是靈活、速度快的豹式坦克，能輕而易舉擊潰英國和美國的戰車。也因此在實戰過程中，盟軍對德國到底能生產多少台坦克，一直很好奇，並且千方百計要估算出德國坦克數量，以便了解究竟要投入多資源，才能抵抗他們的攻勢。

　　當時，德國將坦克的生產和相關生產情報都隱蔽起來，盟軍雖然不斷派人出去偵搜，但還是無法有效得到正確數量。由於德國的戰車實在太強大，情報部門所得的資訊，一直被懷疑有高估的嫌疑。

　　那麼問題來了，如果在一片廣大的戰場上，一個戰車營如果全數出動，散佈在各處，統計學家該如何算出德國的坦克數量呢？事實上，盟軍的統計學家是利用以下公式對德國坦克數量進行估計。

$$N \approx m + \frac{m}{k} - 1$$

N：坦克總數

m：觀察到的最大序號

k：觀察到的數量

　　假設盟軍發現了 4 輛坦克（k = 4），其序號分別為 16、27、47、64，而從號碼中可發現，最大序號為 64（m = 64）。這時，根據這項公式，大約可以推估坦克數量 N=m+(m/k)-1=64+(64/4)-1=79。換言之，如果在戰場上看到四輛坦克，而其最大編號為 64，可以推估出這一批大約為 79 輛。

　　後來，理查‧魯格斯（Richard I. Ruggles）與亨利‧布羅迪（Henry Brodie）兩位學者在 1947 年所發表的一篇「二戰期間經濟情報的實務方法《An Empirical Approach to Economic Intelligence in World War II》」論文中顯示，1940-1942 年間，對於德國坦克平均月產量的估計數量、情報數量與實際數量如圖 4-2 所示。

　　從圖 4-2 中我們可發現，透過統計估計與實際數量之間的差異，遠小於情報數量與實際數量之間的差異。

Date	Estimated Monthly Production		Monthly Production Speer Ministry
	Serial Number Estimate	Munitions Record 10 Aug. 42	
June, 1940	169	1000	122
June, 1941	244	1550	271
August, 1942	327	1550	342

圖 4-2　1940-1942 年間，對於德國坦克平均月產量的估計數量、情報數量與實際數量
資料來源：Richard I. Ruggles, Henry Brodie, An Empirical Approach to Economic Intelligence in World War II, Journal of the American Statistical Association march, 1947, VOl. 42. Pp. 72-91.

　　根據盟軍的情報，像是德國軍備的庫存鋼鐵量、生產速度等，1940 年 6 月到 1942 年 9 月，德國每月大約可以生產 1,400 輛左右的坦克。然而，實際從戰場上，透過統計方法，估計的產量平均為 246 輛。到戰後，從德國的生產紀錄中，發現每月實際平均生產量，僅有 245 輛。兩相對照之下，就可以了解統計估計的力量，比軍事情報的估計，要準確許多。

　　以上的故事，不只在談統計估計優於情蒐，也在強調統計改變了戰局，甚至影響了世界。

◆　大海如何撈針—貝葉斯搜尋理論的運用

　　1968 年 5 月 22 日，載有九十九名乘員的美國海軍核子動力潛艇「天蠍號（SSN-589）」（如圖 4-3）於執行一項重要任務時，在葡萄牙和西班牙西部的大西洋深水區竟然失去聯繫，由於當時美蘇兩大超級強權還處於冷戰期間，一艘核子動力潛艦失去蹤影，由於事關重大，美國軍方經過搜索後卻未能一直未能找到官兵和潛艦的遺骸，但美國政府已決定，即便花費再高代價，說什麼也要把它找回來。

圖 4-3　天蠍號 (SSN-589)
資料來源：https://en.wikipedia.org/wiki/USS_Scorpion_(SSN-589)

　　這艘於 1958 年建造，兩年後下水服役的潛艇，長 76.71 公尺，重約 3000 噸的鰹魚級潛艇，當時據說是在執行一項尋找遺落的氫彈任務時，魚雷發生爆炸而發生意外，由於兩項機密一旦落在敵人手裡，不僅是美國軍方的重大損失，而且會讓美國政府顏面無光。因此美國海軍特別成立專案辦公室，聘請科學家來協助，並由約翰‧克雷文（John P. Craven）博士擔任首席科學家，全力搜尋它的遺骸。

　　要知道，任何再龐大的物體，掉進面積佔地球十分之七的海裡，要找到它，都可以說是「海底撈針」，因為海裡不僅是立體的三度空間，而且也像地表上有深谷和山丘，而當時接下任務的克雷文博士，則打算利用十八世紀就已發表的「貝氏定理」然後逐漸改良而成的「貝葉斯搜索理論」（Bayesian search theory），企圖找到潛艦的遺骸。

　　「貝葉斯搜索理論」顧名思義是透過貝氏定理來協助搜尋，但它的原理，其實是在「先驗機率」（Prior probability，又稱事前機率）的基礎上，加入新資訊，以更新先驗機率，而經過更新後的機率則稱為「後驗機率」（Posterior probability，又稱事後機率）。

克雷文怎麼做呢？首先，他訪談了經驗豐富的潛艇指揮官與專家，建立天蠍號可能沉沒地點的假設，並從先前的航跡圖，確認出潛艇最有可能沈沒在某個半徑 20 英里的海底。

　　接著，克雷文將這個海域劃分成由許多一小格一小格的正方形所形成的網格。而每個方格裡都包含兩項機率值，p 與 q。其中，p 代表潛艇殘骸位於此一方格的機率，而此機率為訪談專家後所獲得的「主觀機率」，q 代表潛艇遺骸沈沒於此方格中，會被找到的機率（它是水深函數，因為海水深度越深，被尋獲機會越小）。

　　克雷文下令，打撈船首先搜尋機率最大的那一格（先驗機率為 p）。如果機率最大的那個方格確定搜尋不到，其他方格的機率就會跟著變動。

　　由於對其他的方格來說，在還未搜尋之前，潛艇殘骸落在其他方格的先驗機率為 1-p。一旦搜尋過機率最大的方格後，又確定找不到殘骸的情況下，潛艇殘骸落在其他方格的機率，應該會跟著提高。

　　用數學式來看。貝氏定理的公式如下：

$$P（A \mid B）= \frac{P(A \cap B)}{P(B)}$$

P(A|B) 是指在事件 B 發生的情況下，事件 A 發生的機率。

P(A ∩ B) 是指 A 與 B 同時發生的機率。

P(B) 是指事件 B 發生的機率。

　　其中，

$$P(A \mid B) = \frac{P(A \cap B)}{P(B)} = \frac{P(A \cap B)}{P(A \cap B) + P(A' \cap B)} = \frac{P(A \cap B)}{P(A) \cdot P(B \mid A) + P(A') \cdot P(B \mid A')}$$

根據以上公式，將可能的情境帶入：

A：潛艇在格子裡

B：找到潛艇

因此潛艇在格子裡 $P(A)$ 的機率為 p

潛艇在其他格子裡 $P(A')$ 的機率為 $1 - p$

潛艇在格子裡且被找到的機率 $P(B|A)$ 為 q

潛艇在格子裡且不被找到的機率 $P(B'|A)$ 為 $1 - q$

潛艇不在格子裡且不被找到的機率為 $P(B'|A')$ 為 1

當我們想知道在此方格中，找不到潛艇後（即 B'），但潛艇會落於其他方格的機率（即 A'）。

P（潛艇落於其他方格 | 找不到潛艇）

$$P(A'|B') = \frac{P(A') \cdot P(B'|A')}{P(A') \cdot P(B'|A') + P(A) \cdot P(B'|A)}$$

$$= \frac{(1-p) \cdot 1}{(1-p) \cdot 1 + p \cdot (1-q)}$$

$$= \frac{(1-p)}{(1-pq)} > 1-p$$

所以，找不到潛艇後，落在其他方格的機率，從 $(1-p)$，提高到 $\frac{(1-p)}{(1-pq)}$，提高了 $\frac{1}{(1-pq)}$ 倍。

接著，依序繼續尋找機率最高的另一個方格，如此反覆循環，直到尋獲到殘骸為止。換句話說，首先搜索最有可能找到潛艇的網格，接著搜尋另一個可能性較小的網格，然後依序逐步搜索次一級的方格（由於燃料、航程、水流等限制仍然有可能），一直到在可接受成本之情況下，確定已經找不到目標的機會為止。

貝葉斯方法的優點在於，所有可用資訊都被連續使用。同時，這項方法可以針對給定的成功概率，自動估算出機率大小（成本）。也就是說，您可以在開始搜索之前，就可先假設「未來 5 天的搜尋中，有 65% 的機會找到它。在 10 天的搜索後，找到的機率可以上昇到 90%」因此，可以在將資源投入搜索之前，估算出搜索的經濟可行性。

美國海軍後來就依照這份機率圖，並開始搜尋。最後，在天蠍號失聯 5 個月之後，終於找到了殘骸，同時位置與預測的地點只相隔 220 碼（大約二百公尺）。而往後「貝葉斯搜索理論」也就成為之後「大海撈針」用來協助搜尋、探索落海物件時的有效工具。

◆ 猜猜看遊戲

先想像一下，我們來玩個有獎徵答遊戲，請您從 0 到 100 之間，選擇一個整數，然後將數字寄給主辦遊戲的單位，這個單位會統計所有參與者寄來數字，並且計算其平均值，再將它乘上 2/3，如果這個時候，誰猜到的數字最接近（已經乘上 2/3 後）最後的數字，誰就是贏家。要提醒您的是，由於參加遊戲的人有成千上百位會跟您一起玩。現在再請您看一下，您猜的數字是多少呢？

這是一個出現在 1987 年的真實遊戲，英國《金融時報》上所刊載的一則有獎徵答，而且獎品是從倫敦到紐約的頭等艙來回機票（而如果猜中數字的人，超過一位，便以抽籤方式抽出唯一的贏家），獎品價值超過一萬美元。

難不難呢？現在，我們來設法「拆解」遊戲背後的邏輯。首見，由於我們不知道別人會如何選，所以可以先猜想大家的平均數字大概是 50，然後再將 50 乘上 2/3，所以 33 應該是的不錯的數字。

不過，這個時候您突然想到，您會猜 33，其他人也可能會猜 33，「平均數」這時候一下子又變成 33，而不是原來的 50。而 33 乘上 2/3 為 22，所以應該寄出的數字應該是 22 才對。

這樣一路下來，您已經猜了兩層，接著，您再次發現，您會這樣想，別人也會這樣想，所以平均數不應該是 33，而應該是 22，以此類推，然後變 15，…，最終，從數學邏輯來看，一路往前推演，答案應該是 0（如果您是一位傳統經濟學中的理性人的話，就會選擇 0），如圖 4-4 所示。

猜想平均數	乘 2/3	結果
50	x 2/3	33
33	x 2/3	22
22	x 2/3	15
⋮	x 2/3	⋮
...		0

圖 4-4　猜解遊戲背後的邏輯
繪圖者：謝瑜倩

這個遊戲是由美國芝加哥大學的理察‧塞勒（Richard Thaler）教授所設計，他是行為經濟學的先驅，也在 2017 年獲得諾貝爾經濟學獎。塞勒教授曾對郵寄回來的數字加以分析，還發現真有少數人猜的數字是 0，因為這等於是將所有人，都當作理性人來看待；同時，也有很多人也選擇 33 或是 22，能夠能推演到下一步或下下一步）。

然而，這個遊戲的最終真實的結果，得出平均數是 18.9，再乘上 2/3，得到 13 這個數字，所以猜 13 的人，就成為贏家。

　　其實，這個遊戲在於證明，人未必是理性的（而且不是每個人都有能力推演到下一步，或是下下一步）。因此，無論是生活上或是職場上，邏輯推演都還是有其限制。就好像很難猜到明天某支股票，最後是要漲還是不漲？因為每個股民能猜到哪一步都不一樣？

　　還有還有，君不見，在連續假期時，常常以為哪個時段、哪條道路一定會塞爆，結果上路後卻沒有。反而，有時刻意在哪個時段走哪一條路，結果卻塞得動彈不得。

決策

◆ 麥克納馬拉謬誤

　　量化研究和質化研究是社會科學中，兩大不同的領域。過去，專精於量化研究的學者，常常漠視質化研究，因為在他們的心中，質化調查往往是粗糙、不精準、研究者主觀判斷下的產物，進而造成「尊量化、鄙質化」的重大爭議。而「麥克納馬拉謬誤」（McNamara Fallacy）就是其中一例。

　　麥克納馬拉謬誤，係由美國社會學家丹尼爾‧揚克洛維奇（Daniel Yankelovitch）所提出。而這項謬誤則是以前美國國防部長羅伯特‧麥克納馬拉（Robert McNamara）的名字所命名。麥克納馬拉曾於 1939 年獲得哈佛大學工商管理碩士 MBA 學位，並在二次世界大戰期間，成為美國陸軍航空隊最優秀

的軍官之一（這群軍官被稱為「哈佛十傑[1]」）。後來，麥克納馬拉成為福特汽車公司的總裁，之後還官拜美國國防部部長。

　　話說，麥克納馬拉最主要的貢獻，在於他高度推崇量化分析。他在福特任職期間，透過量化分析，不斷優化流程，並在提升品質效率與降低成本等層面，達到巨大的效益。之後，在擔任國防部長期間，也將同樣的思維模式與方法帶入了越戰，但卻慘遭失敗。因為麥克納馬拉將重心放在那些可衡量的（如越共的死亡人數），卻忽略那些不可衡量的（例如美國民間對戰爭的觀感、輿情所引發的反戰情緒）。結果這些不可衡量的，反而是影響成敗的重要關鍵。

　　後來，揚克洛維奇便將這種過分強調「數量方法」（包括量化指標、統計數據等），而忽略其他「非數量因素（或稱質化因素）的情況」，稱為「麥克納馬拉謬誤」（McNamara Fallacy），如圖 4-5 所示。

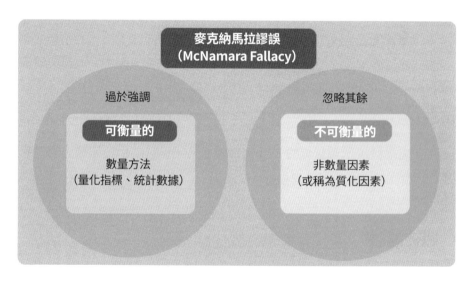

圖 4-5　麥克納馬拉謬誤
繪圖者：謝瑜倩

---

[1] John A.Byrne 著，陳山譯，《哈佛十傑：建立美國企業帝國的菁英 (The Whiz Kids)》，智庫出版，2004。

揚克洛維奇從是否容易衡量的四個方面，來描述「麥克納馬拉謬誤」：

1. 測量任何容易衡量的（這部分到目前還 OK）。

2. 那些不易衡量的，就跳過吧，或是賦予它一個定量的值（這是人為操縱且有誤導嫌疑）。

3. 那些不易衡量的，乾脆就假設它不重要（這是眼睛瞎了）。

4. 那些無法輕易衡量的，就當它不存在吧（這是自殺）。

在商業上，許多企業都潛藏著「麥克納馬拉謬誤」。舉例來說，業務部門很容易以每日、每月、每季、每年的「業績（營業額、營業額成長率等）」，做為最重要的衡量項目（甚至是唯一、唯二的項目），而其他難以衡量的項目就被忽略了（如影響部門未來發展的因素）。

所以，在管理上，我們很容易將重心放在易於衡量的項目上，並不斷地對其達成方式進行強化與優化（例如，給予業務員更多的個人激勵，並對業績不佳者進行淘汰）。但我們同時可能忽略了其他影響成敗的非量化項目（例如，部門的士氣、組織內外共好的氛圍等）。

最後，當您發現所有量化的 KPI 都持續成長，但營運情況卻無法改善甚至更糟時，您可能就是犯了「麥克納馬拉謬誤」。

◆ 賭徒謬誤

1913 年 8 月 18 日，摩納哥的蒙地卡羅（Monte Carlo）賭場內，發生了一件離奇事情。紅黑相間的輪盤賭桌上，竟然已連續開出了十多次的黑，此時，整個賭場裡的賭客紛紛圍了上來。大家都認為既然已經開了十幾次的黑，接下來開紅的機率一定大大增加，所以紛紛掏出腰包下注。結果，還是開黑，於是大家又更努力地繼續下注押紅，而且越押越多。

就這樣，連續開黑的次數已經到了 20 次，此時賭客們更是殺紅了眼。結果讓人不可置信的是，第 21 次還是黑，第 22 次還是黑，這時有人已將全身家當全部押紅。結果到了第 23 次還是黑，這已讓許多賭客血本無歸。然而連續開黑似乎已經成為詛咒，竟然還沒有結束。到了第 24 次、25 次、甚至第 26 次都還是黑，眾人已經絕望。最終到了第 27 次，輪盤中的滾球才落到了紅色格子裡，如圖 4-6 所示。

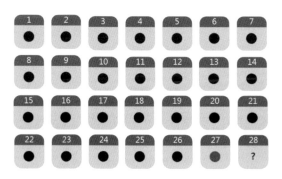

圖 4-6　連續 26 次都是黑的示意圖

繪圖者：謝瑜倩

這起事件後來成為統計學上的經典案例，被稱為「蒙地卡羅事件」，並用來解釋「賭徒謬誤」（The Gambler's Fallacy），或稱「蒙地卡羅謬誤」（The Monte Carlo Fallacy）。

事實上，該事件中的賭徒們，錯把「每次」開黑或開紅的機率，誤認為是「連續」開黑或開紅的機率。由於賭場輪盤開黑或開紅的機率並非 1/2，我們改以擲硬幣為例來進行說明 [2]。硬幣的兩面分別是「人頭」或「數字」，擲一次硬幣，出現「人頭」的機率是 1/2，連續出現兩次人頭的機率是 1/2*1/2=1/4。以此類推，連續出現 10 次「人頭」的機率是 1/1024，連續出現 26 次的「人頭」的機率是 1/67,108,864。當天蒙地卡羅賭場裡的賭徒們，就是誤以為接下來開紅的機率會越來越大，所以紛紛下注押紅。

[2] 這裡不以輪盤機率為例，是因為出現紅或黑的機率不是各 1/2。歐式輪盤有 37 個數字，從 1 到 36 號，以及 0 號；美式輪盤則有 38 個數字，從 1 到 36 號，還有 0 號與 00 號；0 及 00 號在輪上是綠色的。所以出現紅黑的機率，歐式輪盤為 0.486；美式輪盤 0.474。

賭徒謬誤提醒我們，由於每次擲硬幣之間都是獨立事件（前後兩次不相互干擾），每次出現「人頭」或「數字」的機率都是 1/2。不會因為連續出現「人頭」或「數字」的次數增加，下次出現「人頭」或「數字」的機率就會改變。

最後，大部分的人都可能聽過一種必勝的投注策略。那就是第一次下注 1 枚籌碼；如果輸了，第二次就下注 2 枚籌碼；如果不幸又輸了，第三次就下注 4 枚籌碼，以此類推。只要之後贏了一次，就能將之前輸的全部贏回，而且還能賺 1 枚籌碼。這種加倍賭注的策略，稱為馬丁格爾（Martingale）策略。

只是，這種策略真的要百分之百必勝，首先就是口袋要夠深，否則如果遇到類似上述蒙地卡羅事件的情境，最後沒錢下注也就無法翻盤。而且，許多賭場也會設置投注上限，來防範這種加倍賭注的策略。所以，只要賭客們一直玩下去，結局永遠是對莊家有利。

◆ 熱手謬誤

您可能在美國職業籃球比賽中，聽過體育主播一直提到某某球員最近狀況非常「熱手」（Hot Hand）、得分不斷，尤其連續幾場賽事下來，每場得分超過三十分，已不只是手熱，根本熱到發燙。不過，像這種手感很好、連續進球、超級幸運的選手或球員，卻被球迷誤認為連續進球多次（或是連贏數場），往往還會一路直順風、順水地贏下去，形成統計上「熱手謬誤」的俗諺。

很多球員都認為一旦手感來了，好運擋都擋不住，就會連續進球，有時甚至為了不讓手感中斷，甚至下了球場也不願跟球迷握手。為了確認是否存在「熱手謬誤」，1985 年，康奈爾大學心理學系教授湯瑪斯・季洛維奇（Thomas Gilovich）等人進行了相關研究[3]。

---

[3] Gilovich, Thomas, Robert Vallone, and Amos Tversky. "The hot hand in basketball: On the misperception of random sequences." Cognitive psychology 17.3 (1985): 295-314.

　　季洛維奇等人先找了一百位球迷進行調查，其中有 91% 的人認為前面兩三次投籃成功的籃球員，之後再投進的機率，比前面兩三次投籃失敗的籃球員還來的高。以一名進球率 50% 的籃球手為例，受試者認為，如果之前已投球進籃，之後進籃的機率為 61%。反之，之前投球沒進，之後進籃的機率為 42%。另外，也有 84% 的受試者認為，在比賽的重要時刻，將球傳給球隊中的「熱手」，就能提高該場球賽勝利的機會。以上的調查證明了人們對「熱手」的認知。

　　接著，為了實際驗證「熱手謬誤」是否存在，季洛維奇等人分析了 1980 年到 1981 年間，費城 76 人隊（Philadelphia 76ers）的數據，並找了康奈爾大學籃球校隊的選手進行實驗。結果發現，無論是職業籃球員或是校隊籃球員，在連續命中了 3 球之後，與投了 3 球連續不中後，下一球的命中率之間，其實並沒有顯著的差異。

　　季洛維奇等人同時進一步分析 1980 年至 1982 年期間，波士頓塞爾提克隊（Boston Celtics）的罰球數據，結果發現罰球時，無論第一球是否有進球，都不會影響第二球的命中率。換言之，上述的研究，手氣或手感再好的球員，也不可能一直進球，總會有中斷的時候，「熱手」只一種謬誤。

　　回到現實商業環境，無論是經營企業或是投資理財，「熱手謬誤」其實經常出現。無論是初次創業就成功的創業者，或是經營企業成功已久的企業家，亦或是投資界的菜鳥與老手，都有可能因為連續的成功，而產生接下來也會連戰連勝的錯覺。

最後，「熱手謬誤」往往與「賭徒謬誤」常常放在一起討論。只是「賭徒謬誤」是連續的失敗後，相信接下來這次就會成功，讓賭徒有下一把最大注，希望求得翻身的機會；至於「熱手謬誤」則是連續的成功後，相信接下來這次還會成功，如圖 4-7 所示。無論是「賭徒謬誤」或是「熱手謬誤」，最後兩者往往事與願違。

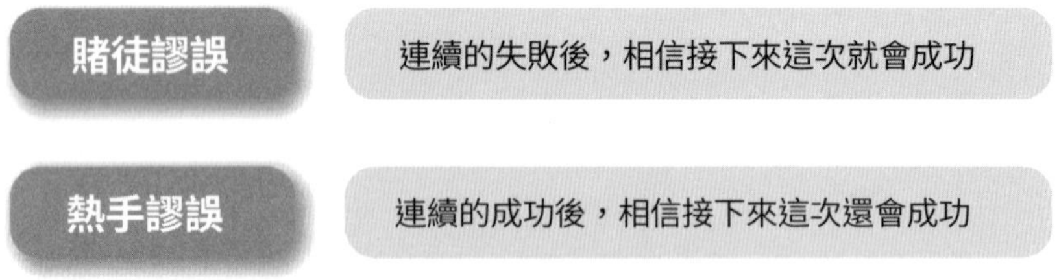

賭徒謬誤	連續的失敗後，相信接下來這次就會成功
熱手謬誤	連續的成功後，相信接下來這次還會成功

圖 4-7 「賭徒謬誤」與「熱手謬誤」的差異
繪圖者：謝瑜倩

◆ 班佛定律

喜歡到公眾圖書館借書和看書的民眾，往往會發現，某些暢銷書或者經常被翻查的字典，前面數十頁的頁面，常被人翻爛。有趣的是，人們這種特異的習慣，竟然能演變成一項別名為「骯髒頁面效應」的班佛定律（Benford's Law）。因為人們去找資料，理論上應是一種隨機行為，但是班佛定律卻發現，以數字 1 為開頭的頁面，要比以 2 開頭的頁面來得破舊，而以 2 為開頭的又比 3 為開頭的頁面來得舊，這個現象一直延續到 9 為開頭，更重要的是，現實生活中如果資料未依循這個「不隨機」，可能其中就有「詭」。

值得一提的，班佛定律其實不是班佛發明的[4]。它最早是由美國天文學家西蒙・紐康（Simon Newcomb）於 1881 年，在一次不經意地翻閱「對數表」的書時，發現數字以 1 為開頭的頁面（不會有 0 的書頁），比 2 為開頭的頁面來得破舊，而以 2 開頭的頁面又比以 3 為開頭的頁面來得舊。

[4] 這又是一項史帝格勒定律 (Stigler's Law) 的範例。

128

　　但此時，紐康的班佛定律也還未真正成形。一直到了 1938 年，美國奇異公司一位電機工程師同時也是物理學家法蘭克‧班佛（Frank Benford），在總部的實驗室裡，查閱對數表時也發現類似的狀況。他同時蒐集超過 2 萬筆各種不同的資料，一樣也都遵循類似規律。

　　按理，如果在一大堆的數字報表中，從 1 開頭到 9 開頭，所有的數字都應該是隨機分佈，它們出現的期望值應該都是 1/9。但是班佛定律卻發現，從 1 到 9，每個數字出現在第一位數的機率卻大大不同。以 1 為開頭數字的數，出現的機率大約是總數的 1/3，與一般人認知的 1/9 差異高達 3 倍。同時，數字從小到大（從 1 到 9），作為開頭數字的機率依序遞減，而越大的數，以它為首幾位的數出現機率越低，如圖 4-8 所示。

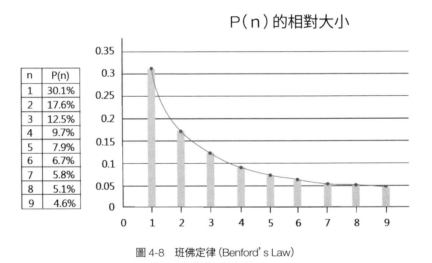

n	P(n)
1	30.1%
2	17.6%
3	12.5%
4	9.7%
5	7.9%
6	6.7%
7	5.8%
8	5.1%
9	4.6%

圖 4-8　班佛定律 (Benford's Law)

繪圖者：謝瑜倩

至於為何會如此，則一直等到 1995 年，美國喬治亞理工學院的數學家泰德‧希爾（Ted Hill）[5] 才提出班佛定律的證明。他指出，紐康的想法大概是因為在社會上大多使用十進位制，因此以數 n 起頭出現的機率，大約會等於以 10 為底的 $\log(1+\dfrac{1}{n})$。因此首位數是 1 的數字，出現機率即為 $\log(1+1/1)$ =log2=0.3；首位數是 2 的數字，出現的機率為 log1.5=0.176；首位數是 9 的數字，出現的機率是 log(10/9)=0.046。

值得注意的是，班佛定律在實際運用上有不少的限制，像是資料樣本至少要 3,000 筆以上；其次，不能有人為限制，例如身分證、電話號碼等，都因為有特定的人工限制在其中；其它像年紀和身高、體重也都有上下限制，而無法使用。

不過，班佛定律非常適合用來稽核各種數據是否造假，尤其是財務報表上的數字。美國國稅局曾經利用班佛定律找出是否有逃漏稅的可能。此外，班佛定律的應用還可擴大到其他領域，包括各國鄉鎮的人口數（在台灣，以 1 為開頭數字的鄉鎮人口數就佔了 29.3%）、各國的 GDP、領土大小…等。

班佛定律告訴我們，這個世界其實不完全隨機，因為「有規則總有例外」，台灣就曾有會計師運用班佛定律，抓到虛報競選經費的真實案例，因為當事人報了太多筆的 8,000 元的薪酬支出，會計師用 excel 報表跑資料時，就明顯發現 8 字頭的數字高到不像話。

◆ 見人之所未見—倖存者偏差

無論您是否曾經看過第二次世界大戰的空戰電影「英烈的歲月」（Memphis Belle），但大概可以想像一下，一群年輕小夥子在二次世界大戰期間，駕著 B-17 轟炸機，從英國飛越英吉利海峽，深入歐洲內陸去轟炸德國的場面。

---

[5] T. Hill (1995) Base-invariance implies Benford's law, Proceedings of the American Mathematical Society 123, 887–895.

其中每一次去執行轟炸任務，就是一次又一次年輕人犧牲生命、為國捐軀的畫面。而今天我們要講的不是轟炸過程的英雄故事，而是幕後的真實情節。

二次世界大戰期間，英國皇家空軍（Royal Air Force）為了抵抗德國戰鬥機與高射炮的攻擊，必須在飛機上裝上比較厚實的鋼板，以減少飛機被擊落的風險。然而，一旦加上厚鋼板，就會帶來幾項問題，一是飛機的酬載馬上變大，必須添加許多燃油才足以完成航程；再則，加了鋼板的重量，也會減少載彈的數量。又因為所加的厚鋼板無法覆蓋所有機身，因此英國皇家空軍便請美國哥倫比亞大學統計學教授亞伯拉罕·沃爾德（Abraham Wald）進行分析與評估，應該將厚鋼板裝置在飛機上的哪個地方。

沃爾德教授仔細調查了那些經過轟炸任務後歷劫歸來的飛機，以及機身上面彈孔的位置。大部分的彈孔都位於機翼與機尾，反而在駕駛艙、油箱、發動機的彈孔沒有很多，如圖 4-9 所示。

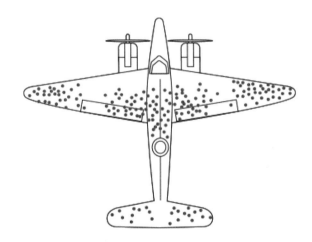

圖 4-9　被轟炸過後的飛機示意圖
繪圖者：張琬旖

這樣詳實的調查報告，獲得了英國皇家空軍的認同。但在研究成果討論會上，雙方卻形成激烈的辯論。因為英國皇家空軍認為，厚鋼板應該裝置在機翼與機尾上，畢竟這兩個地方面積最大、吸引槍彈來攻的機率也最多。

不過，沃爾德教授卻持完全相反的看法，他認為，轟炸機駕駛座艙與發動機位置的鋼板反而最應該強化，因為那裡的彈孔最少。沃爾德的推論聽起來嚴重違反人類的直覺，為什麼彈孔最少的地方，反而最應該加裝鋼板。那是因為這些部位被擊中的飛機，大部分已經無法返航，早就墜毀在歐洲內陸或海上。

最後，英國皇家空軍同意沃爾德教授的看法，強化了沒有彈孔的地方的鋼板，結果安全返航的飛機大幅增加。而英國皇家空軍同步也動用敵後人員，調查了被擊落在德國的部分機身的殘骸，發現中彈的位置，確實如沃爾德教授所料，大都集中在駕駛艙與發動機的部位。

以上的故事，可以呼應統計學裡「倖存者偏差」（Survivorship Bias）的概念。

亦即資料來源如果僅僅來自於倖存者時（例如上述故事中安全返航的轟炸機），這些資料可能會與真實的狀況有所不同，進而產生偏差。而這種偏差，也將導致推論出各種可能的錯誤結論。

◆ 倖存者偏差的應用

我們先前曾經介紹過二次世界大戰的盟軍飛機，在空襲中遭到德國防空火砲攻擊的故事。英軍修護單位成功避開「倖存者偏差」（Survivorship Bias），沒有去強化受砲彈破片攻擊最多的機翼，反而著重強化駕駛座艙與發動機位置的鋼板，讓轟炸機的存活率大幅提昇。其實，「倖存者偏差」的案例，在生活中比比皆是。

《矽谷思維：矽谷頂尖工程師實戰經驗總結，五大模式訓練邏輯思考，職場

技能提升＋競爭力開外掛！》一書，作者是矽谷知名企業的軟體工程師 Han。
他在書中提到自己的一件糗事，犯錯的原因不是因為自己程式設計技術不好，
而是因為不太懂統計。

　　故事大意是這樣的。Han 剛畢業時，進入矽谷一家知名的網路公司上班，沒
有多久，他就完成了一項重大的 App 專案。當 App 新功能上線之後，成效非
常好，幾個小時就達到了一整季的業務目標。

　　但沒過多久，災難開始降臨。客服部門收到了各類不同的小客訴，許多用
戶無法正常使用 App，而問題的關鍵，就在 Han 寫的程式碼出了問題。最後
Han 只能緊急將新產品下架。

　　程式碼修改完之後，Han 開始反思，到底出了什麼問題。令他百思不解的
是，所有回傳的數據都顯示，其中沒有任何異常，但小客訴卻不斷發生。直到
他與一位同仁 Tommy 閒聊時，跟他解釋何謂「倖存者偏差」後，Han 才恍然
大悟。

　　後來，Han 回去之後，重新研究發現，只有那些沒問題的用戶，數據才會被
回傳。而有問題的用戶的 App，早就出現了「閃退」，數據回傳程式不會被運
行，因此無法獲得任何回傳的數據，如圖 4-10 所示。

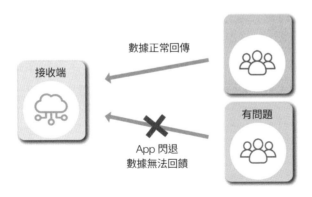

圖 4-10　倖存者偏差的應用
繪圖者：謝瑜倩

倖存者偏差的問題，大量存在於商業世界，以及您我的生活之中。我們通常只看到人事物的某一面，卻忽略了背後的另外一面。

　　例如，我們常常在媒體上看到少數人如何成功；或者許多長輩往往將努力和成功畫上等號，要大家埋頭苦幹。但其實上，許多在商場上的失敗者，也都非常努力，卻上不了媒體版面，因此無法受到大眾的注意。又譬如說，許多消費者會不自覺地放大對公司網路負評的解讀，誤認為這些少數人就代表背後的多數人。這些都是倖存者偏差的案例。

　　面對「倖存者偏差」，在作法上，我們要「兼聽則明」，避免「偏信則暗」。我們不能只參考對「某部分」[6] 的人所進行的分析，就認為結論是正確的。

◆ 換？還是不換？—蒙迪‧霍爾悖論

　　三十多年前，美國一個長青的電視益智節目，主持人蒙迪‧霍爾（Monty Hall）在他的節目出了一道考題。在節目中，觀眾可以看到三扇關閉的門，而這三道門的背後，其中一扇有一輛汽車，另外兩扇背後則各有一隻山羊。如果您選中有汽車的那個門，就可以將汽車帶回家。表面上看，這是單純的三選一機率問題，可是節目播出後，卻成為統計上一個知名的爭議題目。

　　蒙迪‧霍爾當時是這樣跟來參加益智競賽的觀眾提問的。他先讓觀眾選定了其中某一扇門，這時門先刻意不打開，而是由蒙迪‧霍爾先打開另一扇，讓所有觀眾看清楚門的背後，確實是一隻愛吃草的羊。然後蒙迪‧霍爾問觀眾「換？還是不換？」。如果這時候是您，您到底換？還是不換？

---

[6] 這裡的「某部分」，與統計學裡抽樣出來的某部分不太一樣。經過嚴謹抽樣程序所抽出來的某些人，是有很大的代表性，能代表母體的。

這個猜謎的情節是美國電視益智節目「讓我們做個交易吧！(Let's Make a Deal！)」，而主持人就是當時大名鼎鼎的蒙迪‧霍爾，而以上的三門選擇問題又被稱為「蒙迪‧霍爾悖論」(Monty Hall problem)。

其實，蒙迪‧霍爾問您，要換，還是不要換？基本上是在問您要保持初衷，還是要改變主意。而無論在理性上或策略上，保持初衷，還是改變主意，哪個比較有利，還是兩種想法都無所謂，換到汽車的機率根本一模一樣。

這個問題後來之所以引發熱烈討論，主要是是因為背後還牽涉到一位全世界最聰明的人（智商 228），她的名字叫瑪麗蓮‧沃斯‧薩萬特 (Marilyn vos Savant)。

瑪麗蓮‧沃斯‧薩萬特在 1990 年 9 月 9 日，於《Parade》雜誌的「請問瑪麗蓮（Ask Marilyn）」專欄中，讀者也請教了她同樣的問題，而瑪麗蓮回答讀者的答案，建議讀者要換。因為換了門之後，贏得汽車的機率，從原本的 1/3，提升到了 2/3。等於大大提高得到名車的勝算。結果，當時有上萬讀者寫信到雜誌社表達不同意的看法，其中包括許多數學家、統計學家以及博士級的學者，認為她的答案不合理且有違常理和直覺，她也被罵到臭頭。

在一般人的認知裡，三扇門中打開了一扇門後，剩下兩扇門，所以選到山羊與汽車的機率各是 1/2，怎麼可能會是 2/3？

但瑪麗蓮‧沃斯‧薩萬特認為，主持人知道三扇門後，哪扇門有山羊，而他會故意打開有山羊的門（也就是主持人不會打開背後是汽車的那扇門）。所以，接下來的情境可能會有三種，如圖 4-11 所示：

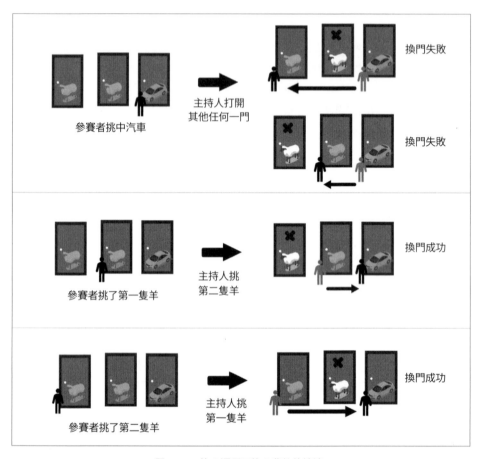

圖 4-11　換？還是不換？背後的情境
繪圖者：盧曉慧

圖 1 中顯示了三種情境：

1. 參賽者第一次就挑中汽車，主持人打開其他任何一個門，參賽者決定換門後失去贏得汽車的機會。

2. 參賽者挑了第一隻羊，主持人挑第二隻羊，換門後贏得汽車。

3. 參賽者挑了第二隻羊，主持人挑第一隻羊，換門後贏得汽車。

請各位再看一下，上面三種情境中，有兩個情境會贏得汽車，因此，換門後贏得大獎的機率是 2/3，而已不再是 1/2。

看到這裡，如果您是參賽者，您換？還是不換？

◆ 分開計算與合併計算答案不一樣 — 辛普森悖論

在美國，學校或政府機構如果被指控有種族或性別歧視，往往很容易遭到外界的責難，因此相關單位處理起來都得戰戰兢兢。1973 年，加州大學柏克萊分校（University of California, Berkeley）就曾被人指控，在研究所申請上歧視女性。指控方提出當年柏克萊研究生的入學數字，可發現男生的錄取率 44% 比女生 35% 還高，明顯歧視女性，如圖 4-12 所示。

系別	男		女	
	申請者	錄取	申請者	錄取
總計	8442	44%	4321	35%

圖 4-12　1973 年柏克萊男女研究生的入學數字
資料來源：維基百科 https://en.wikipedia.org/wiki/Simpson%27s_paradox

結果，經過調查之後，發現一件有趣的事。法院檢視了 85 個系所的男女錄取率後發現，並沒有歧視女性的情況產生，反而有些系所的女性錄取率比男性還高。

舉例來說，圖 4-13 是前六大系所的入學申請統計資料。總計男性錄取率 45%；女性錄取率 30%，表面上看來女性錄取率似乎比男性還來的低。但進一步分析各系所的錄取率可發現，六大系所中，有四系的錄取率女性高於男性。其中，A 系女性的錄取率高達 82%，明顯高於男性錄取率 62%。

系別	男		女	
	申請者	錄取	申請者	錄取
A	825	62%	108	82%
B	560	63%	25	68%
C	325	37%	593	34%
D	417	33%	375	35%
E	191	28%	393	24%
F	373	6%	341	7%
總計	2691	45%	1835	30%

圖 4-13　1973 年柏克萊某六系男女研究生的入學數字
資料來源：維基百科 https://en.wikipedia.org/wiki/Simpson%27s_paradox

　　以上發生在柏克萊大學的故事，也被該校的比克爾（P.J. Bickel）教授等人[7]，發表在 1975 年 2 月 7 日的《科學》(SCIENCE) 期刊上。

　　而這種全體（全校率取率）與個別群體（系所錄取率）之間，存在相反差異的現象，最早是由愛德華・辛普森（Edward H. Simpson）於 1951 年所發表的論文中所「提到」（非「提出」）（如圖 4-14 所示），所以就被後人稱為「辛普森悖論（Simpson's Paradox）」。

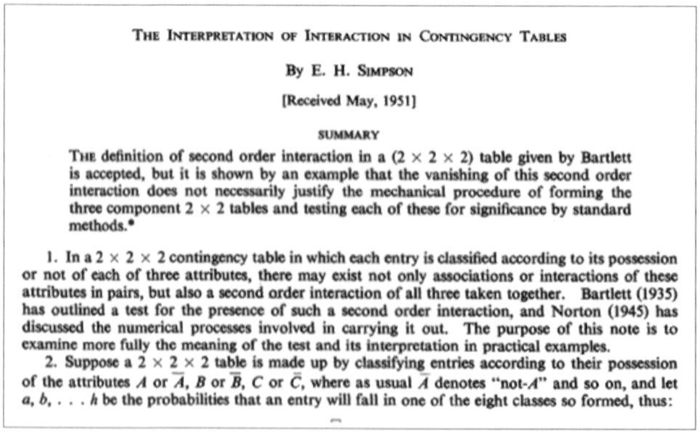

THE INTERPRETATION OF INTERACTION IN CONTINGENCY TABLES

By E. H. SIMPSON

[Received May, 1951]

SUMMARY

THE definition of second order interaction in a (2 × 2 × 2) table given by Bartlett is accepted, but it is shown by an example that the vanishing of this second order interaction does not necessarily justify the mechanical procedure of forming the three component 2 × 2 tables and testing each of these for significance by standard methods.*

1. In a 2 × 2 × 2 contingency table in which each entry is classified according to its possession or not of each of three attributes, there may exist not only associations or interactions of these attributes in pairs, but also a second order interaction of all three taken together. Bartlett (1935) has outlined a test for the presence of such a second order interaction, and Norton (1945) has discussed the numerical processes involved in carrying it out. The purpose of this note is to examine more fully the meaning of the test and its interpretation in practical examples.

2. Suppose a 2 × 2 table is made up by classifying entries according to their possession of the attributes A or $\bar{A}$, B or $\bar{B}$, C or $\bar{C}$, where as usual $\bar{A}$ denotes "not-A" and so on, and let a, b, . . . h be the probabilities that an entry will fall in one of the eight classes so formed, thus:

圖 4-14　愛德華・辛普森 (Edward H. Simpson) 於 1951 年所發表的論文
資料來源：E. H. Simpson, 1951, The Interpretation of Interaction in Contingency Tables, Journal of the Royal Statistical Society. Series B (Methodological), Vol. 13, No. 2(1951), pp. 238-241. Published by: Wiley for the Royal Statistical Society, Stable URL: http://www.jstor.org/stable/2984065

[7] P. J. Bickel, E. A. Hammel, J. W. O'Connell, 1975, Sex Bias in Graduate Admissions: Data from Berkeley. Measuring bias is harder than is usually assumed, and the evidence is sometimes contrary to expectation, SCIENCE, VOL. 187 7 FEBRUARY 1975.

至於為何會產生辛普森悖論？我們一樣以柏克萊的例子進行說明。綜觀圖2，我們可發現面對錄取率較高的系所，男性申請者遠多於女性，而女性則傾向申請錄取率較低的系所。這就是將全體資料拆解成各個群體資料後，因為背後存在著「干擾因素」，所以造成了辛普森悖論。

總之，辛普森悖論大致可以歸結出一個很簡單的現象。那就是很多事情分開來看都對，合起來檢視卻會得到另一種完全不同的結論，反之亦然。

◆　透過統計學解除霍亂疫情

新冠肺炎從 2019 年底起在全世界大流行，截至 2022 年 6 月底，已奪走超過六百萬人的生命。儘管現代醫學與大數據，已讓學界在診治和處理新冠肺炎病患時能得心應手，但還是引發全球對公衛問題以及流行病學研究的高度重視。現在讓我們把時間再拉回十九世紀初，回顧全世界最早的流行病學研究的故事。

1831 年，英國爆發了第一次的霍亂大流行，到了 1833 年，總共奪走了 2 萬多條人命。到了 1848 年，霍亂再次爆發，這次更是帶走了 5 萬多人的性命。但是，當時醫界對霍亂的傳播途徑還是一無所知。

在那個年代，霍亂是讓西方人最擔心和害怕的一種疾病。因為霍亂是一種急性疾病，致死率相當高（根據衛福部疾管署網站的資料，嚴重未治療的霍亂患者，會在數小時內死亡，致死率可超過 50%），由於患者常會嚴重上吐下瀉，加上身體會快速脫水、皮膚呈現青藍色，有時還會出現痙攣，加上眼窩深陷，讓患者的家人和親友束手無策，不少患者發病後很快就死去。加上有些病患更是突然地在公共場合發病，沾染大量的嘔吐物和排泄物，因此讓大家都對這種病症驚駭莫名。

那個時候，對於霍亂的傳播，醫界的主流意見認為，霍亂是像黑死病一樣，透過空氣所傳播。之後，英國的約翰 • 斯諾（John Snow）醫生（如圖 4-15 所示）

在 1849 年出版了一本《霍亂傳播的模式（On the Mode of Communication of Cholera）》的研究論文（如圖 4-16 所示），並提出霍亂的傳播，可能來自於接觸病人的排泄物，或是飲用受污染的水而被傳染（這在當時是完全新的概念）。

圖 4-15 「現代流行病學之父」約翰‧
斯諾 (John Snow) 醫師
https://commons.wikimedia.org/wiki/
File:John_Snow.jpg

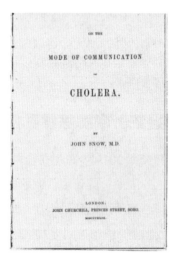

圖 4-16 霍亂傳播的模式 (On the Mode
of Communication of Cholera) 一書
資料來源：On the Mode of
Communication of Cholera

斯諾醫生透過實地訪查蒐集資料，再透過統計分析，首先發掘出霍亂傳播問題的解答。斯諾醫生發現，生活在倫敦南區與東區的居民，感染霍亂的機率，竟然要比住在倫敦北區與西區的居民，還要來的高（如圖 4-17 所示）。統計也顯示出，不同地區的死亡率就差了數倍。

Deaths from Cholera in London, registered from September 23d, 1848, to August 25th, 1849.

Districts of London.	Population in 1841.	Deaths from Cholera.	Deaths to each 1,000 inhabitants.
West . .	300,711	533	1·77
North . .	375,971	415	1·10
Central . .	373,605	920	2·48
East . . .	392,444	1,597	4·06
South . .	502,548	4,001	7·95
Total . .	1,948,369	7,466	3·83

圖 4-17 倫敦霍亂死亡人數表
資料來源：On the Mode of Communication of Cholera

他分析後認為，造成死亡率差異的主要原因，在於當時的倫敦有許多家自來水公司，分別提供不同區域的水。而住在南區（亦即泰晤士河南岸）的倫敦居民，飲用的是取自流經倫敦泰晤士河段的水（受污染的水），而北區的居民則飲用取自遠離倫敦的水。

斯諾醫生根據研究結果，建議倫敦市政府當局，只要關掉南區與東區的自來水供應，就能大幅降低霍亂的疫情。可惜的是，當時的醫學界並沒有正視斯諾的理論。結果到了 1853 年，倫敦再次爆發霍亂大流行。這次，斯諾醫生再次透過訪談蒐集資料，並進行統計分析，最終畫出流行病學研究中著名的鬼圖（The Ghost Map）。

◆ 倫敦鬼圖

十九世紀的倫敦，正處於工業革命的浪潮，大量的農村人口往城市移入，形成一個 200 萬人口的工業城市。當時的城市建設發展趕不上快速移入的人口，同時沒有汙水處理系統，不僅導致糞便滿溢、惡臭頻頻發生，並同時直接排進居民賴以飲用維生的泰晤士河。

當時英國的糞便問題有多嚴重？在 1842 年出版的一份英國公共衛生報告裡，提到為了抑制霍亂的蔓延，英國政府在中部大城里茲（Leeds）一處名為「靴子和鞋場」（Boot and Shoe Yard）的建築裡，清出 75 輛馬車的糞便。

面對霍亂的疫情，大多數的醫生認為霍亂是源自於骯髒環境所生成的瘴氣（miasma）。當時的整治辦法是清理污穢、加強通風、排除積水…等。甚至還有醫生宣稱，只要使用他所研發的除臭劑，就可以降低感染霍亂的機率。當然，這些做法，並沒有辦法抑制霍亂的擴散。

1854 年 8 月 31 日到 9 月 3 日，英國再次爆發了霍亂疫情，倫敦蘇活區（Soho）共有 127 人死於霍亂。一周內，更有超過 500 人死亡。

這時，約翰‧斯諾（John Snow）醫師著手進行研究，並對居民進行訪談。同時，由於斯諾醫生之前就懷疑霍亂可能是透過水所傳染。所以，他特別針對水泵進行調查。

斯諾醫生發現，幾乎所有的霍亂病例都集中發生在布拉德街水泵（Broad Street Pump）附近。只有 10 個病例更接近另一台水泵。而在這 10 個病例中，其中有 5 人是從布拉德街水泵取得了水源，3 人則是在布拉德街水泵附近上學的孩子。約翰‧斯諾（John Snow）將病患與水泵的位置標誌在地圖上，而這張地圖就是公衛學界俗稱的「鬼圖（The Ghost Map）」，如圖 4-18 所示。

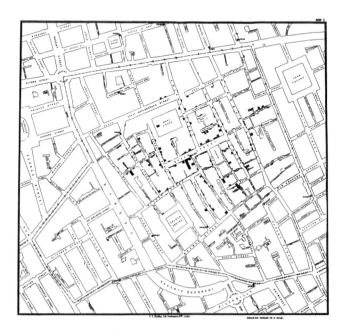

圖 4-18 The Ghost Map

1854 年 9 月 8 日，當時西敏寺‧聖詹姆斯教區管理當局正在開會討論如何因應霍亂的疫情，斯諾帶著他的調查報告出席，並說服管理當局下令拆除布拉德街水泵的搖把。而不久，市政府就在拆除了搖把之後（如圖 4-19 所示），讓霍亂終於停息。

圖 4-19　布拉德街水泵 (Broad Street Pump) 複製品
資料來源：CC BY-SA 2.0 https://commons.wikimedia.org/wiki/
File:John_Snow_memorial_and_pub.jpg

　　經過這次事件之後，代表著政府根據科學化的研究，找出解決問題的關鍵，來對霍亂進行抑制。這也成為流行病學裡的一個重要起始點。而約翰·斯諾（John Snow）醫師，也因為創意的視覺化資料呈現（把地圖和發病患者相套疊），以及具有洞見的病因推測留名青史，更被後人稱為「現代流行病學之父」。

◆　公車為何老是誤點？—檢查悖論

　　您是否曾經有過類似的經驗。搭公車時，公車往往久候不至，而公車要出現時，卻總是一輛接著一輛，讓人氣結。其實，公車發車時間有其固定的間隔，而且尖峰的時候，間隔甚至還密集一點；離峰的時候，間隔寬鬆一點。但又是什麼樣的原因，最後造成了間隔不一的結果？

想像一下，有六部公車負責行駛一條市區環狀快線，依照規定，每隔五分鐘要發出一班車。在公車總站，每班車發車的時間間隔應該都相同（因為有站長盯著看，司機想要提早開或者晚一點開，其實都辦不到）。第一輛出發的車子，已經先把一部分的人載走，後出發的第二輛車子，在每一站停留的時間就少一些。幾站下來，可能就會追上前面的公車，而第三輛也可能會追上第二輛車。

　　後車之所以會追上前車的情境，其實也不難理解，因為上前車的人一多，乘客花在刷卡的時間上也多，司機看到乘客蜂湧而上，起步速度和每站停留時間也一定比後車要長。

　　實務上，要解決這樣的問題其實很簡單，只要公車司機能被允許，看到前面公車正在停車載客時，能不必理會乘客是否都能上了前車。總之，就乾脆超車過去載下一站的乘客就對了。如此一來，這樣載客的效率就會大幅提升，也減少了乘客久候公車不來，或是一次來好幾輛的問題。但是，這樣也可能會衍生出另一個問題，因為還在排隊的乘客，看到後面一輛有空位的公車，竟然過站不停，就會向市政府投訴。

　　至於公車為何老是誤點？這個問題背後還牽涉到一個有趣的概念，這個概念稱為「檢查悖論」（Inspection paradox）。

　　美國電腦科學家艾倫·唐尼（Allen Downey）教授曾經舉了一個普渡大學的真實案例，來說明何謂「檢查悖論」[8]。假設您問大學生，學校的班級平均一班有多少人，結果答案可能是 90 人。但事實上，學校的平均班級人數可能是 35 人。這背後的原因，在於當您在對學生進行調查時，您會對大班級進行了過度抽樣。也就是說，抽到大班級學生的機率會大於小班級學生的機率（因為大班級的學生較多）。這時，學生們講出來的班級人數，就很容易多於實際的平均人數。

[8] https://towardsdatascience.com/the-inspection-paradox-is-everywhere-2ef1c2e9d709

　　將這個概念應用到等公車。假設公車的班表是每隔 10 分鐘發出一班。一般人的想法會認為，等候公車的平均時間應該是 5 分鐘，然而，結果常常不是如此。有時，等候時間超過 5 分鐘，甚至有時候還超過 15、20 分鐘以上。這到底是什麼原因？

　　我們先用一張圖來說明，如圖 4-20 所示。

公車到站時間的間隔

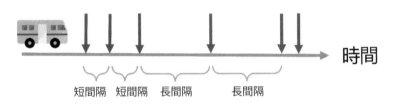

圖 4-20　公車為何老是誤點？
繪圖者：謝瑜倩

　　從圖 1 中可發現，雖然公車發車時間間隔為 10 分鐘，但是如前面所述，公車到站的時間間隔的確有長有短。這個時候，您抵達公車站的時間點，落在長間隔的機率，往往就會大於落在短間隔的機率。如此一來，自然就會等上 15、20 分鐘。

　　不過，現在因為大家都有智慧型手機和 GPS、GIS 的幫忙，等公車的問題已經大幅減少。就像我們有位同事，每次搭末班車回家前，都會盯著手機看著要搭的公車已經到了哪一站，然後準時衝到站牌，以最精準的時間上車，他就很少錯過回家的公車。

◆ 追求單純而不過分簡化的解方

美國教育哲學家約翰‧杜威（John Dewey）1933 年，在其所著作出版的《我們如何思考：杜威論邏輯思維》（How We Think）一書中，首次提出思考的邏輯步驟：發現困難、找出問題、提出假設、推論結果和驗證假設。這五大步驟影響了後續的許多教育家和科學家，進而再影響更多的人，並教會大家以更科學化的方法，來面對問題、解決問題，為全球的科學思考，推進一大步。

不過，當大家越來越熟悉使用上述思考的步驟來解決問題時，卻發現一個弔詭的現象。以「提出假設」為例，由於人類所面對的環境越來越複雜，為了解決問題，背後所提出的假設會越來越多，但是，更多的假設，卻未必得到更佳的結果，人類社會治絲益棼，問題有越理越亂的現象。

舉例來說，德國柏林普朗克人類發展研究院（Max Planck Institute for Human Development）的格爾德‧吉格倫澤（Gerd Gigerenzer）教授，在《機率陷阱（Risk Savvy: How to Make Good Decisions）》一書中提到，學者哈里‧馬科維茨（Harty Markowitz）在 1952 年提出的「平均數 - 變異數投資組合模型」（Mean-Variance Portfolio），為自己贏得了一座諾貝爾獎。

吉格倫澤說，這個模型能夠讓投資人的收益最大化，或將風險降到最低。但有趣的是，馬科維茨在為他的退休金做規劃時，卻沒有使用自己所提出的投資策略，反而使用了一種稱為 1/N 的投資法則。亦即將資金平均分配到 N 種資產上。

後來，倫敦商學院（London Business School）維克多‧德米格爾（Victor DeMiguel）教授等人[9]，即針對七種不同的投資情境，發現 1/N 投資法則的績效，比平均數 - 變異數投資組合模型還要來的好。

---

[9] DeMiguel, V., Garlappi, L. and Uppal, R. (2009) Optimal versus Naive Diversification: How inefficient Is the 1/n Portfolio Strategy? Review of Financial Studies, 22, 1915-1953.

　　這個案例並不是說「平均數 - 變異數投資組合模型」沒有用，畢竟該模型的發展存在於理想的世界。而在真實的生活裡就未必適用。而整件事也凸顯了一件問題，就是越多的假設，未必會帶來越佳的結果。

　　因此，吉格倫澤教授建議，一、一旦未知的因素越多，越應該簡化；二、一旦選項越多，越應該簡化。唯有當歷史數據越多時，複雜的模型才越適用，如圖 4-21 所示。

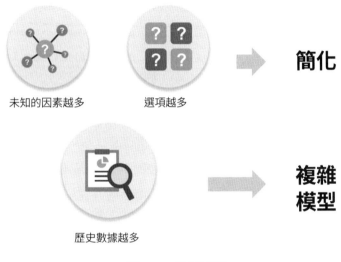

未知的因素越多　　選項越多　　　→　　簡化

歷史數據越多　　　→　　複雜模型

圖 4-21　簡化的時機
繪圖者：彭煖蘋

　　在這個大原則下，就像愛因斯坦曾經說過的：「凡事應盡可能單純，但不要過於簡化（Make it as simple as possible, but not simpler.）」，問題才有辦法獲得解決。

◆ 選擇種類越多，銷售越好？

有句話說，「人總是眼睛大、嘴巴小」，用「眼睛大」來形容人總是希望呈現在自己眼前的是美食佳餚，總是越多越好，像是晚餐要吃些什麼？能有的選項越多越好；買衣服時的款式？選項一樣是越多越好……。雖然人類對於選擇的渴望無窮無盡，但因為「嘴巴小」，最終自己能消化的，卻總是有限。

2000 年，哥倫比亞大學席娜・艾揚格（Sheena S. Iyengar）教授和史丹佛大學馬克・萊珀（Mark R. Lepper）教授在《人格與社會心理學期刊》（Journal of Personality and Social Psychology）上發表了一篇〈一旦選擇不再具有動力：渴望太多是好事嗎？〉（When Choice is Demotivating: Can One Desire Too Much of a Good Thing？）的論文，就在探討有關人們選擇的議題。

在該篇文章裡，艾揚格與萊珀教授提出了一個經典的「果醬實驗」（Jam Study），研究背景大概是這樣。通常在高檔超級市場裡，總是要擺滿各式各樣的商品，讓上門的顧客能有非常多樣的選擇，來凸顯這家超市貨源充足，品味多樣。但是兩位教授發現，在加州舊金山灣區的高檔超市 Draeger's Market 裡，一旦擺放的果醬數量從 24 種，減少到 6 種時，消費者購買果醬的可能性，反而提高了 10 倍。意即貨架上較少的選擇，反而讓超市獲得了較多的銷售量。

兩位教授把這種現象稱為「選擇過載」（Choice Overload）或「選擇悖論」（Paradox of Choice）。一般的狀況下，當為顧客提供更多的選擇，銷售額就應該越高，因為企業能滿足更多顧客的需求。不過，這項研究顯示，過多的選擇，卻會讓人失去購買動機，反而有礙銷售。

探究背後的原因，可能是因為當企業給予顧客的選擇越多，他們就必須為做出選擇而投入更多的時間和精力。同時，更多的選擇也會讓顧客帶來心理壓力，因為他們可能會有更大的機率，做出所謂的「踩雷」的錯誤選擇，等於說，消費者花了更多的錢，買到自己其實並不是很喜歡的果醬，有時還會因此感到自責。

　　後來，2015 年，西北大學亞歷山大・切爾涅夫（Alexander Chernev）教授等人，在《消費者心理學期刊（Journal of Consumer Psychology）》上，發表了一篇《資訊過載：概念回顧與後設分析》(Choice overload: A conceptual review and meta-analysis) 的文章，一口氣檢視了 99 篇與選擇悖論相關的研究。發現有四項關鍵因素—選擇集的複雜性（Choice Set Complexity）、決策任務的難度（Decision Task Difficulty）、偏好的不確定性（Preference Uncertainty）和決策目標（Decision Goal），會對選擇方案多寡（Number of Options）對選擇過載的影響產生干擾，如圖 4-22 所示。

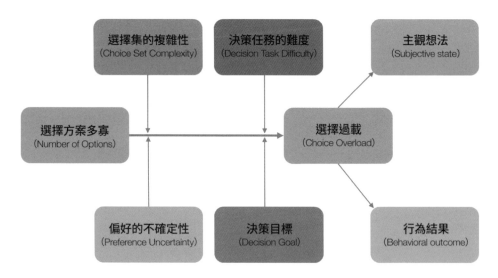

圖 4-22　「選擇方案多寡」對「選擇過載」影響的概念模型
繪圖者：謝瑜倩

資料來源：Chernev, Alexander, Ulf Böckenholt, Joseph Goodman, 2015, "Choice overload: A conceptual review and meta-analysis," Journal of Consumer Psychology, 25 (2), 333–358.

　　該研究同時發現，1. 一旦替代方案難以比較；2. 當產品很複雜；3. 當消費者沒有明確的偏好；4. 想要做出快速的選擇時。此時，「較少樣的選擇」就有助於消費者做出決定，以刺激消費者購買。

◆「看大局、不拘小節」的奧卡姆剃刀與漢隆剃刀法則

您一定聽說過「太注重小節，有時會壞了大事」。在思維模式中，「奧卡姆剃刀（Ockham's Razor）法則」就是在講這件事。奧卡姆剃刀的名稱，源自於十四世紀的哲學家奧卡姆的威廉（William of Ockham），指的是一種簡約法則，強調在解決問題時，應該先要剃除過多的假設，不要讓事情變得複雜，否則永遠無法成事。

《超級思維》（Super Thinking: The Big Book of Mental Models）一書作者蓋布瑞·溫伯格（Gabriel Weinberg）與蘿倫·麥肯（Lauren McCann），為奧卡姆剃刀的應用，舉出一個現代社會中有趣的例子。

現在，有許多人會在交友網站上尋找另外一半，並且為理想的對象開出一長串的條件。比方說：某人希望能跟藍眼睛的巴西人約會，而他／她還得同時要喜歡瑜珈及覆盆莓冰淇淋，並且要喜歡《復仇者聯盟》裡的「雷神索爾」這個角色。

但溫伯格與麥肯強調，這樣的假設條件，對於擇偶來說根本沒有幫助。事實上，導致感情關係失敗的原因，通常不會是瑜珈、覆盆莓冰淇淋或是雷神索爾，而是彼此相處時，是否感到開心，是否相互受到吸引。

溫伯格與麥肯也補充解釋，如果交往對象真的對覆盆莓冰淇淋很在意，也可以等到認識對方之後，再將條件加回去，或者透過自己的循循善誘，引導對方也對覆盆莓冰淇淋有興趣。總之，從擇偶的大事來看，這種口味的冰淇淋根本是小事。因為您自己得把門打開，對方才能進得來。

「奧卡姆剃刀原則」強調，凡事應該優先考慮簡單性，但並不是指最簡單的就是最佳的選擇。在進行決策時，奧卡姆剃刀雖然不全然正確，但它確實提供我們在解決問題時的一項指引。亦即如果有「簡化的條件」能夠進行討論，就先不要進入複雜的情境，如圖 4-23 所示。

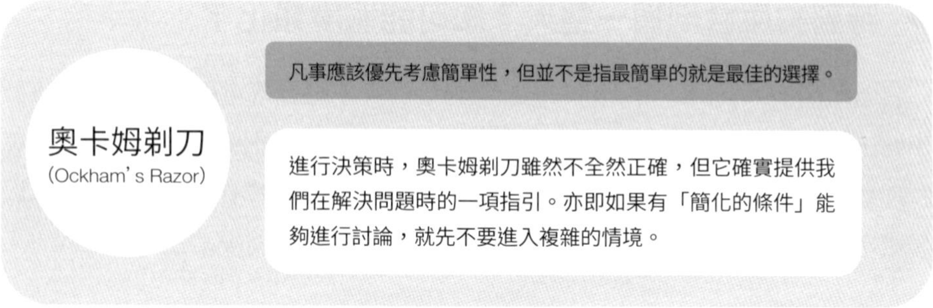

凡事應該優先考慮簡單性，但並不是指最簡單的就是最佳的選擇。

奧卡姆剃刀
(Ockham's Razor)

進行決策時，奧卡姆剃刀雖然不全然正確，但它確實提供我們在解決問題時的一項指引。亦即如果有「簡化的條件」能夠進行討論，就先不要進入複雜的情境。

圖 4-23　奧卡姆剃刀
繪圖者：謝瑜倩

　　值得注意的事，在談到「剃刀」(Razor)時，還有另一項「漢隆剃刀法則」(Hanlon's Razor)可供參考。漢隆剃刀(Hanlon's Razor)[10] 意指當某人的行為可以用「愚笨」來解釋，通常就不是「惡意」的。

　　舉例來說，當某次會議結束後，主管邀約大家去餐廳吃飯，由於餐廳比較遠，需要坐計程車過去。結果您因為先去洗手間，出來時發現大家都已經出發，而沒有等您。這時，如果您氣噗噗責怪大家「攏嘸揪」，就有點像在雞蛋裡挑骨頭了，因為一來是您自己先不在現場，而且通常是大家在出發的當下太嗨，忘記您了，或者是誤認為您已先出發，但他們通常不是故意丟下您而去。

　　因此，漢隆剃刀可以當作一項「指導原則」，一方面協助我們用更理性的方式來看待他人的行為，一方面也可以協助我們消除偏見，並促使自己與團隊的關係更加和諧。

---

[10] 漢隆剃刀在維基百科裡的原文解釋，never attribute to malice that which is adequately explained by stupidity。

◆ 踩到狗屎會倒楣一整天？您可能過度類化了

日常生活上，我們經常看到一些缺乏自信的人，總覺得自己因為一些小事做不好，導致其他事情也都會做不好，或是因為出門時意外踩到狗屎，或是開車時連續遇到兩次紅燈，就認為自己今天一整天運氣可能都不會太好，這種「以偏概全」的觀念，正是所謂的「過度類化」（Overgeneralization）在作怪。

「過度類化」顧名思義，意指僅根據一小部分事件的結果，就將其推論到其他情境。生活中還有很多類似的案例，像是把一個特殊的個案，變成一種分類，然後全部套用在類似的人事物。例如自己曾經跟某位處女座的同事處不好，就認為全世界的處女座都很龜毛、很難搞，以後更覺得與他們天生不對盤。此外，像是人的恐懼情緒，有很多也是經由學習，然後類化而來，例如大家常說的「杯弓蛇影」，又如「一朝被蛇咬，十年怕草繩」，都可說是過度類化而來的。

不過，要注意的是，在過度類化（Overgeneralization）的英文中的「類化」（Generalization），在研究上卻是非常重要。「類化」通常又稱為「一般化」。意思是指調查或研究成果是否能夠應用到其他領域的程度。也就是說，如果理論或研究的「一般化」程度越高，代表研究成果可以應用到其他領域的程度越廣，反之，則越低，所以好的研究，一定會強調自己的成果能夠類化。

其實，對於社會科學來說，許多研究受到「國家文化」等不同情境所限制，因此當研究成果出現之後，往往未必能夠類推到其他情境。

舉例來說，在管理學裡，大部分的理論都是由歐美學者所發展，研究的企業也是以歐美的大型企業為主。至於這些理論是否能適用在華人世界？是否需要調整？都是需要再進一步研究的地方。此時，比較好的方式是，有些研究人員會將研究換個「場域」重新再做一次，如果研究成果類似，就能擴大該項研究成果「類化」的能力。

此外，「過度類化」的概念，在研究設計上也要特別注意。舉例來說，在進行民意調查時，如果僅僅只用「市內電話」做為調查對象，很容易就犯了「過度類化」的問題。主要原因，來自於現在的年輕人偏愛行動電話，他們比其他年齡層的族群更不會使用到「市內電話」。因此，如果不採取其他輔助措施，電話民意調查可能會因為對年輕人的抽樣不足，而導致調查結果產生偏差，如圖 4-24 所示。

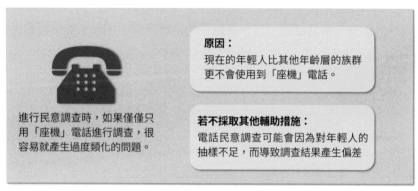

原因：
現在的年輕人比其他年齡層的族群更不會使用到「座機」電話。

進行民意調查時，如果僅僅只用「座機」電話進行調查，很容易就產生過度類化的問題。

若不採取其他輔助措施：
電話民意調查可能會因為對年輕人的抽樣不足，而導致調查結果產生偏差

圖 4-24　民意調查中的過度類化
繪圖者：謝瑜倩

無論在生活中或是研究裡，發生「過度類化」的機率相當高。因此當我們在做決策時要特別注意，避免產生過度類化的問題。

◆ 猜猜牛有多重？—群眾智慧

二十世紀初的某一天，身兼人類學家、統計學家的英國法蘭西斯‧高爾頓（Sir Francis Galton FRS）爵士，來到了一個市集，剛好看到一場「猜猜牛有多重」的比賽正在進行。這時群眾們紛紛下注，最後參加者共有 800 多人，這裡面有專職的養牛戶，也有與養牛無關各式各樣的路人。

由於這個比賽的參與者，很多本身就有養牛，所以主辦單位要大家猜的不是整條牛的體重，而是宰殺完扣除頭、腳、皮毛和內臟後的重量。

比賽結果出爐，最後該隻牛的重量為 1197 磅（約為 542.95 公斤）。

就在比賽結束之後，高爾頓從主辦單位處借來了投注資料，並且加以分析，最後得到平均值。他原先認為，由一大群人不是專職養牛用戶，所調查出來的平均數字，結果應該會與真實數字天差地遠，畢竟裡面大部分的人，都不是養牛和宰牛專家。

不過，當他看到統計分析後的結果發現，眾人猜測的平均數字是 1208 磅。與實際秤的重量非常地接近，這令高爾頓相當地驚訝，因為這數字與這頭牛的重量 1197 磅，差距只有 11 磅，誤差竟然不到 1%。如圖 4-25 所示。

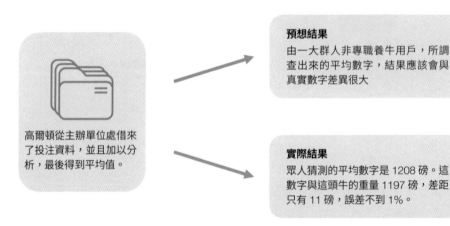

高爾頓從主辦單位處借來了投注資料，並且加以分析，最後得到平均值。

預想結果
由一大群人非專職養牛用戶，所調查出來的平均數字，結果應該會與真實數字差異很大

實際結果
眾人猜測的平均數字是 1208 磅。這數字與這頭牛的重量 1197 磅，差距只有 11 磅，誤差不到 1%。

圖 4-25　猜猜牛有多重
繪圖者：謝瑜倩

高爾頓將這樣的發現，發表於《自然》(Nature) 期刊，並在裡面提到可能的解釋。高爾頓認為，因為比賽有收取參賽費用，首先就已排除了許多會隨便胡亂猜測的人，降低了偏誤。接著，更因為有獎金，也讓人努力猜測，又拉高了一些準確度。而這種眾人群策群力的過程，讓結果變得出奇地準確。

這樣的觀察，逐漸演變成後來所謂的「群眾智慧」(The Wisdom of Crowds)。也觸發了預測各種未來事件的「交易所」的出現。例如，1980 年代末期成立的愛荷華電子市場 (Iowa Electronic Market, IEM)，即透過讓群眾買

賣美國選舉結果的股份，來預測選舉結果。根據統計，IEM 有 75% 的次數，擊敗傳統市場調查的預測結果。

在台灣，也有一個關於選舉預測的「未來事件交易所」，它是一個以網頁為基礎的線上平台，目的在集合大眾智慧，預測未來發生各事件的可能性。當時，這個網站是由政治大學預測市場研究中心與未來事件交易股份有限公司合作，中華民國科技部及國立政治大學並持有其部分股份，而新聞媒體也經常引用它的資料。

依據維基百科的記錄，「未來事件交易所」過去發行逾 1,900 個合約組、1.3 萬個合約，並累積逾 2 億口的交易量。其中熱門合約包括北高市長選舉、立委與總統選舉、縣市長選舉、股市、房地產、中國經濟成長率與物價、美國運動賽事、台灣超級星光大道和奧運等。以 2014 年縣市長選舉為例，未來事件交易所在全台的 22 縣市中，預測 18 縣市準確，僅 4 縣市失準，準確率 82%，準確率甚至比同一時期的民意調查來得高。

這樣看起來似乎是「多個和尚比較會唸經」，因此下次您在做預測時，如果手邊資訊不足，不妨求助於群眾（或是請身邊的所有人一起來估算），準確率會比自己猜想高很多。

◆ 問題陳述有別，答案有所不同─注意框架效應

在日常生活中，人們對於自己所做的決策，大多會認為是經過充分思考、很理性的，但事實真的是如此嗎？學者阿莫斯‧特沃斯基（Amos Tversky）和丹尼爾‧卡尼曼（Daniel Kahneman）於 1981 年的《SCIENCE》，發表了一篇〈決策框架和選擇心理學〉（The Framing of Decisions and the Psychology of Choice）[11] 的文章，來說明針對同一件事情，當問題的陳述有別，大家選擇的結果可能就會有所不同。

[11] Tversky, Amos and Daniel Kahneman, 1981, "The Framing of Decisions and the Psychology of Choice," SCIENCE, VOL. 211, 30 JANUARY 1981.

特沃斯基和卡尼曼教授設計了下列的問題：

問題 1.　[樣本 = 152 人]：請想像一下，美國正在為一場不尋常的疾病爆發預
做準備，而這個疾病預計將導致 600 人死亡。現在，對抗該疾病的方
案有兩種，其結果如下，如圖 1 所示：

如果採用 A 方案，可以救活 200 人。

如果採用 B 方案，則有 1/3 的機率能救活 600 人，2/3 的機率一個人
也無法能救活。

您偏好 A 方案還是 B 方案？（如圖 4-26 所示）

請想像一下，美國正在為一場不尋常的疾病爆發預做準備，而這個疾病預計
將導致 600 人死亡。現在，對抗該疾病的方案有兩種，其結果如下：

採用 A 方案，可以救活 200 人

採用 B 方案，則有 1/3 的機率能
救活 600 人，2/3 的機率一個人
也無法能救活。

您偏好 A 方案還是 B 方案？

圖 4-26　問題 1
繪圖者：謝瑜倩

根據特沃斯基和卡尼曼教授的研究，在這個問題中，選擇 A 方案的人高達
72%，選擇 B 方案的人僅有 28%。研究分析：大多數的人，採取的是「風險
規避」，以確保能挽救可能的 200 條生命。

接著，特沃斯基和卡尼曼教授找了第二組人來接受測試。題目一樣如問題 1 所述，但方案的陳述不同，如下所示：

問題 2.　[樣本＝ 155 人]：

如果採用 C 方案，將有會 400 人死亡。

如果採用 D 方案，則有 1/3 的機率沒有人會死亡，有 2/3 的機率，600 人全部死亡。

您偏好 C 方案還是 D 方案？（如圖 4-27 所示）

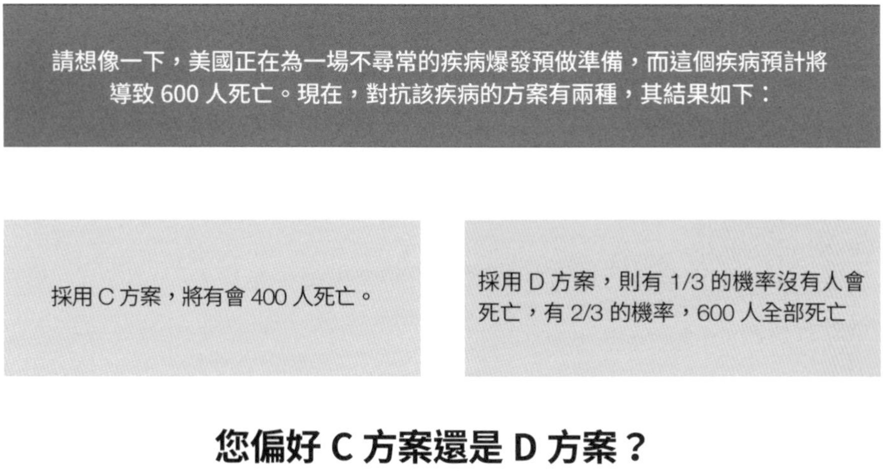

請想像一下，美國正在為一場不尋常的疾病爆發預做準備，而這個疾病預計將導致 600 人死亡。現在，對抗該疾病的方案有兩種，其結果如下：

採用 C 方案，將有會 400 人死亡。

採用 D 方案，則有 1/3 的機率沒有人會死亡，有 2/3 的機率，600 人全部死亡

您偏好 C 方案還是 D 方案？

圖 4-27　問題 2
繪圖者：謝瑜倩

根據特沃斯基和卡尼曼教授的研究，在這個問題中，選擇 C 方案的人有 22%，選擇 D 方案的人有 78%。研究分析：大多數的人在此選擇的是「風險承擔」，去搏那 1/3 無人死亡的機率。

其實，這兩個問題內容實際上是相同的。它們之間唯一的區別，是問題 1 中的結果是以能挽救的生命數量來描述；問題 2 中的結果，則是由失去的生命數量所描述。兩者的差異就呈現出從「風險規避」到「風險承擔」的明顯轉變。

問題 1 和問題 2 的結果產生不一致性，源自於「框架效應[12]」，以及對涉及收益和損失的風險的矛盾。其實，問題 1 和問題 2 的方案，最終死亡（與存活）的人數與期望值相同。但實驗的結果說明了背後的模式：人們在涉及「收益的選擇」通常是規避風險的；涉及「損失的選擇」通常是願意承擔風險的。

迷思

◆ 合取謬誤

想像一下，您正參與一項心理學實驗。研究人員先給您看一位叫做「琳達」的背景資料。

> 琳達(Linda)今年 31 歲，單身、性格直率且非常聰明。她大學主修哲學，在學生時期，她非常關注歧視和社會正義的問題，當時還參加了反核示威遊行。

接著，請您就下列敘述，給予 1~8 分的評分，1 分是最有可能，8 分是最不可能，來評判琳達可能是什麼樣身分的人。

---

[12] 特沃斯基與卡尼曼首先將「決策框架」定義成，決策者對與特定選項有關的行為、結果和突發事件的概念；決策者採用的框架往往受制於問題的表述，有些甚至會受制於決策者的規範、習慣和個人特徵。

琳達在小學教書（＿＿＿＿＿＿ 分）

琳達在書店工作並定期上瑜珈課（＿＿＿＿＿＿ 分）

琳達活躍於女權運動（＿＿＿＿＿＿ 分）

琳達是精神病院裡的社工（＿＿＿＿＿＿ 分）

琳達是某個婦權聯盟的一員（＿＿＿＿ 分）

琳達是一位銀行出納員（＿＿＿＿＿＿ 分）

琳達是一位保險業務員（＿＿＿＿＿＿ 分）

琳達是一位銀行出納員並活躍於女權運動（＿＿＿＿＿ 分）

您的答案出來了嗎？

這個實驗，是由美國行為科學家阿莫斯‧特維爾斯基（Amos Tversky）和諾貝爾經濟學獎得主丹尼爾‧卡尼曼（Daniel Kahneman）所進行，該實驗被稱為「琳達問題（Linda Problem）」實驗（而之所以取名「琳達」，是因為特維爾斯基教授以他在史丹佛大學的秘書琳達‧科文頓（Linda Covington）為名）。

該實驗的研究人員，向 88 位受試對象描述以上個案，以下是部分分數從低（最有可能）到高（最不可能）的排序。

琳達活躍於女權運動（平均 2.1 分）

琳達是一位銀行出納員並活躍於女權運動（平均 4.1 分）

琳達是一位銀行出納員（平均 6.2 分）

不知道，大家有沒有看出來這項調查結果背後潛藏的問題。問題在於第二和第三項的敘述。受試者們認為「琳達是一位銀行出納員並活躍於女權運動」高於「琳達是一位銀行出納員」。

然而，特維爾斯基教授指出，從邏輯上來說，這樣的判斷其實並不合理，因為兩個事件同時發生的機率，往往都只會小於或等於任一事件單獨發生的機率。這就是所謂的「合取謬誤」(Conjunction Fallacy)。

　　合取謬誤又稱做「交集謬誤」，主要是人們習慣將多重條件「A 且 (and) B」，誤認為它要比單一條件「A 或 (or) B」，更可能會發生的一種錯誤認知，如圖 4-28 所示。

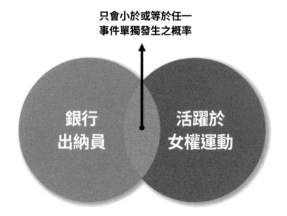

圖 4-28　合取謬誤
繪圖者：彭媛蘋

　　最後，我們可能會認為，一位數學博士也應該很會寫程式。但數學博士與程式很強本來就是兩件事情，同時數學與程式都強的人，本來就比單獨數學強或單獨程式強的人還來的少。所以，我們要避免不自覺地掉到這樣的謬誤裡。

◆　再探合取謬誤

　　先前我們簡單介紹了「合取謬誤」(Conjunction Fallacy) 的概念，讓人們了解到自己會把許多事情包裹來看，因此容易犯了邏輯上的交集謬誤。而「琳達問題」也引發了數以百計的後續研究，這裡，我們要來談談其他學者對「琳達問題」的批判。

德國柏林普朗克人類發展研究院（Max Planck Institute for Human Development）的拉爾夫‧赫特維格（Ralph Hertwig）與格爾德‧吉格倫澤（Gerd Gigerenzer）教授，在 1999 年的《Journal of Behavioral Decision Making》發表了一篇文章〈The "conjunction fallacy" revisited：How intelligent inferences look like reasoning errors〉。裡面提到 [13]：

在琳達問題的題目中，問題是這樣問的：

Which of the following alternatives is more probable？
請問下列敘述何者比較可能為真？

Linda is a bank teller. 銀行出納員。

Linda is a bank teller and active in feminist movement.
銀行出納員並活躍於女權運動。

赫特維格與吉格倫澤教授認為，問句中的 probable 與 and，在邏輯上具有明確的「數學意義」，但受試者在接受實驗時，看到這些字詞，所認知到的語意並非數學意義。

首先，赫特維格與吉格倫澤教授請受試者使用其他字詞，向不懂「Probable」意義的非英語母語人士，解釋琳達問題。結果，大部分的受試者都採用「非數學意義」，而不是「數學意義」。赫特維格與吉格倫澤提到，這個實驗顯示，面對語意模糊的字詞，人們往往根據對話直覺，而非抽象邏輯來推論其語意。

---

[13] 資料來源：Hertwig, Ralph; Gigerenzer, Gerd (1999). "The 'Conjunction Fallacy' Revisited: How Intelligent Inferences Look Like Reasoning Errors". Journal of Behavioral Decision Making. 12（4）: 275–305.

接著赫特維格與吉格倫澤教授將琳達問題裡，問項中語意模糊的 Probable，改成意思清楚的 How many，題目如下：

假設有一百人符合上述有關琳達的描述，請問這一百人，有多少人是：
銀行出納員
銀行出納員並活躍於女權運動

結果答案與「琳達問題」實驗結果完全相反，如圖 4-29 所示。

至於「and」，在邏輯上，A and B 中的 A、B，具有可交換性，也就是說，「A and B」等於「B and A」，但在自然語言處理上不能這樣相互「等於」。

吉格倫澤教授舉例，請看以下兩句話：

A 句 Mark got angry and Mary Left.（馬克生氣了，所以瑪莉離開了。）

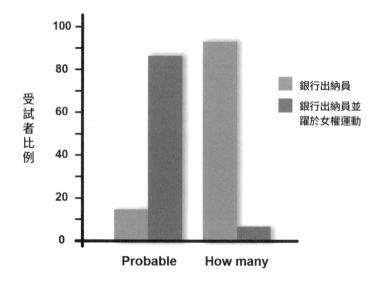

圖 4-29　琳達是不是銀行出納員
繪圖者：彭媛蘋
資料來源：Gerd Gigerenzer，Gut Feelings

B 句 Mary Left and Mark got angry.（瑪莉離開了，所以馬克生氣了。）

如果將 A 句中「Mark got angry（馬克生氣了）」和「Mary Left（瑪莉離開了）」在 and 的前後位置交換，句意就很不一樣。

A 句中 Mark got angry and Mary Left（馬克生氣了，所以瑪莉離開了），很可能是因為馬克在某個場合大發雷霆，導致瑪莉決定離開。

B 句中，Mary Left and Mark got angry（瑪莉離開了，所以馬克生氣了），很可能是瑪莉不告而別，讓馬克暴跳如雷。這兩句話的意思，明顯意義不同。

赫特維格與吉格倫澤教授認為，對於「邏輯」的癡迷，往往會讓人提出錯誤的邏輯問題，而錯過有趣的心理學問題。

◆ 利特爾伍德定律

不曉得您有沒有這樣的經驗，上次連續假期去了北部山區爬山，竟然巧遇自己十多年不見的大學同學；前幾天去聽周杰倫的演唱會，發現高中時代仰慕的對象，竟然也出現在同一個場合！真巧。

見證生活中的「巧合」，經常會讓人們讚歎命運怎會如此神奇，或是自己怎會如此幸運。但您有沒有注意到，生活中的「巧合」其實並不是很罕見。某種程度來說，「巧合」還經常會出現？

英國劍橋大學教授約翰‧伊登斯爾‧利特爾伍德（John Edensor Littlewood）就認為，一般人平均 30~35 天就會遭遇一次「巧合」（甚至是見證一次「奇蹟」），而這也就是所謂的「利特爾伍德定律」（Littlewood's Law）。

利特爾伍德教授在 1986 年他所出版的《數學家的雜記》一書中，提出一個概念。假設一個人在他清醒時，每一秒中都能察覺、記錄到一個事件，而此事可能是極其普通，像是麻雀飛過窗前；而此事可能是極其罕見，比如芮氏規模九的大地震。在這樣的基礎上，如果一個人一天當中，有 8 個小時是足夠清醒，這八個小時內，他會遭遇到 60 秒 × 60 分 × 8 小時，等於 28,800 個事件。一天下來，大約會遭遇將近三萬起事件，而在 30~35 天之間，就是一百萬起事件。

利特爾伍德教授指出，如果每百萬次出現一次特別引人注目的事件叫「巧合」（或「奇蹟」），則每人每個月平均會發生一次巧合，如圖 4-30 所示。

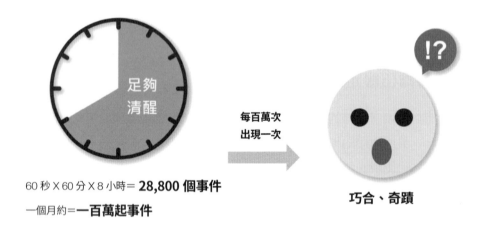

60 秒 × 60 分 × 8 小時＝ **28,800 個事件**

一個月約＝**一百萬起事件**

圖 4-30　每人每個月平均會發生一次巧合
繪圖者：彭媛蘋

筆者在大學唸統計學時，總有一種感覺，許多美好的事物，背後其實沒有那麼浪漫。例如，當我們有能力透過很科學、很理性的角度來看待事情時，我們會發現，許多驚奇事物的背後往往一點都不驚奇（就像利特爾伍德定律一樣）。不過，如此一來，是否又會讓人覺得人生太過乏味（這就不是本篇文章所要探討的）。

◆ 採櫻桃謬誤與德州神槍手謬誤

您有沒有發現，在市面上，無論是大賣場或是水果攤賣的櫻桃，每顆都鮮嫩欲滴，看起來圓潤飽滿，不僅漂亮、賣相好，感覺也非常好吃。可是，進一步思考，難道每一顆櫻桃天生就長得都非常好，不會有大的瑕疵？但這似乎又不太可能，難道這背後潛藏著什麼玄機嗎？

答案是紐西蘭或智利的櫻桃農夫在出貨前，就對櫻桃篩選過一次，他們已將那些畸型的、不符合標準的櫻桃先行挑出。而在上架之前，那些乾裂的、醜的櫻桃又被淘汰掉，最後消費者買到的，顆顆都是經過精挑細選的「選美冠軍」。至於落選的櫻桃，消費者往往忽略掉它們的存在。這種認為所有櫻桃都是美好的，叫做「採櫻桃謬誤」（Cherry Picking）。

事實上，俗稱的「採櫻桃謬誤」，也稱「單方論證」或「隱瞞證據」，意指人們的選擇性認知，往往「只挑選那些對自己有利的」。或是只提出支持自己論點的理由，而刻意忽略、不談反對的理由。

其實，類似的概念還有「德州神槍手謬誤」（Texas Sharpshooter Fallacy）的存在。話說，美國德州有一位神槍手，打靶的命中率百分之百，而且從來不失手，無一失誤。後來有人覺得怎麼可能那麼神，深入探究之後才發現，他是先射擊再畫靶。也就是說，當對著牆面射擊一輪之後，再對著射擊過後最密集的彈孔處畫靶心，難怪他都能百發百中，如圖 4-31 所示。

圖 4-31　先射擊再畫靶
繪圖者：謝瑜倩

採櫻桃謬誤與德州神槍手謬誤，都是挑選出對自己有利的，而捨棄對自己不利的。

對應到現實生活中，這樣的謬誤在實務上有許多的應用。例如，某些研究論文，為了要讓研究結果好看，只選擇對自己有利的證據，再進行推論，同時隱藏對自己不利的推論；或是報章雜誌只揭露對自己有利的報導；再到企業只呈現對自己有利的話術；亦或是個人在溝通時只挑選對自己有利的說辭…等。

在面對採櫻桃謬誤或是德州神槍手謬誤時，我們還要懂得判斷人事物背後，往往存在著不利的那一面，儘量多多蒐集各方資訊，以做出更理性的決策。

◆ 小明定理通常不是小明發明的—史帝格勒定律

如果您買了一隻汪星人或是喵星人，要帶回家當寵物，您一定會幫牠取個可愛的名字。而命名常是個有趣的過程，但如果您是個聰明的科學家，在苦思了數年或是靈光一閃之際，發明了一個定律，您，會幫它命名嗎？

「命名」是一項大學問，不管是寵物或是在科學家眼中的理論或定理，往往都有個名字。1941 年出生的美國芝加哥大學統計學教授史提芬‧史帝格勒（Stephen Stigler），在統計學界打滾了 40 年後，於 1980 年提出一個有趣的定律，內容是「沒有一項科學發現，是用其真正發現者的名字所命名的」。

這項又被稱為「史提芬‧史帝格勒同名定理」的定理，主要內容是這樣的。以統計學為例，史帝格勒發現，統計學裡有個非常重要的概念稱為「常態分配」（normal distribution），而這個分配又被稱為「高斯分配」（Gaussian distribution），用以紀念高斯（Johann Carl Friedrich Gaus，1777~1855）對常態分配的奉獻。

然而，常態分配其實不是高斯提出的。第一個寫出常態分配公式的人，是法國數學家亞伯拉罕‧迪美弗（Abraham de Moivre，1677~1754）（如圖 4-32 所示）。當年，他還被英國皇家學會指派去協調兩位著名的科學家牛頓（Sir Isaac Newton，1643~1727）與萊布尼茲（Gottfried Wilhelm Leibniz，1646~1716）之間，究竟誰是微積分發明者的爭議。

圖 4-32　法國數學家亞伯拉罕‧迪美弗
(Abraham de Moivre，1677-1754)

不過，也有學者，像是《統計，改變了世界(The lady tasting tea: how statistics revolutionized science in the twentieth century)》一書的作者，大衛‧舒爾斯堡(David Salsburg))認為，常態分配應該是由丹尼爾‧伯努利(Daniel Bernoulli，1700-1782)所發現才對。

其它著名的例子，還有關於宇宙大爆炸的「哈伯定律」，其實是喬治‧勒邁特(Georges Lemaître，1894~1966)比愛德溫‧哈伯(Edwin Powell Hubble，1889~1953)早兩年所提出。而畢達哥拉斯定理(Pythagoras theorem)，也早就被巴比倫數學家所知。甚至是哈雷彗星，也不是哈雷(Edmond Halley，1656~1742)所發現，因為哈雷彗星至少早在公元前 240 年前，就被其他天文學家觀測到。

其實，史帝格勒定律的名單還有一長串，無論是牛頓力學第一定律和第二定律，或是之前分享過的辛普森悖論(Simpson's paradox)，有興趣的讀者可掃描右圖 QRCode 查看(List of examples of Stigler's law)(如圖 4-33 所示)。

圖 4-33　List of examples of Stigler's law
(https://en.wikipedia.org/wiki/List_of_examples_of_Stigler%27s_law)

最後，史帝格勒教授也提到「史帝格勒定律」的發現者，其實也不是他自己。而是社會學家羅伯特‧K‧莫頓(Robert K. Merton)所提出，等於直接呼應史帝格勒定律本身。

◆ 圖曼法則

俗話說：「只要是規則，就一定有例外；而例外中又可找出規則」。

這一次我們要來談談「圖曼法則」(Twyman's law)，它的意思是「如果資料看起來很有趣或不尋常，通常就是錯的。」舉例來說，以經營線上書店起家的亞馬遜，曾發現某些使用者訂了極大量的書，而且數量大到扭曲了整個 AB 測試的結果。後來亞馬遜進一步分析之後才發現，原來那些使用者叫「圖書館」。

根據維基百科的介紹，圖曼法則是以一位媒體既行銷研究員托尼·圖曼 (Tony Twyman) 的名字所命名，也是最重要的數據分析法則之一。

從表面上來看，這個法則其實不難理解，不過，一旦如果真的出現很有趣或不尋常的結果時，又該怎麼辦？是要把它看成重大發現，還是自動否認它的存在？兩者可是天差地遠。

舉例來說，如果一家軟體公司的分析師，突然發現自己公司研發的 App，在一夜之間增加了好幾倍的下載量，此時千萬不要高興的太早，最可能的解釋是電腦弄錯了，而非用戶真正快速地的成長。分析師一定要記得檢查再檢查，以免事後興沖沖地跑去跟老闆報告後，結果發現弄錯了，老闆一定把您點名、做上「辦事不牢靠」的記號。

微軟分析與實驗團隊總經理羅恩·科哈維 (Ron Kohavi) 與哈佛商學院企業管理講座教授史蒂芬·湯克 (Stefan Thomke)，在 2017 年 9 月的哈佛商業評論上，發表了一篇文章《線上實驗的驚人力量》(The Surprising Power of Online Experiments)。在該篇文章中，科哈維與湯克提出，優秀的資料科學家，都會遵循圖曼法則 (Twyman's law)，一定要對數據分析的過程與結果抱持著質疑的態度。面對令人意料之外的結果，必須一再重複加以確認，以便消除大家的質疑。

最後，科哈維與湯克也提及，在進行數據分析時，要特別注意極端資料的出現，甚至更要注意網路機器人 (Internet Bot) 的存在 (超過 50% 的 Bing 搜尋需求，其實是由網路機器人所發送出的)。這些資料，很可能會對資料分析的結果，造成重大的影響。

第三篇

運算思維

何謂運算思維？

　　過去，人們對電腦一直抱持著又褒又貶的態度，因為人們一方面讚賞電腦執行工作的效率，可是一方面又說電腦只會「一個口令一個動作」，不像人類可以發揮創造能力。

　　美國卡內基梅隆大學周以真（Jeannette M. Wing）教授在 [1]2006 年，發表了一篇文章，鼓勵人們要建立一種「運算思維（Computational thinking）」，利用電腦科學的基本概念來解決問題、設計系統與理解人類行為的思維模式[2]。」而這種運算思維，是每個人都可以學習與適用的，不是只有電腦科學家才能使用的思維方式。

　　周以真教授主張的「運算思維」，已跳脫電腦只會大量、高速運算的概念，它具有以下特徵，如圖 5-1 所示。

1. 它是一種概念，而非只有編寫電腦程式（Conceptualizing, not programming）

    運算思維強調像電腦科學家一樣思考，但不意味著是要編寫程式，而是著重在抽象層次上的思考。

2. 它是一種基本技能，而非死記硬背的機械式重複技能（Fundamental, not rote skill）

    運算思維將成為人們在現代社會中必須了解的基本技能，而不是死背硬記的機械化程序式技能。

---

[1] Wing, J. M. (2006). Computational thinking. Communications of the ACM, 49(3), 33-35.

[2] Computational thinking involves solving problems, designing systems, and understanding human behavior, by drawing on the concepts fundamental to computer science.

運算思維的特徵

1. 它是一種概念，而非只有編寫電腦程式
(Conceptualizing, not programming)

2. 它是一種基本技能，而非死記硬背的機械式重複技能
(Fundamental, not rote skill)

3. 它是人類的思考方式，而遠遠超過電腦的思考方式
(A way that humans, not computers, think)

4. 它是數學和工程思維的補充和結合
(Complements and combines mathematical and engineering thinking)

5. 它是一種想法，而不是產品 (Ideas, not artifacts)

6. 它是由全人類共同享有，且無所不在
(For everyone, everywhere)

圖 5-1　運算思維特徵
繪圖者：謝瑜倩

3. 它是人類的思考方式，而遠遠超過電腦的思考方式（A way that humans, not computers, think）

運算思維是人類解決問題的方法之一，但並非讓人們變成像電腦一樣思考。因為電腦呆板無聊，人類則充滿想像力。

4. 它是數學和工程思維的補充和結合（Complements and combines mathematical and engineering thinking）

電腦科學的基礎是數學，而在建構系統時，則會利用工程思維。運算思維，以運用數學思考與工程思維為基礎。

5. 它是一種想法，而不是產品（Ideas, not artifacts）

運算思維協助我們解決問題，管理我們的日常生活，以及與他人的溝通和互動。

6. 它是由全人類共同享有，且無所不在（For everyone, everywhere）

當運算思維對人類，變得不可或缺時，將成為一種顯性的哲學。

周以真教授認為，過去教育都偏重在閱讀、寫作和算術上，但她覺得應該再加上「運算思維」。因為一般人在解決問題時，往往只有一次性的解決，而運算思維則是追求整體解決問題，並能以設計系統的方式來處理，同時，也能進一步理解人類為何有特定的行為，導致問題叢生。而在解決一個特定的問題時，具有運算思維的人可能就會問：解決起來有多困難？最好的解決方法又是什麼？

周以真教授認為，大學應該為新生開設一門名為「如何像電腦科學家一樣思考」的課程，讓大學生接觸運算思維的方法與模型。主修電腦科學的學生，也可以從事醫學、法律、商業、政治、任何類型的科學或工程，甚至藝術的職業。

構成運算思維的要素

一個好管理者，除了要有統計思維、系統思維外，還需要有運算思維。過去有關「運算思維」的要素討論頗多，但它並非專指數學的運算能力，還有其他不可或缺的能力。常見的「運算思維」要素包括：拆解（Decomposition）、抽象化（Abstraction）、模擬（Simulation）、演算法（Algorithm）、模型化（Modeling）、樣式辨識（Pattern recognition），以及模式的一般化（Pattern generalization）。

在此，本文先以「Google 運算思維四要素」中的問題「拆解」（Decomposition）、「模式辨識」（Pattern Recognition）、模式「抽象化」（Abstraction）以及「演算法」（Algorithm）設計，來進行說明，如圖 5-2 所示。

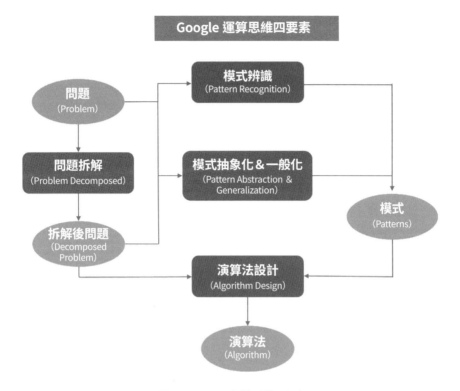

圖 5-2　Google 運算思維四要素

繪圖者：謝瑜倩

資料來源：google，http://www.google.com/edu/computational-thinking

1. 拆解（Decomposition）

　　生活中，有些問題的確複雜難解，碰到大問題來臨時，可能會讓人一夜之間白了頭髮，但有些問題，來自於對問題無法清楚理解。美國電動車大廠「特斯拉（Tesla）」執行長伊隆‧馬斯克（Elon Musk）曾說，很多時候，問題比答案難找。如果可以適當地說出問題，答案就比較簡單了。

　　至於要如何問對問題？將一個問題拆解成許多小的問題，是個不錯的方式。這樣的做法，不僅能將問題更清楚說明，也容易著手處理。

　　練習：當我們在餐廳品嚐了一道紅燒獅子頭，想要自己烹飪出來。這時我們可根據口感，企圖判斷出背後有幾種食材。

2. 模式辨識（Pattern Recognition）

找出問題中相似的地方，以利預測或決策。找出老闆的決策模式，可以讓您在職場中，工作進展順利，像是您的老闆最容易在什麼情境下說「YES」，又在什麼情況下可能會罵人，如果您能辨識出這些問題相似之處，就不應該在他最容易生氣的時間點去找他要人、要預算。

練習：在吃了紅燒獅子頭後，回家後根據在餐廳的品嚐經驗、老闆娘和廚師的說法，模仿其烹飪方法，尋找背後可能的模式來煮一次，看看能夠煮到幾分相似。在實務界，我們管這種方法叫做「逆向工程（Reverse engineering）」

3. 抽象化（Abstraction）

所謂「抽象化」係指專注在重要資訊，而忽視無關的細節。抽象化的工作，在學術界很重要，因為有些問題，無法用三言兩語可以講完，必須用抽象化的語彙，將高度複雜的概念表達出來。一來易於溝通，二來也節省篇幅。唯抽象化名詞的使用，事先要經過溝通，也需要不斷的訓練，才不至於雞同鴨講。

練習：透過食材、調味方式與步驟，發展出自己的紅燒獅子頭烹飪模式，並將它抽象化成幾個重要元素，例如在烹煮過程中，好廚師務必要控制哪些因素？例如，豬絞肉要選「肥三瘦七」，以及用洋蔥丁來取代蔥薑水，以軟化肉質增加甜味。

4. 演算法（Algorithm）

發展出解決問題的步驟。將解決問題程序，以文字、數學方程式或電腦方程式表達出來。

練習：試著將烹調方式發展出食譜（食譜可以看成是一種演算法），讓其他人也能跟著一步步的步驟，煮出美味的紅燒獅子頭。

當我們對問題進行「拆解（Decomposition）」，接著開始進行「模式辨識（Pattern Recognition）」與模式的「抽象化（Abstraction）」，當發展出模式後，再配合「演算法（Algorithm）」的設計與落實，最後得以解決問題。

第 5 章

演算法

資料結構

◆ 柯尼斯堡七橋問題

您小時候有沒有玩過益智遊戲中的「一筆畫」呢？就是一個圖形內有數個節點，然後有數條線將它串連起來。遊戲的方法很簡單，就是可以從任何一個點開始走起，必須把每個點都走過一遍，而每個點都不能重複走過，這就是一筆畫的玩法。事實上，這個俗稱一筆畫的遊戲，其實就是來自拓撲學中的「七橋問題」。

在拓撲學的歷史上，第一個的難題源自於東普魯士，普列戈利亞河畔的柯尼斯堡（今日俄羅斯的加里寧格勒）。當時的市區跨越普列戈利亞河兩岸，河的中心有兩座小島，小島與兩岸之間有七座橋相連（Seven Bridges of Königsberg）。

由於當地的居民在散步時，常常會經過許多橋，因此便引發了一些人的好奇心，他們想了解是否有可能在每座橋只走一次的前提下，將所有橋都走遍，這就是著名的柯尼斯堡「七橋問題」。

這個問題，後來被瑞士數學家李昂哈德·尤拉（Leonhard Euler，1707~1783）（圖 5-3）於1735 年所解決。

尤拉發現，島與橋的實際位置及距離，並不是解決問題的重點。重要的是這些橋的連結方式。因此，七橋問題可以從實體的地圖，畫成如圖 5-4 的網路圖（上下兩個點是兩岸，中間左右兩個點是兩座島，七條線是七座橋）。類似的還有捷運路網圖，以及橡皮筋幾何學。

圖 5-3　李昂哈德·尤拉
(Leonhard Euler，1707~1783)

尤拉指出，網路圖中的節點，如果有奇數條線向外延伸出去，可以稱為「奇數點」；如果有偶數條線，就稱為「偶數點」。而此圖形必須符合下列條件，這個問題才有解。

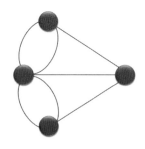

圖 5-4　七橋問題的網路圖

亦即，如果圖形中有奇數點，奇數點的數量只能是 0 或 2。因為，為了要一次走完，一定要在奇數點開始或結束，所以最多只能有兩個奇數點。至於奇數點的線條數則不一定要一樣，一個三的奇數點，可以搭配五的奇數點。

由於柯尼斯堡七橋問題的網路中，有四個奇數點，所以這個問題「無解」。如果您有興趣，不妨拿出來筆來自己畫一畫，甚至可以出題目自己來試試。

後來，尤拉更提出了「尤拉公式」來證明在平面上任何的網路，下面公式成立：

V-E+F=1

其中，

V 是頂點（七橋問題中有 4 個點，V=4）

E 是連線（或稱邊，七橋問題中有 7 個邊，E=7）

F 是面（七橋問題中有 4 個面，F=4 ）

有趣的是，以上所說「網路圖」的呈現與計算方式，又另外開啟了數學裡「圖論（Graph theory）」的先河，尤拉也成了圖論的開山始祖。顧名思義，圖是圖論的主要研究對象。而圖是由許多個給定的頂點及連接兩頂點的邊所構成的圖形，圖形常用來描述某些事物之間的特定關係；頂點則用於代表事物；連接兩頂點的線或邊，則用於表示兩個事物間具有的關係，而圖論往後又構成網路爬蟲（搜尋）的基礎。

◆ 捷運路網圖與拓撲學的故事

現在在台北，許多人每天都搭乘捷運上下班，往來台北市和新北市，捷運已成為大台北都會區最便捷的交通工具。偶爾您可能也會搭著捷運到某一站去和朋友見面吃飯，這時候我們往往會用上 Google Map，請「谷歌大神」指點一下迷津，看看捷運經過哪些站，並預估一下多久會抵達目的地。

舉個例子來說，我們要從台北車站到淡水時，利用 Google Map 搜尋捷運路線時，大概會搜尋到如圖 5-5 的圖形。

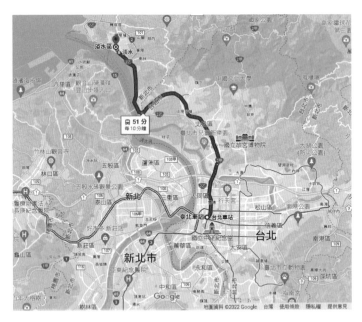

圖 5-5　Google 地圖捷運線
資料來源：Google 地圖

接著到了捷運上，我們也可以在台北捷運公司的網站上，看到類似圖 5-6 的捷運路網圖。但您有沒有想過，如果拿兩張圖來做比較，圖 5-6 其實不是一張合格的地圖（畢竟跟真實地圖差異太大），但我們卻也能依賴它，讓它帶我們到達目的地。

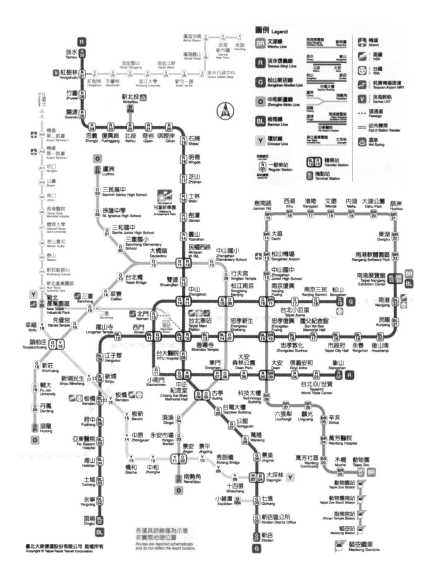

圖 5-6　台北捷運路網圖
資料來源：臺北大眾捷運股份有限公司網站
著作權為臺北大眾捷運股份有限公司所有

其實，對於大多數人來說，圖 5-6 比圖 5-5 簡單易讀，而圖 5-6 的價值，就在於它的「不精確」。整張圖只有交會位置與順序正確，其他部份不但距離錯誤（站與站之間的距離長度不會差不多）、方向錯誤（例如板南線往頂埔方向不是往南，而是往西南）、連路線也非直線（文湖線從劍南路到葫洲就不是一直線）。

　　然而，這張圖之所以有價值，即在於它只呈現出讀者想要知道的資訊：例如，應該在哪裡上車？在哪裡下車？在哪裡改換路線？讀者不需要知道的其它資訊，這張圖盡可能忽略。

　　好了，回到我們今天要講的主題，上述捷運路網圖的故事，其實是一個被稱為「拓撲學」的概念。

　　拓撲學（topology）的英文，是希臘字 topos（位置）與 logos（理、道）的組合，它是數學的一個分支。主要在研究，空間內連續變化（如拉伸或彎曲，並不能黏合或加以撕裂）下，維持不變的性質。

　　在二維拓撲學裡（地圖是二維），我們可以將拓撲學想像成是一種「橡皮筋幾何學」。將橡皮筋做拉伸，只會影響路線圖的長短與方向，不會影響路線圖上每個車站的順序。所以，當拉伸路線圖上的線條時，並不會改變整體路線圖的架構。除非切斷其中的點或線，否則架構不變。而這樣的特性，經常被拿來當成科幻電影的題材。

　　如果各位看過「復仇者聯盟：終局之戰」這部英雄電影，劇情中，鋼鐵人東尼‧史塔克原本不願意協助未消失的英雄們，去將全宇宙消失的另一半人口找回來。後來他在家利用拓撲學中的重要物件「莫比烏斯帶」（Möbiusband），藉此驗證出「時空旅行」的可行性。因此開始執行「時空攔劫」（Time Heist），用量子隧道分別到不同的時間和地點，找回六顆無限寶石，讓英雄故事才得以持續下去…（好像有點扯遠了）。

值得一提的是，前述的捷運路線圖（甚至是全世界的車站路網圖），其背後的原創者是來自於 1931 年，英國一位名為亨利‧貝克（Henry Beck）的地鐵製圖員。而這種不畫比例尺，並藉由不同顏色標示路線與站名，兩點之間的相對位置及距離，也可能與實際狀況有些差異的地圖，被稱為拓撲地圖（Topological map）。

◆ 省時省力的二元搜尋法

每年十一月，由國立臺灣師範大學資訊工程學系所舉辦的「國際運算思維挑戰賽」，對於 K12 的學生來說，是一種學習運算思維很棒的方式。在主辦單位的官網裡（ https://bebras.csie.ntnu.edu.tw/ ），羅列了一些牛刀小試的題目，很容易讓國中生體會「運算思維」的樂趣。

舉例來說，在十一、十二年級挑戰題目裡，有一題叫做「把小偷揪出來」的題目，大意如下：

在一個鑽石展覽會的會場，一名大膽的竊賊以「狸貓換太子」的方式，將無價的藍鑽石掉包成廉價的人工綠鑽石。還好，在實聯制的情況，警方已知當天有 2,000 人依序參觀，警方也掌握了這份依參觀順序排列的所有訪客名單。

不過，更讓警方胸有成竹的是，警方透過一部精準的測謊機，能夠測出當天民眾離開展間時，他看到的是藍鑽石，還是綠鑽石。因此，只要測出第一個回答看到是綠鑽石的人，那人就是小偷。不過，要從頭到尾一個接著一個詢問與測謊畢竟太麻煩，可能得耗上三天，所以聰明的警察局長後來改變了一個方式，足以有效減少接受測謊的人數。請問以下哪一個選項是正確的？

A：警方能在訊問 20 人以內抓出小偷。

B：訊問 20 人以內不保證能抓出小偷，但 200 人以內一定能抓出小偷。

C：警方至少需訊問 200 人，至多訊問 1,999 人，才可抓出小偷。

D：訊問人數與運氣有關，如果運氣很背，需要訊問所有人。

您的答案是？

這題的答案是 A，背後應用到的運算思維概念是「二元搜尋」（Binary Search）。

以上面的題目來說，由於民眾是依序進入鑽石的展示間，所以有編號 1 號到 2,000 號。

這時，警方一開始，先對編號 1,000 號的人進行訊問與測謊，如果他的測謊答案是藍鑽石（真鑽），因為這個時候，警方知道寶石還沒有被掉包，因此竊賊就在他後面「編號 1,001 號到 2,000 號」之中。如果他測謊答案是綠鑽石，那小偷就在「編號 1 號到 1,000 號」裡面，雖然他看到是人工假鑽石，但還無法證明他就是小偷。

不過，這樣的作法，警方只透過一次詢問，就將詢問與測謊的人數有效減少成一半。接著，警方便可繼續透過以上的方式，在剩下的一半民眾裡，再詢問第二次，如此便可將需要詢問與測謊的人再減少一半。以此類推，透過這種作法，警方可將嫌疑人從 2,000 人變成 1,000 人，再變成 500 人，250 人，125 人，63 人，32 人，16 人，8 人，4 人，2 人，最後就可以抓出那一名膽大妄為的寶石竊賊，如圖 5-7 所示。

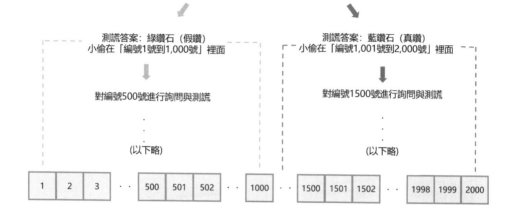

對編號1,000號進行詢問與測謊

測謊答案：綠鑽石（假鑽）
小偷在「編號1號到1,000號」裡面

對編號500號進行詢問與測謊

·
·
·

（以下略）

測謊答案：藍鑽石（真鑽）
小偷在「編號1,001號到2,000號」裡面

對編號1500號進行詢問與測謊

·
·
·

（以下略）

| 1 | 2 | 3 | · · | 500 | 501 | 502 | · · | 1000 | · · | 1500 | 1501 | 1502 | · · | 1998 | 1999 | 2000 |

圖 5-7　訊問與測謊方式
繪圖者：謝瑜倩

　　其實，二元搜尋法是一種在有序的數組中，找出某一特定數字的搜索法。我們可以想像將回答「藍鑽石」的人設為 0，回答「綠鑽石」的人設為 1，此時，這 2000 人就會呈現出一個只含 0 與 1 且長度為 2000 的有序序列（陣列）。再透過二元搜尋法，每次都從中間開始查找，如果所欲查找的數字大於中間值，就從大於的那一半中的中間值進行查找。以此類推，最終找出第一個 1 的位置，就能找出兇手。這種搜尋法的好處是，每次都能使搜尋的範圍縮小一半，相對省下很多的人力。

◆ 排程問題─工業工程的實務應用

　　有個長袖善舞的老闆，平常都靠著身上配戴的三支手機在接生意，為了讓生意不中斷，他必須讓手機時時刻保持在最佳狀態。有一天，他臨時必須到沒有電源的山上去（偏偏這時行動電源還沒有發明出來）。假設每支手機充飽電，需要一個小時，但目前只有兩個充電器，如果要將三支手機都充電充到飽，請問，最快需要花多久的時間？

這個問題是改寫自「國際運算思維挑戰賽」中的一個題目，有些人在看到這個問題時，通常會採取「先到先服務法」（First-Come First-Served, FCFS），也就是等到兩支手機都充飽電之後，再充下一支，這樣充電的時間是兩小時。

不過，這樣的想法並非最佳解，最佳的答案是先將兩支手機充電各半個小時，然後先拿開一支手機，暫時不要充電，同時另一支手機則繼續充電。此時，再將另外一支還沒充過電的手機拿來充電半小時。等到其中一支手機充電充飽之後，再將原本充好一半電的那支手機，拿回來充飽。就這樣，經過一個半小時之後，三支手機都充飽了電。

以上兩種做法，一種花費兩個小時，一種花費一個半小時。

其實上述問題，屬於工業工程中的「排程」演算法。一般來說，常見的排程演算法有以下四種：

舉例來說，A、B、C 三人在排隊影印，所需的時間分為 A：5 分鐘；B：15 分鐘；C：1 分鐘。

1. 先到先服務法（First-Come First-Served Scheduling）

顧名思義，哪一項工作先進來，就先做那一項。

採「先到先服務法」，服務順序為 A、B、C，如圖 5-8 所示。這時平均完成時間為（A5 分鐘 +B20 分鐘 +C21 分鐘）/3=15.3。

圖 5-8　先到先服務法
謝瑜倩

2. **最短工作優先法**（Shortest-Job-First Scheduling）

顧名思義，哪一項工作最短，就先做那一項。

採「最短工作優先法」，服務順序為 C、A、B，如圖 5-9 所示。這時平均完成時間為（C1 分鐘 +A16 分鐘 +B21 分鐘）/3=12.6。

| C | A | B |

1分鐘　　　　5分鐘　　　　　　　　　　　　15分鐘

圖 5-9　最短工作優先法
謝瑜倩

3. **優先權排程法**（Priority Scheduling）

顧名思義，先做優先順序高的那一項。

採「優先權排程法」，假設服務的優先順序為 B、C、A，如圖 5-10 所示。這時平均完成時間為（B15 分鐘 +C16 分鐘 +A21 分鐘）/3=17.3。

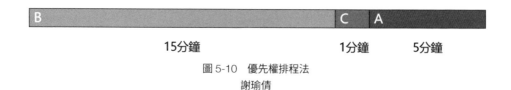

| B | C | A |

　　　　15分鐘　　　　　　　　　　　　　1分鐘　　　5分鐘

圖 5-10　優先權排程法
謝瑜倩

4. **輪流排程法**（Round-Robin Scheduling）

顧名思義，每隔一段時間，處理不同的項目。

採「輪流排程法」，假設輪流服務時間為 5 分鐘，順序依序為 A、B、C、B、B，如圖 5-11 所示。這時平均完成時間為（A5 分鐘 +B21 分鐘 +C11 分鐘）/3=12.3。

A	B	C	B	B
5分鐘	5分鐘	1分鐘	5分鐘	5分鐘

圖 5-11　輪流排程法
謝瑜倩

　　回到一開始的手機充電問題，因為有兩台充電器，但每個電池充完電需要一個小時，亦即每項工作的時間是一樣的，而且沒有優先順序。因此，在選擇排程方法上，可以先排除「最短工作優先法」與「優先權排程法」。

　　所以，先透過「先到先服務法」計算充電時間，共兩小時，再透過「輪流排程法」，計算出每半小時輪流充電一次，共計一個半小時。這時，就可以得出最快需要一個半小時就能充滿電。

　　這裡要強調的是，輪流的優勢在於解決資源不足的情境。原題目中資源（充電器）少於服務需求（手機），因此輪流排程可以讓資源使用率達到100%。

◆　事有緊急先後，優先佇列的處理

　　如果您曾到過世界各地的迪士尼樂園遊玩，您可能會發現每一項熱門的遊樂設施往往都大排長龍。像是最受歡迎、全程二分四十五秒的「太空山」（Space Mountain），每一次玩下來卻總是要排隊一個小時。有時候，的確也因為人潮眾多，導致顧客滿意度降低。後來迪士尼樂園便推出「快速通關服務（Fast-Pass）」，讓不同等級的遊客可以透過快速通關服務，減少遊樂設施的排隊時間。

　　「快速通關服務」的概念，後來被許多遊樂園區、風景區所模仿。像是免費、付費、單項、多項……等，不同形式的快速通關服務也不斷地出現。這些快速通關服務，為主題樂園帶來了更高的顧客滿意度，也帶來了更多的收益。

話說回來，快速通關服務本質上就是允許優先權高的人可以「插隊」。至於誰的優先權比較高，可以取決於誰的付費比較高（例如，在主題樂園中購買全額票的貴賓，而非購買打折又打折的離峰時段票的顧客），或是誰比較緊急（例如，在急診室裡，病人的看診就不是依照先到先看的順序，而是依據患者的檢傷分類）。

事實上，快速通關服務的設計，從資料結構的觀點來看，其實就是所謂的「優先佇列」（Priority Queue）概念。在此，我們先簡單介紹一下何謂佇列（Queue），再進一步說明，何謂優先佇列（Priority Queue）。

依據國家教育研究院圖書館學與資訊科學大辭典的解釋[3]，「佇列是一有序串列，若所有的插入作業在該串列的一邊進行，而所有的刪除作業在該串列的另外一邊進行，則此有序串列稱為佇列。」如圖 5-12 所示。

圖 5-12　佇列
繪圖者：謝瑜倩

由於在佇列裡，最先加入的，會最先被刪除，所以佇列又有「先進先出」（First In, First Out，簡稱 FIFO）的特性。至於「優先佇列」，則是打破 FIFO（先進先出）的規則，讓擁有優先權的人可以插隊。

[3] https://terms.naer.edu.tw/detail/1682445/?index=10

在日常生活中的應用，做事比較有效率的人，常會列出「待辦事項」。這些待辦事項表面上看起來可能沒有邏輯順序，然而實際上在執行時，還是要有「優先順序」。

舉例來說，先把待辦事項羅列出來，接著將待辦事項賦予「權重／優先權」，（亦即待辦事項的重要程度），並列舉出「最重要、……、最不重要」等項目。通常，待辦事項可能是依「先進先出」的順序來處理，但也有可能是依照額外賦予事項的「優先權」順序來進行。

例如，王小明每天早上起床後，固定要喝咖啡（重要性 3 分）；洗澡（重要性 10 分）；讀英文（重要性 6 分）。因此，依權重來進行判斷，一定就得先洗澡，再依序讀英文和喝咖啡。如果某天王小明睡過頭、時間不夠，則捨棄咖啡不喝，到辦公室後再想辦法。而某一天早上，突然門鈴響了，有快遞上門，小明勢必得拋下手邊工作，先去應門。因為如果錯過了快遞，晚一點想要再拿到包裹，可能得花更多功夫（此時，收快遞就成了第一優先）。

不過，值得注意的是，第一優先通常不能佔比太多，如果賦予太多事情都是第一優先，就會亂了套。就像如果主題樂園八成的遊客都能享受快速通關服務，那剩下的兩成一定哇哇叫。園方得嚴控比例，再設法從這些貴賓中採取差別定價，以賺取更多的利潤。

演算法

◆ 完成任務的步驟—淺談演算法

最近，您可能經常聽到您的朋友在嚷嚷什麼「臉書」、「Youtube」又修改了「演算法」，讓他的貼文和影片無法被臉友和粉絲看到，使得他的點閱率大幅下降。但您沒有想過，聽起來似乎很厲害的演算法到底是「一串數學公式」？「一個電腦程式」？還是什麼「特殊技術」？

演算法（Algorithm）一詞，源自於西元九世紀的波斯天文學、地理學和數學家「花拉子米」（al-Khwārizmī）。他創造了許多基礎的數學計算方法和技術，也被譽為「代數之父」。而「花拉子米」的拉丁文音譯則為「algorithm。

根據《韋氏大字典》（Merriam Webster Collegiate Dictionary）的定義，演算法（Algorithm）是「解決問題或完成目標的逐步程序」（a step-by-step procedure for solving a problem or accomplishing some end）。簡單來說，演算法就是完成任務的步驟，而這些步驟，必須具有清楚的定義與順序。在日常生活中，從簡單的開燈關燈，到複雜的無人駕駛，都可以透過演算法來完成。

舉例來說，「房間裡太暗了，有什麼方法得到亮光？」解決方法的步驟可能如下：

● 第一種：A. 走到門邊；B. 找到牆上電燈的開關；C. 按下它；D. 得到您要的光源。

● 第二種：A. 摸黑走到窗櫺旁邊；B. 找到窗簾的繫繩；C. 向下拉動；D. 得到您要的光源。

現在，您可以說，以上兩種方法的四個步驟就是「得到亮光」的演算法。

將演算法應用到電腦上，就是透過一連串的指令，讓電腦做事情。以資工系的程式設計課為例，許多老師會要求學生，繳交一個井字遊戲（Tic-Tac-Toe）的必勝（至少是平手）演算法，並透過此演算法，撰寫出背後的程式碼。

從演算法的定義中可發現，為了解決問題或完成目標，演算法需要預先設想所有可能的細節，並為各種可能發生的狀況，找到對應的方法。

以井字遊戲來說，假設對手先畫 X，共有 9 種可能的位置。當對手選擇在正中間畫下 X 時，我們則可在其他八個位置畫 O，以此類推。這樣的概念，很適合透過樹狀圖的方式來呈現，如圖 5-13 所示。

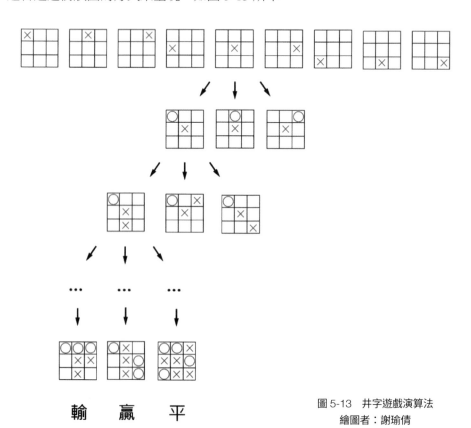

圖 5-13　井字遊戲演算法
繪圖者：謝瑜倩

　　透過樹狀圖的展開，我們可以發現，樹狀圖的最下層會呈現各種遊戲的結果（贏 - 平 - 輸）。接著我們即可藉由各種可能發生的狀況（樹狀圖中的路徑），找到對應的方法（必勝法則）。

　　一般來說，演算法有五大特性：

1. 輸入：由外界所提供的單一或多項資料的輸入。例如將電燈開關按到「開」的位置，例如在井字遊戲中，畫上 O 或 X。

2. 輸出：一個演算法應有一個或一個以上的結果輸出，而輸出的量是演算法計算的結果。例如電燈泡發出亮光；例如井字遊戲中的三種結果贏—平—輸。

3. 明確性：每一項指令及步驟必須清楚且明確，以免混淆不清。例如：「天色暗了，就要開燈」是很不明確的敘述。什麼情況叫天色暗？每個人對暗的定義都不一樣，所以這個指令沒有明確性。如果改成「每天晚上六點半以後，就要開燈。」這樣敘述就非常明確了。

4. 有限性：必須在有限個步驟內完成任務。換言之，每個演算法必須在有限的步驟裡完成或終止，不能無限期執行。亦即為了避免形成無窮迴路，必須在有限步驟內解決，以方便追蹤及評估。

5. 有效性：又稱可行性，演算法中描述的操作，都可藉由已實現的基本運算，執行有限次數來實現。做不到的方法，做再多次也沒有用。

◆ 演算法性能大躍進

　　電腦性能的快速進步，往往顯而易見，摩爾定律（Moore's law）就是典型的代表。由英特爾（Intel）創始人之一葛登‧摩爾所提出的摩爾定律，自 1975 年就預示，大約每隔 18 個月，在積體電路上可容納的電晶體數目便會增加一

倍;換言之,每隔一年半,晶片的工作效能就會提高一倍。這麼多年來,硬體是如此快速地發展,然而對於軟體的演算法來說,是否也如硬體一般,成長速度如此地飛快?

德國布倫瑞克工業大學(The Technische Universität Braunschweig)的數學教授賽巴斯提安·史帝樂(Sebastian Stiller)在其出版的《演算法星球:七天導覽行程,一次弄懂演算法》(Planet der Algorithmen)一書中,曾經用了一個故事來進行比較。

他的故事是這樣說的,時間回到 1990 年,有 A、B 兩個團隊必須透過電腦與演算法,解開一個程式任務。而兩隊都可以透過時空旅行,前往 2014 年。其中,A 團隊從 2014 年帶回一台性能最新的電腦,來跑 1990 年的程式(演算法);B 團隊則帶回來 2014 年最新的程式(演算法),並用 1990 年的電腦來跑。現在,請您來猜猜,哪一隊會比較快得出任務結果?

答案揭曉,A 團隊用 2014 年最新的電腦來跑舊程式,比 1990 年的電腦快上 6500 倍(大致符合摩爾定律);B 團隊用舊電腦跑 2014 年的新程式,比跑 1990 年的舊程式快了 87 萬倍,A、B 團隊兩者相差 130 多倍,如圖 5-14 所示。

A 團隊

2014 年帶回一台性能最新的電腦,來跑 1990 年的程式(演算法)

A 團隊用 2014 年最新的電腦來跑舊程式,比 1990 年的電腦快上 6500 倍

B 團隊

從 2014 年帶回最新的程式(演算法),並用 1990 年的電腦來跑

B 團隊用舊電腦跑 2014 年的新程式,比跑 1990 年的舊程式快了 87 萬倍

圖 5-14　電腦與演算法進步的差異
繪圖者:謝瑜倩

從上面的故事，可以發現，我們經常低估了演算法性能的高速進步。

其實，依據維基百科的定義，演算法（algorithm）是一個已被定義好的、且電腦可施行指示的有限步驟或次序，它經常被用來計算、處理資料和自動推理。例如，在許多購物網站上，消費者可以選擇使用關鍵字的「精準度」或「價錢由低到高」來排序，這些都是人們藉以實現省時省力目標的高效演算法。

值得注意的是，要讓演算法性能能夠有效提升，並不需要用到什麼特殊的材料，或者是更多的能源。它的功力升級，純粹是一種找到更簡單、更省事的解決方法。因此，史帝樂教授認為，能夠設計出更省力的演算法，就是一種「懶惰的藝術」。

他在書中提到：「高超的懶惰，需要知識、心智的敏銳，還有決心，並在必要的時刻全力以赴。運用毫無瑕疵的懶惰，來完成任務，則是演算法之中，最燦爛的時刻。」（引用自，Sebastian Stiller 著，張璧譯，《演算法星球》（Planet der Algorithmen），八旗文化，2016，第 18 頁。）

這就是演算法思維的真諦。

◆ 距離「強大」依然尚遠的資料科學

您的智慧型手機裡有線上串流音樂服務的 APP 嗎？先別急著打開，想一想它是如何推薦歌曲給您的？依照歌手、年份還是曲風？不知道您有沒有想過，現在歌曲的曲風分類方式的夠詳細嗎？抒情、搖滾、爵士、民謠、古典……等，這樣的分類能夠有效區辨出不同風格的音樂，讓您更方便選擇嗎？

《演算法的一百道陰影》（Outnumbered）一書的作者，瑞典烏普薩拉大學應用數學系教授大衛・桑普特（David Sumpter）曾經訪談線上音樂串流服務平台 Spotify 的資料科學家格倫・麥克唐納（Glenn McDonald）。

為了方便線上會員的選擇，麥克唐納與同事們開發出 Spotify 的曲風分類系統，主要是將每首歌轉換成 13 個維度中的一個點。這 13 個維度包括客觀的響度、節拍數…等，以及主觀的強度、情緒度…等。其中，主觀指標是由用戶的經驗所建立，採用兩兩互比方式，一旦用戶聽完兩首歌後，決定哪一首歌比較歡樂與悲傷。最後，分類系統會將接近的點(亦即歌曲)，歸類成同一種曲風。

麥克唐納同時架設了一個名為「同一時間的所有聲響(Every Noise At Once)」的網站(https://everynoise.com/)，將 Spotify 裡 5913 種[4]音樂風格以二維空間圖的方式呈現，如圖 5-15 所示。簡單地說來，這個空間圖呈現出不同類型的音樂風格，最下方為有機(Organic)，最上方為機械與電子(Mechanical and Electric)；左邊為密集(Denser)和有氣氛(Atmospheric)，右邊則較尖銳(Spikier)與跳躍(Bouncier)。

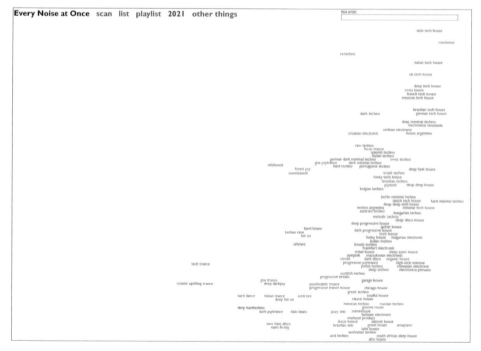

圖 5-15　Every Noise At Once 網站

資料來源：https://everynoise.com/

[4] 截至 2022.7.30，持續增加中。

　　儘管網站的分類方式已比以往更廣泛和多元，但桑普特教授很坦白地告訴麥克唐納，自己對 Spotify 的推薦新曲功能相當失望。沒想到麥克唐納竟然很大方承認演算法背後的限制。他提到，現有的演算法並無法知道一個人對某首歌的迷戀，或者鍾愛，究竟由何而來（例如某首屬於兩人共同的情歌）。麥克唐納認為 Spotify 推薦的曲目對人數眾多的派對最有效，而且切歌率低，但如果是推薦給個人，效果就大打折扣。

　　桑普特教授總結與麥克唐納互動的發現，雖然資料科學家都在高維度裡尋覓解答，但音樂本身，牽涉到心靈的相繫或羈絆，背後有著不可知的私密維度。無論是那一首讓我們怦然心動的歌曲；或是那首讓我們感受孤獨的樂音；抑或是那些牽引著我們情緒的旋律。平心而論，這些都是資料科學家無法解釋的維度。

　　如此看來，資料科學看似強大，但其實距離強大仍十分遙遠。Spotify 的故事，給我們不少啟發。

◆　愚笨但是有效的「窮舉法」

　　在「運算思維」中有一種笨笨的、但是卻有效的方法叫做「窮舉法」（Exhaustive Algorithm），它又稱做「蠻力法」或「暴力法」。它的概念其實很簡單，就是逐步測試，直到找到答案。舉例來說，一具行李箱上有個五碼的數字鎖，編號從可以從 0000 到 9999，而如果要用窮舉法來打開它，就是從 0000 開始，0001、0002…逐步測試，只要時間足夠，最終將可以找到答案。

　　這樣的作法看起來很愚笨，但如果想要解決的問題簡單，運算效率又很高超，或者時間足夠，窮舉法終究能夠解決問題。就像我們常在電影情節裡看到的，在破解數字密碼時，破解機器上的數字飛快運轉，往往很快地就測試出正確的密碼。

小時侯，我們都讀過「窮舉法」最著名的軼事，就是愛迪生發明「白熱燈泡」的過程，當年愛迪生在還沒發現鎢絲是最佳材質之前，就曾試用過各種材料企圖讓燈泡發光，其中包括非金屬的竹子、紙張、泥土和金屬的各種材質。人家問他為什麼這麼蠻幹？他的回答卻是「經過這些測試，我起碼知道哪些材質是不導電、不發光」，只是後來愛迪生為什麼幸運找到鎢絲，卻沒有明確記載。

　　所以，窮舉法就是從所有可能的情況裡，搜尋出正確答案的過程。它還有一定的步驟，說明如下：

1. 列出問題背後所有可能的解答。例如，密碼鎖的解答為 0000~9999。

2. 對每個解答進行確認，判斷是否符合要求。例如，從 0000 開始，看看鎖能否解開，以此類推。

3. 如果符合要求，該答案便為問題的解答。如果不符合要求，就進行下一次的判斷。例如，假設開鎖密碼為 1234。轉到 1234 即可符合要求的解答。

　　從以上的敘述中可發現，在使用窮舉法之前，要確認答案有明確的範圍（例如，0000~9999），這樣才有辦法搜尋出解答。

　　此外，窮舉法這種思維模式，可以應用的地方非常多。舉例來說，假設我們在自己的房間裡，想要找到那把一定存在於房間某個地方的鑰匙。這時，透過窮舉法的概念，我們將房間的平面圖用切豆腐的方式，切成一小塊一小塊，接著用「地毯式」搜尋的方式，一定能找到那把鑰匙。所以，當解決問題的線索不夠時（例如，只需要確認鑰匙一定在房間裡），窮舉法常常是適用的思維。

　　另外，再舉一個商業上窮舉法的應用案例。筆者曾經聽一位經營遊艇的朋友說過，日本人在驗收所購買的商品時，會拿出鉅細靡遺的驗收本，並依照窮舉法的邏輯逐項進行驗收。

　　舉例來說，在遊艇的駕駛座的面板上，四個角落分別有一個十字螺絲。該驗收本上，不但會載明有無螺絲？螺絲是否栓好？螺絲顏色是否符合規範？甚至四個角落的十字螺絲，螺絲上的十字刻紋，是否剛好都像座標軸一樣，整整齊齊。驗收人員還會拿著直尺，對四顆螺絲的十字刻紋進行丈量，確保畫出來的虛擬線條呈現出正長方形，四個角都是 90 度，如圖 5-16 所示。

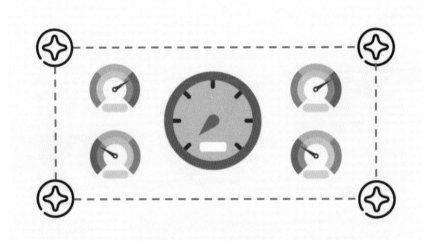

圖 5-16　驗收遊艇駕駛座面板上，四個角落的十字螺絲
繪圖者：謝瑜倩

　　總而言之，透過窮舉法來進行驗收，雖然會消耗大量的時間，但卻可以確保品質。同時，窮舉法看起來很愚笨，但卻頗有效，值得大家學習與應用。

◆ 讓價值最大化的貪婪演算法

　　大家都聽過一句成語「下駟到上駟」，大意是利用次等的馬匹去和對手高一等的馬匹競賽，藉此拖垮對方，或是以下對上牽制主帥謀取勝局，而這一句其實來自「田忌賽馬」的故事，其中並牽涉到「貪心法」（Greedy Method）或是運算思維中的「貪婪演算法」。

話說齊國大將軍田忌，經常與宗族中的公子們賽馬賭錢為樂，田忌每次卻都賭輸。當時在田忌家中做客的孫臏卻發現，田忌所擁有的三匹馬的實力和齊威王的三匹馬相差不多，但卻都跑輸對方。孫臏並發現他們的馬可以分成上、中、下三等。孫臏於是偷偷告訴田忌有必勝方法，並鼓勵田忌下大賭注，保證幫他取勝。接著孫臏告訴田忌，請他先用下等馬對付齊威王的上等馬；再用上等馬對付中等馬；再用中等馬對付其他人的下等馬。最終，田忌以兩勝一敗的成績，贏了千金賭注，如圖 5-17 所示。

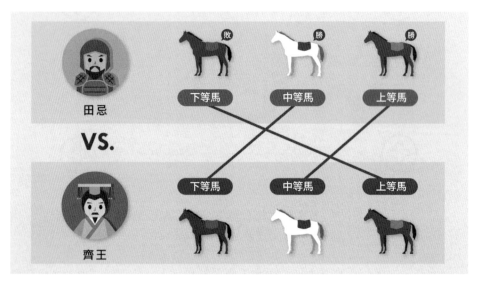

圖 5-17　田忌賽馬
繪圖者：彭媛蘋

　　從以上的故事可發現，孫臏採取的策略其實是選擇「當下」的最佳解。當對方派出上等馬時，就用下等馬對付他；當對方派出中等馬時，就用上等馬對付他；當對方派出下等馬時，就用中等馬對付他。最終贏得賭注。而這種策略，就稱為「貪心法，或稱貪婪演算法」（Greedy Method）。

在生活中，貪心法常常都在上演，最常看到的是「背包問題」（Knapsack problem）的故事。想像一下，在您面前有一組物品，每項物品有著不同的重量與價格。現在有個背包只能負載有限的重量，此時，我們該如何選擇，才能讓背包裡的物品，總價值最高。

「背包問題」是由美國數學家托比亞斯・丹齊格（Tobias Dantzig，1884-1956）於 1897 年所提出。而這個問題的解答，通常就採取「貪心法」來解決（雖然貪心法未必能得到整體的最佳解，它只解決了當下的問題，不是長遠整體之計）。

貪心法是一種採取當下最佳解，舉例來說，我們先將問題簡化成只有重量。假設航空公司的免費託運行李是 30 公斤（因為難得可以搭商務艙）。這時，我們手邊有七種手提物品，重量分別為 10 公斤、9 公斤、7 公斤、6 公斤、5 公斤、2 公斤與 1 公斤。這時候透過貪心法，當下最佳解為最重的物品 10 公斤，然後在第二次的選擇中，一樣選擇剩下物品中最重的物品 9 公斤（但又不能超出限制）。依此類推，最終會選出 10 公斤、9 公斤、7 公斤、2 公斤與 1 公斤共 29 公斤的物品組合。讓手提物品僅剩下 6 公斤、5 公斤兩樣。

不過，讀者們可能會發現，這樣的結果還未必是最好的。選擇 10 公斤、9 公斤、6 公斤與 5 公斤的物品，共 30 公斤，手提物品僅餘 7 公斤、2 公斤與 1 公斤三樣，才是真正最佳的選擇（或是 10 公斤、7 公斤、6 公斤、5 公斤與 2 公斤，共 30 公斤也行）。

貪心法是一種選擇「當下」最佳解的方法，但每次最佳解的加總，有可能是「整體」的最佳解（就像田忌賽馬），但也可能未必是「整體」的最佳解（就像託運行李）。至於如何找到「整體」的最佳解，之前分享的「窮舉法」，就是一種愚笨但是有效的方法。

好了，話說回來，如果您現在正好在某個大型超市結帳，櫃檯結帳員告訴您獲得一次三分鐘的「限時搶搬貨物」機會，這三分鐘搶搬回來的商品都免費，如果利用「貪心法」，您會如何採取何種策略呢？答案當然是去把最高單價的商品找出來，搬個幾樣，就可以讓價值最大化。

◆ 電子鼠的返家路—回溯法

小時候您一定玩過迷宮，但您看過「電子鼠」走迷宮比賽嗎？就是設計一隻電子鼠，看誰最快走出迷宮。電子鼠從入口前進，遇到岔路時，便任選一條路走，再遇到岔路時，一樣任選一條路走，如此繼續走下去，直到走到沒有路時。這時候，電子鼠會自動退回上一個岔路，然後走沒有走過的路，並且繼續走下去。當走到沒有路時，再退回上一個岔路，如果該岔路後的路徑都走過，便再退回上一個岔路。如此反覆測試，或是退回原點，一直到走出迷宮。而電子鼠這種方法返家路稱為「回溯法」（Back Tracking）。

現在不少中小學生都會組隊參加電子鼠的迷宮大賽，而拆解「回溯法」的步驟，其實就是：

1. 將找路的問題轉換成「狀態空間樹（State Space Tree）」

透過樹狀結構，列舉出所有可能的答案。例如，迷宮裡每一個岔路就是不同的節點。每一條從樹根節點到葉子節點的路徑，就是一項可能的答案，這個樹狀結構就稱為「狀態空間樹」，如圖 5-18 所示。

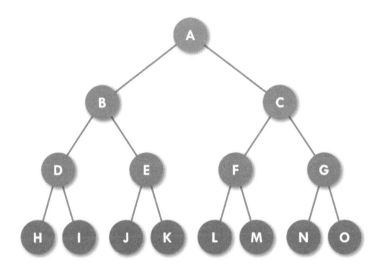

圖 5-18　狀態空間樹
繪圖者：彭媛蘋

2. 狀態空間樹裡的每一條路徑，都代表一種可能的解方。

3. 透過「深度優先搜尋」(Depth-First-Search，DFS) 的方式對狀態空間樹進行
　　搜尋。

　　深度優先搜尋是深入一個節點後，單刀直入，深入下一個節點。所以搜尋順
序為 A、B、D、H、I、E、J、K......。

　　最後，從電子鼠走迷宮的範例中可以發現，回溯法主要是採取「嘗試錯誤」
(Trial and Error) 的方法來找到答案。而這一點在問題的本質上與「窮舉法」是
相同的，而這也凸顯「嘗試錯誤」在解決日常生活問題中的意義與重要性。

　　事實上，為了解決問題，我們不但不應該擔心「犯錯」，有時候甚至要大膽
「試錯」，重要的是要做好風險管理。畢竟許多問題的解答，一開始根本沒有線
索可以協助判斷。就好像一開始走迷宮時，應該向左走還是向右走，可能不易
選擇，但不管如何，先選擇一條路出發就對了，接著再以「試錯」速度來取
勝，這也算是一個不錯的方法。

◆「二十個問題」遊戲—透過決策樹分解複雜問題

話說 1950 年代，美國電視上流行一種稱為「二十個問題」(Twenty Question Game)的機智問答遊戲。遊戲的內容很簡單，主要是讓挑戰者猜出實物的名稱。玩法是讓挑戰者，最多能向主持人提出二十個「是、非」的問題，例如：「它是活的嗎？」、「它比烤麵包機大嗎？」…等簡單提問，如果挑戰者能在時限之內猜出答案，就能贏得遊戲。

而微軟亞洲研究院於 2014 年 5 月 30 日，在網路上推出一個人工智慧聊天機器人「小冰」。之前小冰有個基本的虛擬服務，叫做「讀心術」(透過詢問使用者 15 個問題，聰明的小冰就有很高的機會，能夠猜想出使用者心中所想的古今中外知名人士。

與小冰互動，大概情形如下：「小冰的提問」(使用者的回答)(如圖 5-19 所示)

「她是女的嗎？」(不是)

「他是在中國內地出生的嗎？」(不是)

「他是虛擬人物嗎？」(是)

「他上學嗎？」(不是)

「他來自於日本動畫嗎？」(是)

「他是人類，對嗎？」(不是)

「他有頭髮嗎？」(不是)

「他是不是體型很小？」(是)

「他是不是貓？」(是)

「他是機器人，對嗎？」(是)

「他是藍色的嗎？」(是)

小冰最後給了答案：是「哆啦 A 夢」

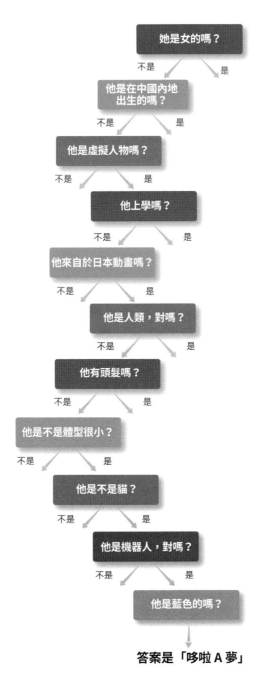

圖 5-19　微軟小冰讀心術

繪圖者：彭嫒蘋

看了以上的遊戲，小冰其實只問了十一次，看起來確實相當神奇，不過，如果仔細推敲這些問題背後的邏輯，每個問題有兩種答案（是、不是），一旦問了二十個問題後，總共可以有多少選項（多少位知名人士）？答案是 2 的 20 次方，104 萬 8576 個選項（亦即超過 100 萬位知名人士）。想通這一點，小冰又似乎沒有那麼厲害了。

其實，無論是電視上的「二十個問題」遊戲，或是「微軟小冰讀心術」，它們背後的「運算思維」方法就是「分解」（Decomposition），而使用的工具就是「決策樹」（Decision tree）。

至於它們如何運作呢？其實原理很簡單，以「二十個問題」為例，由於只能回答「是」與「否」，所以每次的回答，小冰都能夠排除「非是」或「非否」的答案，朝可能答案靠攏。例如小冰提問：「他是人類，對嗎？」，使用者回答「不是」，小冰就能猜他是機器人，而這樣的作法，經過逐步拆解，就能將一個原本很複雜的事情，分解成很多的小問題，最終獲得解答。

◆ 如何找到真命天子／女──最佳停止演算法來幫忙

「人為什麼要戀愛？因為生而為人，我們都不完整」，這是漫畫「第 N 次戀愛」的開場白。當然，從現代人的觀點來看，結婚並不一定是戀愛的最佳結局，但是您有沒有想過，如果您一生當中，打算談 N 次戀愛，您應該在談到第幾段感情後，就應該試著與對方定下來？選擇另外一半，其實也可以用數學的最佳停止（Optimal stopping）演算法，來協助做好決策。

其實，怎樣找到真命天子或天女的故事，要從企業如何「找秘書問題」（Secretary Problem）談起。假設您公司要應徵新秘書，總共有 300 人投來履歷，最後決定要面試 100 人。而面試完後，當下就得決定是否錄取，如果當下不錄取，之後也無法反悔。那麼，到底要面試幾個人，或是該採取什麼做法，才有較大的機會，找出最佳人選。

　　首先，請思考一下，我們的目標是找到「最佳人選」。如果只有一位應徵者時，這時錄取他就對了；如果有兩位應徵者，此時錄取到最佳人選的機率就是1/2；如果有三位人選，直覺上，錄取到最佳人選的機率是 1/3，但透過另外一種方式，我們可以將成功機率，一樣提升到 1/2。這個方法是如何進行的？

　　作法如下，當我們遇到第一位應徵者時，先予以保留、不要錄取，等到第二位應徵者出現時，如果他比第一位優秀，就錄取他；如果沒有比第一位優秀，就不錄取他，繼續面試第三位，而且不管第三位面試者是否為最佳，都錄取他。然而，這種方式為什麼可以提升錄取到最佳人選的機率？

　　我們思考一下，從第一到第三位應徵者的優劣排列組合共有 6 種（如圖 5-20所示）：

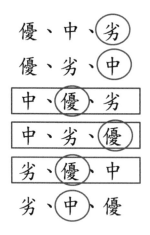

圖 5-20　應徵者的優劣排列組合

　　當我們採用上述策略時（意即總共有三位應徵者，面試一位後，選擇比之前優秀的，而圖 5-20 中的紅色圈圈即為選擇的人），錄取到最佳人選（即「優」）的情境為：中、優、劣；中、劣、優；劣、優、中。六種情境中會出現三次，所以成功機率拉高到 1/2。

透過以上的選擇邏輯，一旦應徵人數擴大到 10 位時，我們應該面試 3 位，經過計算，此時的成功機率會是 39.87%（而非 1/10）；當應徵人數擴大到 100 位時，我們應該面試 37 位，這時的成功機率會是 37.1%（而非 1/100）。

在這種情況下，找秘書問題的答案是 37 人，這就是所謂的 37% 法則。

現在話說回來，因為戀愛常把人搞得心力交瘁，或是讓人愛得撕心裂肺，如果不想在愛情關上，面試這麼多位應徵者，或是根本不想談那麼多場戀愛，就想找到生命中的真愛，有沒有更好的辦法呢？答案是肯定的。

德國馬克斯・普朗克心理學研究所適應性行為與認知研究中心的彼得・陶德（Peter M.Todd）教授，1997 年發表了一篇文章「下個戀人會更好（Searching for the next best mate）」[5]。透露了一個小秘訣，那就是將標準稍微放寬一點。

在該篇文章中，陶德教授透過模擬，證明當我們稍微放寬對伴侶的選擇標準時，如從最佳 1% 放寬到最佳 10%（請注意：1% 和 10% 兩種不同虛線），交往的對象數可從 37 人（---- 曲線的最高點），下降到 12 人（...... 曲線的最高點），且成功率上升到 77% 以上；如果再將標準放寬到前 25%，交往的對象數則只需要 8 人，且成功率高達 90%。如圖 5-21 所示。

[5]Todd P.M. (1997) "Searching for the Next Best Mate," Simulating Social Phenomena, vol 456. pp 419-436. DOI:10.1007/978-3-662-03366-1_34.

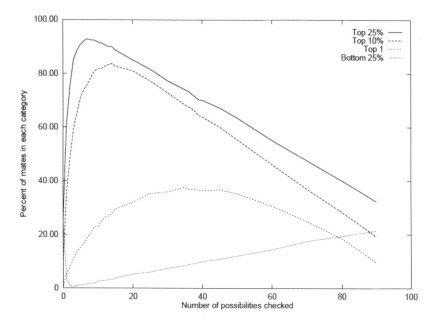

Figure 1: Chance of finding a mate in a particular category, given different number of mates checked first before taking the next best, out of 100 total possible mates.

圖 5-21　不同標準下的交往對象數
資料來源：Todd P.M.（1997）"Searching for the Next Best Mate,"
Simulating Social Phenomena, vol 456. pp 419-436.
DOI:10.1007/978-3-662-03366-1_34.

最後，預祝每位想找到伴侶的單身朋友們，都能順利找到自己的真命天子／女。

◆ 廣度優先與深度優先演算法超級比一比

先前我們曾經提過，圖論（Graph theory）的起源，最早來自於柯尼斯堡的七橋問題。而解決該七橋問題的尤拉（Leonhard Euler，1707~1783），則被認為是圖論的創始人。其實，透過拓撲學的圖論，可以協助解決許多問題，其中像是如何進行網路搜尋或爬蟲，就是圖論的延伸。

1993 年，魔賽克網路瀏覽器（Mosaic web-browser）剛剛面世。幾個月後，麻省理工學院學生馬修‧葛雷（Matthew Gray）也寫出了一支稱為 World Wide Web Wanderer 的世界上第一個網路機器人爬蟲程式，該程式能以系統性的方式，遊歷各 Web 網站並蒐集站點資料。

從現在的觀點來看，當年的 World Wide Web 上的資料，可能只是目前網路資料的九牛一毛，但是當年的電腦效率，有了搜尋程式已讓網路使用者省力很多。但您有沒有想過，如何搜尋才是最有效或者是最省力的方式？這就牽涉到進行網路爬蟲時，兩種常用的演算法：廣度優先搜尋（Breadth-First Search，BFS）與深度優先搜尋（Depth-First-Search，DFS）。

所謂的廣度優先，就是從圖的某一節點開始走起，然後逐一走過此一節點相鄰且所有未走過的節點，再由走訪過的節點，接續進行「先廣後深」的搜索方式。換句話說，利用樹狀系統，就即把同一層級的節點走過一次，然後再繼續向下一層級搜尋，直到找到所要的目標，或者已尋遍所有的節點。

我們再以下面圖 5-22 顯示的網路圖來說明。「廣度優先」搜尋會先搜尋第一層與 A 相連的點（即 ABCD），再搜尋第一層相連的點 EFGH，以此類推，所以搜尋順序為 A、B、C、D、E、F、G、H、I、J、K、L。

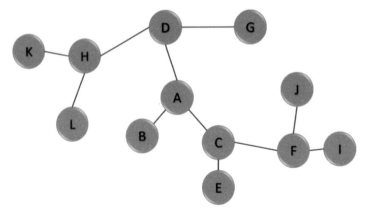

圖 5-22　網路圖

　　至於深度優先搜尋（Depth-First-Search，DFS）則是深入一個節點後，再單刀直入，深入下一個節點。所以搜尋順序為 A、B、C－E、F－I－J、D－G、H－K－L。

　　不過，如此一來，讀者可能會問，這兩種演算法，到底哪一種比較好，或是適用的情境為何？

　　一般來說，一個網站最重要的應該是它的門面（網站首頁），以及最接近首頁的那幾層網頁。從這樣的觀點來看，在時間、資源有限的情況下，要爬取到最重要資料的網頁，「廣度優先搜尋（BFS）」應該是優於「深度優先搜尋（DFS）」。

　　不過，使用深度優先搜尋的好處是，可以增加爬蟲的效率，畢竟一直換網站搜尋或下載，背後有其時間成本。採用廣度優先搜尋時，如果找不到所要的資料時，爬蟲程式會先到另一個網站，之後再回到原有網站。

　　所以，後來又出現了最佳優先搜尋（Best-First Search）方法，背後則是透過一個「優先排序系統」，來決定應該下載哪個網頁。

　　了解這些原理之後，對於像我們這類網路搜尋的重度使用者來說，都會對這些搜尋程式心存感激，畢竟如果沒有這些程式，為了找到某些特定資料，可能找到海枯石爛都找不到。

◆　如何公平切蛋糕？

　　您可能聽過以下的故事：媽媽買了一個小蛋糕，準備分給兄弟兩人吃，但又怕兄弟二人覺得蛋糕切得不公平，造成「好心辦壞事」，因此，聰明的媽媽透過「賽局理論」，由兄弟兩人自己來切蛋糕與選蛋糕。哥哥負責切，弟弟則先選，這樣兄弟兩人都覺得公平。

不過，如果要吃蛋糕的有兄妹三人呢？這時又該如何公平地分配蛋糕呢？

其實，答案還是可以透過「您切我選」的方式進行。首先，哥哥切完，弟弟先選，以確保切開的兩份蛋糕是「公平」的。接下來哥哥與弟弟都將自己的蛋糕，再切成三塊，然後請妹妹從中各選一塊。這樣兄妹三人每人都得到六塊蛋糕中的兩塊。

以此類推，如果兄妹有四人呢？前三個人分完後，各自再將蛋糕切成共十二塊，然後由第四個人從其他三人的蛋糕裡，各選出一塊。這樣每個人就有十二塊蛋糕中的三塊，只不過這樣一來，每個人拿到的蛋糕就切得很碎、很小塊了。

另外，如果蛋糕是正方形的，是否還有其他公平的切蛋糕方法。《為什麼公車一次來三班》[6] 一書中，提到一種透過周長來切蛋糕的方式。

假設正方形蛋糕每邊的邊長為 25 公分，周長為 100 公分，而我們想要將蛋糕公平切成五份。這時先計算出每份應該切的邊長長度，亦即將周長 100 公分除上 5 份等於 20 公分。然後從蛋糕的正中間開始往某一角切（如圖 5-23 中的 a 點），接著沿著邊長每 20 公分切下（如圖 5-23 中的 ab 距離、bd 距離、df 距離…等）。這樣所切出來的蛋糕，每塊大小就一樣。

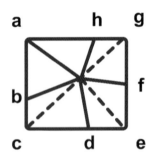

圖 5-23　　如何公平切正方形蛋糕 1
彭煖蘋

資料來源：Rob Eastaway, Jeremy Wyndham，《為什麼公車一次來三班？》（Why Do Buses Come in Threes？），臉譜，2021/07/03。

---

[6] Rob Eastaway, Jeremy Wyndham 著，蔡承志譯，《為什麼公車一次來三班？：從自然的奧妙原理到日常的不思議定律，探索生活中隱藏的 81 個數學謎題》（Why Do Buses Come in Threes？：The Hidden Mathematics of Everyday Life），臉譜，2021/07/03。

　　這背後的觀念其實並不難。我們將正方形的周長展開成一直線，並將原本正方形除 a 外的另外三個點 c、e、g 加入（如圖 5-24 所示）。

　　我們可以從圖 5-24 中發現，ab 距離、bd 距離相同。而 bd 距離等於 bc 距離加上 cd 距離。配合三角形面積的公式（底 * 高 /2），ab 距離所形成的三角形面積，與 bc 距離的三角形面積，加上 cd 距離的三角形面積相同。以此類推，df 距離、fh 距離、ha 距離也與 ab 距離相同，因此所切出來的每塊蛋糕大小都會相同。

圖 5-24　如何公平切正方形蛋糕 2
彭媛蘋
資料來源：Rob Eastaway, Jeremy Wyndham,《為什麼公車一次來三班？》
（Why Do Buses Come in Threes？），臉譜，2021/07/03。

　　最後，公平切蛋糕的問題，背後還有更複雜的內容，已故的中央研究院院士劉炯朗，在《您沒聽過的邏輯課》[7] 這本書中，談到「公平」的種類還包括「滿足（satisfaction）的公平」，亦稱「比例（proportion）的公平」；「沒有妒忌（envy-free）的公平」；「安心的公平」；「一致的公平」等，並說明在不同的公平下，如何切蛋糕。有興趣的讀者不妨參考一下。

◆ 日常生活中，大家常扮認知吝嗇鬼

　　人是很奇怪的動物，如果我很認真地跟您說，我們來玩個猜謎或是「腦筋急轉彎」，此時您可能會認真去想答案來回應我，但如果我省去「猜謎」或「腦筋急轉彎」程序而直接拋出題目，您又在忙，此時很可能就會隨便謅出一個

答案來「呼攏」我。加拿大多倫多大學應用心理學名譽教授凱思‧斯塔諾維奇（Keith Stanovich）指出，在日常生活中，人們往往傾向於以簡單、省力的方式來思考和解決問題，而非用複雜、費力的方式，而不管智力差異如何，人類的思維就像「吝嗇鬼」試圖避免花錢一樣。

斯塔諾維奇教授 2015 年曾在《科學人》（Scientific American）上發表一篇文章〈理性與非理性思維：智商測驗偏失的思考—為何聰明人有時候會做蠢事〉（Rational and Irrational Thought: The Thinking That IQ Tests Miss - Why smart people sometimes do dumb things）[8]。在文章中，他彙集先前有關啟發式和歸因偏見的研究，來解釋人們如何，以及為何是認知吝嗇鬼。因為人類一般在思考，經常避免花費認知努力，能偷懶就偷懶。

斯塔諾維奇教授指出，人們在處理問題時，會從幾種認知機制中進行選擇。某些機制具有強大的計算能力，讓我們可以非常準確地解決許多問題，但這種機制處理的速度較慢，除了同時需要付出大量的注意力，並會干擾其他的認知任務。相反地，某些機制的計算能力相對較低，但速度快，只需要花很少的注意力，並且不會干擾其他正在進行的認知任務。

斯塔諾維奇教授認為，人們普遍存在著認知吝嗇（Cognitive Miser），亦即做決策時，我們傾向使用需要較少計算工作的處理機制，縱使它們不太準確。

舉例來說，多倫多大學電腦科學家赫克托‧萊維斯克（Hector Levesque）提出一個有趣的問題，如圖 5-25 所示：

---

[7] 劉炯朗，《您沒聽過的邏輯課：探索魔術、博奕、運動賽事背後的法則》，時報出版，2015 年。

[8] Stanovich, Keith E. 2015, "Rational and Irrational Thought: The Thinking That IQ Tests Miss - Why smart people sometimes do dumb things," Scientific American, January 1, 2015.

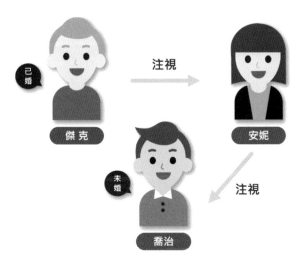

圖 5-25　結婚問題

繪圖者：彭媛蘋

傑克正注視著安妮，而安妮則一心看著喬治。傑克結婚了，但喬治沒
有。請問，這是一位已婚人士，正在看著一位未婚人士嗎？

A）是

B）否

C）無法確定

您的答案是？如果您的答案是 C，恭喜您，您的答案與超過 80% 的人一
樣。不過，正確答案是 A。

其實答案很簡單。如果安妮已婚，她正看著未婚的喬治，所以答案是 A。如
果安妮未婚，已婚的傑克正看著未婚的安妮，所以答案還是 A。這個過程，只
要透過理性的推理，縱使沒有安妮是否已婚的資訊，我們還是可以推論出答案
是 A。

不過，人們通常會扮演認知吝嗇鬼，在沒有考慮所有可能性的情況下，也就是不使用具有強大計算能力的機制，而做出了最簡單的推斷，並選出答案 C。

斯塔諾維奇教授再舉出另一個認知吝嗇鬼的案例。諾貝爾經濟學獎得主丹尼爾・卡尼曼（Daniel Kahneman）和他的同事阿莫斯・特維爾斯基（Amos Tversky）所提出一個實驗。

一根球棒和一顆球總共花費 1.10 美元，而球棒比球貴 1 美元。請問，球要多少錢？（如圖 5-26 所示。）

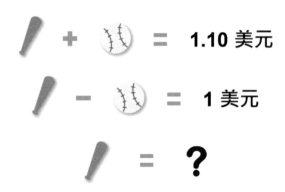

圖 5-26　球棒問題
繪圖者：彭媛蘋

許多人想到的是 0.1 美元。

但是，如果您再進一步思考，就會發現這不是正確的。因為如果球是 0.1 美元，球棒比球貴 1 美元，所以球棒是 1.1 美元。因此，球棒加球是 1.2 美元。

卡尼曼和特維爾斯基發現，縱使是 MIT 麻省理工學院、普林斯頓和哈佛的大學生，在面臨這些問題時似乎不想花太多腦筋，都會出現「認知吝嗇」的情況。斯塔諾維奇教授並指出，認知吝嗇普遍存在（想想那些 80% 的人），其間並與智力只有微弱的相關性（想想那些哈佛、MIT 的學生）。

大數據與統計

◆ 大數據時代下，統計學不再有優勢？

偶爾聽到有人說，在大數據時代下，母體幾乎等於樣本，因此傳統統計學不再具有優勢。事實上，大數據分析與抽樣，就好比「普查」和「小量樣本的抽取和檢視」。其中，因為「普查」是取得母體的實際分配，所以不需要用統計學的方法進行推斷估計；而「抽樣調查」則是利用抽樣理論獲取樣本，進而推論母體分配與特徵。所以，言下之意，似乎可以跳過統計學習，直接學習大數據比較快，但這樣真的對嗎？

面對這樣的質疑，我們提供一些想法供大家參考，如圖 5-27 所示：

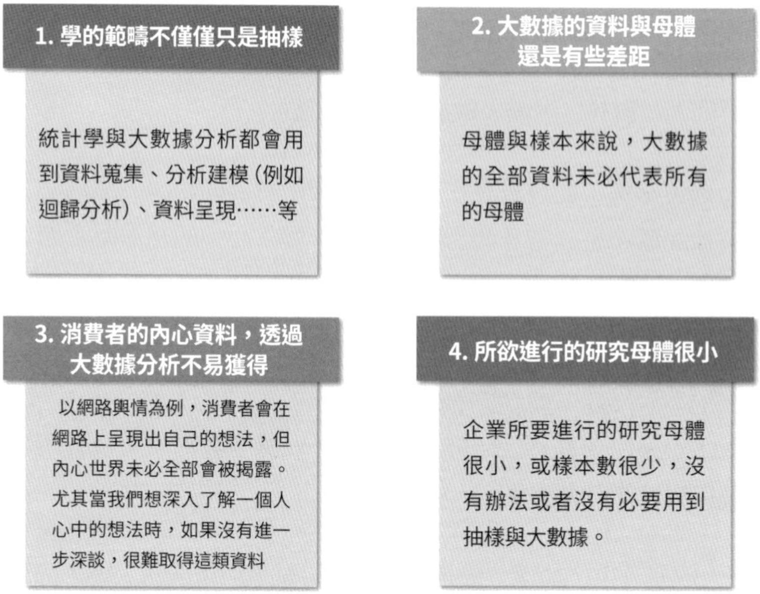

1. 學的範疇不僅僅只是抽樣

統計學與大數據分析都會用到資料蒐集、分析建模（例如迴歸分析）、資料呈現……等

2. 大數據的資料與母體還是有些差距

母體與樣本來說，大數據的全部資料未必代表所有的母體

3. 消費者的內心資料，透過大數據分析不易獲得

以網路輿情為例，消費者會在網路上呈現出自己的想法，但內心世界未必全部會被揭露。尤其當我們想深入了解一個人心中的想法時，如果沒有進一步深談，很難取得這類資料

4. 所欲進行的研究母體很小

企業所要進行的研究母體很小，或樣本數很少，沒有辦法或者沒有必要用到抽樣與大數據。

圖 5-27　大數據時代下，統計學不再有優勢？

繪圖者：謝瑜倩

1. 統計學的範疇不僅僅只是抽樣：

   統計學與大數據分析都會用到資料蒐集、分析建模（例如迴歸分析）、資料呈現......等。而且，統計學裡的許多理論，是大數據分析的基礎。

   另一方面，統計還有很重要的真偽辨別方式，學會型一和型二錯誤，它不但會告訴您錯誤發生在哪裡，而且還可以告訴您，犯錯的機率有多少？這對於企業管理者非常重要，因為可以讓企業在做決策時，有個比較好的進退依據。

2. 大數據的資料與母體還是有些差距

   就母體與樣本來說，大數據的全部資料未必代表所有的母體。舉例來說，在對選舉結果進行預測時，會在網路上進行表態的選民，並不能代表所有的選民，因為這些會主動表態的民眾，都是具有資訊能力的，而年長者、網路基礎建設不佳的，可能都受到忽略。此時，如果只利用大數據分析來蒐集網路輿情，進而進行預測，預測結果未必準確。

3. 消費者的內心資料，透過大數據分析不易獲得

   以網路輿情為例，消費者會在網路上呈現出自己的想法，但內心世界未必全部會被揭露。尤其當我們想深入了解一個人心中的想法時，如果沒有進一步深談，很難取得這類資料。

4. 所欲進行的研究母體很小

   有時候，企業所要進行的研究母體很小，或樣本數很少，沒有辦法或者沒有必要用到抽樣與大數據。

   其實，大數據分析、抽樣、或是頻率推論、貝葉斯推論......等，都是不同的工具，也有其不同的適用情境。重點是我們會多少工具（技多不壓身），以及能否活用這些工具，來解決問題。

　　我們可以將統計抽樣與大數據分析進行整合、對照、或驗證。例如,在進行預測分析時,一方面進行網路輿情大數據分析,二方面結合抽樣調查來進行預測上的輔助。亦或是在整合行銷研究與行銷資料科學時,將抽樣調查當作探索性研究的工具,並根據初步的發現,再進行大數據分析。

　　最後,大數據分析背後的理論基礎,與統計學息息相關,這也是為何許多在做大數據分析的人,都是統計背景。同時,許多非統計背景而想學大數據分析的人,最終也都要回來學習統計學的原因。

◆ 超級預測十律

　　不知道您有沒有發現,在日常生活中,有些人就是很會猜(說得好聽一點就是料事如神,預測能力強)。像是今天下午會不會下雷陣雨;明天哪一支股票會漲停。預測能力越強的人,做起事來總是順風順水,不會猜的人,則經常抱怨老天在懲罰他。

　　在美國,賓州大學教授菲利普‧泰特洛克(Philip E. Tetlock)號召自願者,針對 500 個以上的全球議題進行預測競賽,並蒐集超過 100 萬則數據。這批業餘人士連年打敗菁英大學團隊、戰勝能獲取機密資訊的情報分析師。其中,預測成績特別出眾的人,作者稱之為「超級預測員」。

　　泰特洛克與記者丹‧賈德納(Dan Gardner),在《超級預測(Superforecasting: The Art and Science of Prediction)》這本書中,提出超級預測者需要擁有的條件,包括:智力、統計(機率)知識、領域專業知識、團隊合作的能力、開放心態、刻意練習、檢討修正。並且提出超級預測十律(或稱十戒,本文採用十律),如圖 5-28 所示。

超級預測十律

第一律：分類問題　　第六律：細緻思考

第二律：分解問題　　第七律：適度自信

第三律：內外平衡　　第八律：探究錯誤

第四律：適當反應　　第九律：團隊領導

第五律：正反調合　　第十律：審慎練習

圖 5-28　超級預測十律
繪圖者：謝瑜倩

- 第一律：分類問題

別去預測規律明確的問題（明年全台大一新鮮人將有多少人入學？），也別去預測難以捉摸的問題（20 年後的總統是誰？）。預測適宜難度的問題才較有意義。

- 第二律：分解問題

透過「費米估計（Fermi Estimation）」方式，先將複雜問題拆解成許多子問題，並從各個子問題切入，一步步找到答案。

- 第三律：內外平衡

  要預估一位員工完成某計畫的時間，員工本人往往會低估所需的時間（著重內部觀點而忽略外部觀點）。因此，有效的預測應結合內部觀點與外部觀點並進行修正。

- 第四律：適當反應

  高明的預測人員，通常是（透過貝葉斯定理的運用）逐步更新機率的人。而且更新的差異很細微（例如從 0.4 到 0.45）。

- 第五律：正反調合

  透過先提出正面論證（正），再提出反面論證（反），並透過思辨，再將其融合（合）。亦即透過正反合的辯證方式，來增加預測的效能。

- 第六律：細緻思考

  細微的差異，影響預測的成敗。就像賭博，比對手更能分辨勝率是 51% 還是 55%，自然會比較有優勢。

- 第七律：適度自信

  不急著下判斷，但也不會猶豫不決，既慎重又果斷。不會信心不足，也不會自信過度，會適度展現自信。

- 第八律：探究錯誤

  錯誤常見，不要為失敗找理由或藉口，要願意承認錯誤，並從中檢討，從失敗中進行學習。

- 第九律：團隊領導

  展現團隊領導的藝術。設定團隊目標，協助團隊溝通與協調，激發團隊裡建設性的衝突，以發揮高績效。

- 第十律：審慎練習

  預測是一種技術，技術的熟稔需要練習，就好像只看游泳的教學書，是不會游泳的。勤加練習有助於預測力的提升。

最後，泰特洛克教授在書中提到十律的隱藏版，第十一律，別把十律當十誡。泰特洛克教授提到，這十律僅是他盡最大努力所整理的指導方針，但畢竟非十全十美，進行預測時，還是要時時保持警覺。

◆ 透過 AI 打造暢銷酒

在 AI 蓬勃發展的今天，不只是葡萄酒，或是其他飲料，甚或是香水，都可以透過 AI 來進行品質的評估與預測。美國普林斯頓大學的經濟學家艾森菲特（Orley Ashenfelter）曾經透過數據分析技術，研究法國波爾多地區數十年來的氣候資料及相關統計資料，並發展出預測公式，來評估波爾多葡萄酒的品質。

位於美國加州的 Tastry 公司，就擁有這樣的技術。Tastry 公司的執行長凱特琳·阿克塞爾森（Katerina Axelsson）說，Tastry 利用創新的人工智慧和風味化學來預測消費者在新酒上市之前，如何看待這類以感官為出發點的產品。她說，在 Tastry，我們教會了電腦如何來品嚐葡萄酒。

也是 Tastry 公司創辦人的凱特琳·阿克塞爾森（Katerina Axelsson）在就讀加州理工大學化學系期間，跑到釀酒廠去打工。當時她發現，同一批製造出來的酒，被裝到不同的酒瓶裡，或是貼上不同的標籤，而即使同一個品酒師給予的

評分也不盡相同，這樣的標準根本太不客觀。因此，她認為必須找到一種更準確的方法，以客觀的化學而非傳統評分系統，對葡萄酒進行全面性的評分。

不過，因為葡萄酒的評分，牽涉到成色、氣味和口感，背後的組合可能高達上千種，因此阿克塞爾森便想到，能否能夠透過人工智慧（AI），來分析葡萄酒成份背後的各類化學反應，進而對酒的顏色與風味、口感加以評比，最終能為愛酒人士發展出一套客觀的評量系統。

不僅如此，藉著人工智慧，還能分析與預測消費者的偏好。只要能利用這些資訊，還能有效創建針對個別消費者個人化的推薦，讓消費者能夠依據自己喜歡的口味獲得酒莊的提示，並協助酒莊優化庫存和釀酒廠，生產更受歡迎的葡萄酒，如圖 5-29 所示。

葡萄酒的評分，牽涉到成色、氣味和口感，背後的組合可能高達上千種。

透過人工智慧（AI），來分析葡萄酒成份背後的各類化學反應，進而對酒的顏色與風味、口感加以評比，最終能為愛酒人士發展出一套客觀的評量系統。

藉著人工智慧，還能有效創建針對個別消費者個人化的推薦，讓消費者依據自己喜歡的口味獲得酒莊的提示，並協助酒莊優化庫存和生產更受歡迎的葡萄酒

圖 5-29　Tastry 的技術
繪圖者：謝瑜倩

此外，Tastry 還能與釀酒師合作，在產線的前端，就以系統方式協助釀酒師，判斷該使用那些酒桶，以更有效率和效果的方式，釀出能滿足市場的混釀酒。同時藉由系統，Tastry 能夠根據客戶的偏好對產品進行排名或區隔，並讓製造商在產品開發的每個階段，無論是從配方到行銷，都能將消費者的感官資訊進行整合。

阿克塞爾森指出，酒莊和釀酒廠現在面臨的全球市場競爭，日益激烈，而消費者對於選酒也越來越嚴格。但是對於品酒和喝酒的現狀，卻一直是「買來試試」。而葡萄酒這高價的商品其實不應如此，而年輕一代的顧客也越來越拒絕這種消費模式。認為自己不應該為不喜歡東西買單。因此，他們期望能有高度個人化的相關推薦，並期望這些推薦是非常精準的。而 Tastry 透過人工智慧，了解消費者的偏好，提供最精準的產品推薦。

現在，Tastry 不但將此技術應用在酒類產品，也成功地開發出可用於食品、飲料、香水和其他感官產品的品質評估和市場績效的預測系統。

Tastry 的官網強調，他們使用化學、機器學習和消費者的個別口味來與產品匹配（We match the products to people using chemistry, machine learning and every person's individual palate）。Tastry 同時也期許自己，是全世界最具創新性的感官科學公司（The World's Most Innovative Sensory Sciences Company）。

> 喝酒過量，有害健康

◆ Analytics 與 Analysis

在數據分析的世界裡，有兩個英文單字很重要，Analytics 與 Analysis。儘管兩個英文字的中文翻譯，都是「分析」，但是這兩種「分析」卻是有很大的差異。

　　根據英文劍橋線上字典的解釋（https://dictionary.cambridge.org）。Analysis 是指 the act of analysing something，分析某些事的行動；Analytics 指的是 a process in which a computer examines information using mathematical methods in order to find useful patterns 以電腦使用數學方法檢查資訊，找到有用模式的過程。表面上看起來都是分析，但 Analytics 似乎多了「電腦」做為分析的工具或媒介。

　　更有趣的是，現在大家經常使用的 Google Analytics，明明也是使用 Google 的搜尋資料來分析網路用戶的搜尋內容、關鍵字，但為何不用 Google Analysis？

　　其實，在行銷資料科學裡，簡單來說，Analysis 是針對過去已發生的事情進行分析，了解事情可能發生的原因以及是如何發生，屬於對「過往資料」的分析。而且分析的方法主要是透過「人腦」來進行判斷。Analytics 則是針對未來進行預測，判斷事情可能的發展，屬於「預測未來」的分析。分析的方式強調透過「電腦」來進行模型的建立。Analytics 與 Analysis 的差異，如圖 5-30 所示。

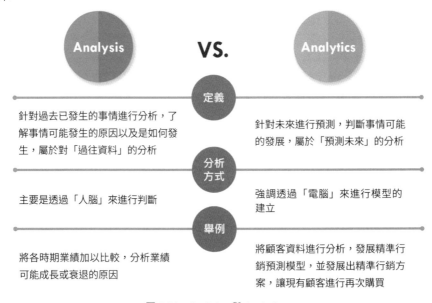

圖 5-30　Analytics 與 Analysis
繪圖者：彭煖蘋

舉例來說，許多企業的主管在進行每月的業務報告時，會將上個月的業績、今年累積業績，以及去年同期業績等，加以比較，然後分析業績可能成長或衰退的原因，進而針對這些原因「對症下藥」。這個過程中，會整理許多表格（通常是業績報表或是長條圖等）來呈現業績數字的變化。這種分析，即是對「過去」進行分析，所以分析的型態是 Analysis。

　　反之，如果一家企業組建「精準行銷專案」團隊，其中的行銷資料科學家，根據公司內部的顧客資料進行分析，發展出精準行銷預測模型。接著再與行銷企劃人員合作，發展出精準行銷方案，並透過此方案，成功地讓現有顧客進行再次購買，順利提升業績。這種分析，即是對「未來」進行預測，因此在分析的型態則算是 Analytics。

　　換言之，Analytics 通常是指未來，而非去解釋過去的事件。它聚焦在未來的潛在事件。Analytics 的本質，是將邏輯和運算推理應用到分析中，而得到的分析結果，並協助找出一些模式來預測企業未來可以怎麼做。

　　其實，在管理實務上，「分析」早就深入到企業的骨髓裡。但這種結果分析，主要都是 Analysis，直到資料科學的預測工具出現之後，企業才開始進入到 Analytics。

　　平心而論，針對「過去」的分析，常常已是事後諸葛，通常做的是亡羊補牢的事項（例如追趕業績）。而針對「未來」的分析，是事前預測，通常有機會提前布局、超前部署。

第四篇

___

模型思維

什麼是模型？

請思考一下，某政府打算建造一座綠能智慧城市，但幾乎所有民眾都對此綠能智慧城市完全沒有概念，這時如果您是政府發言人，該如何對民眾明確表達此綠能智慧城市的概念呢？

用文字表達？畫圖給民眾看？不見得能完全說明和精準描繪。最簡單的方式，相信各位已經想到了，就是拿出此綠能智慧城市的模型（Model）直接展示給民眾看。

其實，在現實生活中，提到模型（Model），其實就是「以比較精簡的方式，來呈現真實的現象」，如常見的高鐵列車或是汽車模型等。

在研究裡，「模型」經常被定義成「對一個系統的表達」，而依上述定義，「比較精簡」除了等比例縮小之外，還可以透過數學函數或公式（例如：愛因斯坦（Albert Einstein）的質能方程式，如圖 6-1），或是架構圖（例如：馬斯洛（Abraham Harold Maslow）的需求層級模型（Maslow's hierarchy of needs），如圖 6-2）來呈現。至於呈現模型的目的，則在於表達系統的某一個層面或是全部。

圖 6-1　愛因斯坦質能方程式

圖 6-2　馬斯洛需求層級模型
繪圖者：彭煖蘋

　　此外，在行銷研究裡，也可以使用變數圖形與數學公式之間存在著某種關係來做為某種模型。以圖 6-3 為例，在這個模型中，X 指的是自變數，Y 指的是應變數。以數學公式表示，第一個模型代表 $Y=\beta_0+\beta_1X$；第二個代表 $Y=\beta_0+\beta_1X_1+\beta_2X_2$。

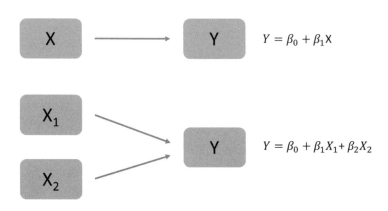

圖 6-3　變數模型與數學公式之間的關係
繪圖者：何晨怡

另外，一個模型經由時間不斷地驗證後，可能會產生不同的樣貌。我們以探討資訊系統的使用以及滿意度之間關係的 D & M 模型為例。1992 年，迪隆（DeLone）與麥克萊恩（McLean）首先建立起以下的架構模型。依據迪隆與麥克萊恩最早的想法，資訊系統要成功，必須要兼顧系統品質和資訊品質，接著系統使用還需對映使用者的滿意度，才能對個人、再對到組織，產生影響力，如圖 6-4 所示。

到了 2002 年，迪隆與麥克萊恩整理了許多專家學者對 D & M 模型的驗證（如圖 6-5 所示），又陸續加入服務品質，讓使用者有使用意向，整個模型會不斷地修正並提出新的模型，如圖 6-6 所示。

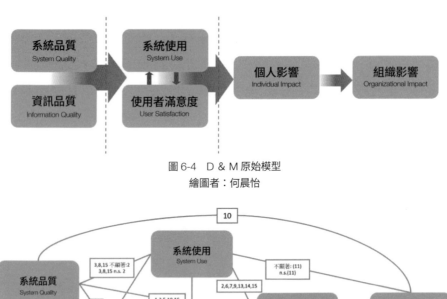

圖 6-4　D & M 原始模型
繪圖者：何晨怡

圖 6-5　後人驗證的 D & M 模型
繪圖者：何晨怡

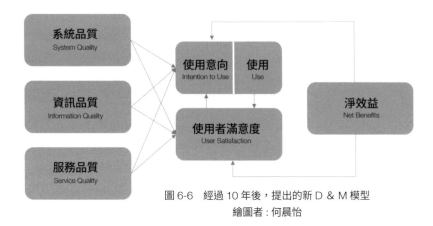

圖 6-6　經過 10 年後，提出的新 D & M 模型

繪圖者：何晨怡

事實上，要建構一個模型，背後需要創意與嚴謹的研究執行力，然後再歷經其它學者的批判、建議，與後續研究不斷地修正。如此一來，模型的解釋力會日趨完整與詳盡。

模型的種類

很多人小時候都鍾情於火柴盒小汽車，每天玩得不亦樂乎，因為這些維妙微肖的小汽車模型，就是真實世界汽車的具體縮影。在學術領域上，「模型」也是展現抽象概念的最佳方法，只不過學術模型可能是一組數學方程式、一個表格、或是一連串的圖像與符號，目的都在表達不同的複雜概念。

澳洲中央昆士蘭大學艾倫・哈里森（Allan G. Harrison）教授和澳洲科廷科技大學（Curtin University of Technology）大衛・特雷古斯特（David F. Treagust）教授，2000 年在《科學教育國際期刊》（International Journal of Science Education）上發表一篇文章〈學校科學模型類型〉（A typology of school science models）[1]，就分別介紹了各類不同模型。

[1] Harrison, Allan G. & David F. Treagust (2000) A typology of school science models, International Journal of Science Education, 22:9, 1011-1026.

根據哈里森和古斯特的分類，模型可以分為四大類：

1. 科學和教學模型（Scientific and teaching models）：例如地球儀、人體器官模型。

2. 建立概念知識的教育性類比模型（Pedagogical analogical model that build conceptual knowledge）：例如程序圖或關連圖。

3. 描述多重概念和／或過程的模型（Model depicting multiple concepts and/or processes）：例如水的分子結構模型，可以表達兩個氫和一個氧，以及橋接它們的不同架構。

4. 對實體、理論和過程的個人化模型（Personal models of reality, theories and process）：更複雜的程序或關連圖。

此外，臺灣師範大學科學教育研究所邱美虹教授與劉俊庚[2]根據哈里森和古斯特教授所提出的架構，整理出四大類、十種模型如圖 6-7 所示。

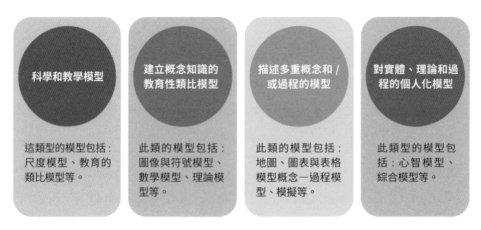

圖 6-7　哈里森和古斯特教授所提出的四大類、十種模型
繪圖者：謝瑜倩
資料來源：Harrison & Treagust, 2000，邱美虹、劉俊庚 , 2008

[2] 邱美虹、劉俊庚 (2008)，從科學學習的觀點探討模型與建模能力，科學教育月刊 2008，11 月，314 期，2-20。

1. 科學和教學模型（Scientific and teaching models）

   這類型的模型包括：尺度模型（scale models）、教育的類比模型（pedagogical analogical models）等。

2. 建立概念知識的教育性類比模型（Pedagogical analogical model that build conceptual knowledge）

   此類的模型包括：圖像與符號模型（iconic and symbolic models）、數學模型（mathematical models）、理論模型（theoretical models）等。

3. 描述多重概念和／或過程的模型（Model depicting multiple concepts and/or processes）

   此類的模型包括：地圖、圖表與表格模型（map, diagrams and tables）概念—過程模型（concept-process models）、模擬（simulations）等。

4. 對實體、理論和過程的個人化模型（Personal models of reality, theories and process）

   此類型的模型包括：心智模型（mental models）、綜合模型（synthetic models）等。

　　模型是真實現象的簡化。透過模型，可以協助我們對不同現象產生具體形象，也就是讓它「可視化」；模型也可以協助我們對真實現場進行推演，像是歐美人士最愛的火車調度場模型、軍事沙盤推演的具體情境；模型更可以協助我們對真實現象發展預測能力；可以協助我們對真實情境做好決策。

第 6 章

模型思維

多元思維模型

◆　以模型為基礎的學習歷程

　　無論是在教室、博物館、動物園和許多教學活動中心，老師和學生往往會透過建立和使用「模型」，來理解各種自然與社會現象。它們可能是表格、圖片、照片或是公式，常被拿來當成人們溝通的工具。因此，在學習歷程中，以模型為基礎（Model-Based）的學習，越來越重要。

　　英國瑞汀大學（The University of Reading）芭芭拉‧巴克利（Barbara C. Buck-ley）與卡羅琳‧博爾特（Carolyn J. Boulter）博士，2000 年發表了〈以模型為基礎的學習歷程〉（Expressed Model of Model-Based Learning）的概念。

　　巴克利與博爾特認為，以「模型」為基礎的學習方式，是個人透過形成或是建構模型、使用、強化、修正和是否拒絕模型的迭代過程，逐步構建起「心智模型」來學習與解決問題，如圖 6-8 所示 [3]。

---

[3] Buckley, B. C. & Boulter, C. J. (2000). Investigating the Role of Representations and Expressed Models in Building Mental Models. In J. K. Gilbert and C.J. Boulter (eds.), Developing Models in Science Education (pp.119-135.) Netherlands: Kluwer Academic Publishers.

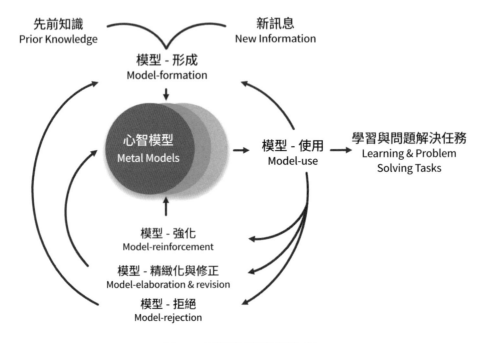

圖 6-8　以模型為基礎的學習歷程
繪圖者：彭媛蘋

資料來源：Buckley, B. C. & Boulter, C. J.（2000）. Investigating the Role of Representations and Expressed Models in Building Mental Models. In J. K. Gilbert and C.J. Boulter（eds.）, Developing Models in Science Education（pp.119-135.）Netherlands: Kluwer Academic Publishers.

　　巴克利與博爾特提到，要建構這類「心智模型」，必須逐步整合個人先前的知識與新資訊，並且不斷從經驗當中進行歸納，同時透過不斷的修正與精緻化，釐清現象背後的各類關係，以促成模型的形成。尤其，教師也可鼓勵學生利用模型來交談、寫作、畫圖和與他人互動。

　　在商業研究領域中，我們舉一個例子，像是學生在發現口碑是影響交易的重要因素後，自己不妨嘗試建構一個口碑溝通模型，設法研究出裡面包含哪些要素（或變數），各元素如何交流與互動，繪出雛型後，不斷研究與修正。

巴克利與博爾特指出，在整個過程中，讓「模型」持續被使用、強化、修正、不適合的模型應否拒絕，以這樣迭代的學習歷程，讓學習者使用他們已知的知識，去整合新資訊，再擴大其知識並解決問題。而在使用模型中，新資訊內容往往就會再回饋給個人，以此再次進行模型的形成、使用、強化、修正等，不斷地重複。

此外，他們也提到，還可以使用自己的心智模型，來理解和評估他人所產生的模型，並且判斷與自己心智模式的異同。這個過程，代表我們正在測試該模型，並通過模型判斷是否能協助自己理解、描述、解釋、預測某個特定的實際案例。

反之，如果答案是否定的，自己就需要思考這個「模型」存有什麼問題，有哪些細節必須更改？又如何修改？一旦模型成功地滿足我們的需求時，它們往往會獲得強化，並可能成為我們模型庫裡的一部分。

◆　多元思維模型

「模型」是真實現象的簡化。為了解決問題，我們可以透過學習「模型」，來分析問題、解決問題。換言之，也就是以簡馭繁。

談到「模型」的學習，一定要提到一個人，那就是金融投資大師華倫・巴菲特（Warren Edward Buffett）的親密戰友，波克夏・海瑟威（Berkshire Hathaway）公司的副董事長查理・芒格（Charles Thomas Munger）。芒格也是投資高手，他集中持有自己瞭若指掌的企業股權，長期將會帶來優異的報酬。而芒格掌管的「魏斯可金融」（Wesco Financial）擁有超過 10 億美金的股票，其中包括可口可樂、美國運通、富國銀行，以及寶鹼公司等。

芒格曾經出版過一本書《窮查理的普通常識》（Poor Charlie's Almanack），探討擁有多元思維模型的好處。在書裡，芒格多次引用「馬斯洛的錘子」（Maslow's hammer）的概念。

「如果您唯一的工具是一把錘子，您會把所有的問題都看成是釘子」（If the only tool you have is a hammer, to treat everything as if it were a nail）。這句話是來自亞伯拉罕‧馬斯洛（Abraham Maslow）於 1966 年出版的《科學心理學》（The Psychology of Science）一書。

芒格之所以一再強調這句話，主要在闡述，人不能只學習一種模型。如果我們只有單一思維，所能解決的問題就很有限。這就好像拿著錘子看世界一樣，一旦手中只有一種工具的時候，您就只能用這種工具來幹活。也許您能想像用錘子來挖地、砍樹，但要用錘子來剔牙，大概也只會搖搖頭。這就是因為知識面的狹隘所帶來的窘迫。

為了解決問題，芒格提倡人們必須透過「多元思維模型」來進行學習。所謂的「思維模型」，是指一種知識、理論、系統、或框架，能協助我們提升對世間萬物的認知，進而協助我們發現問題、解決問題。而「多元思維模型」則指這些思維模型是跨領域的，包括：數學、統計學、經濟學、心理學、歷史學、生物學、工程學、物理學和化學等。如圖 6-9 所示。

圖 6-9　思維模型與多元思維模型
繪圖者：謝瑜倩

　　至於，這些多元思維模型有哪些，芒格在《窮查理的普通常識》一書中提到，他自己常用的工具包括：財務領域的複利（Compound Interest）、統計領域的費馬帕斯卡系統（Fermat/Pascal System）、心理領域的誤判心理學（Psychology of Misjudgment）、會計領域的複式簿記（Double-Entry Bookkeeping）、工程領域的後備系統（Backup System）、物理領域的臨界質量（Critical Mass）……等。

　　從上述多元思維模型的定義中，我們可以發現，要培養出多元思維模型的能力，有賴跨領域的學習。但芒格認為，我們的社會很容易被既有的框架給限制住，而一位學生其實並不需要理會學科的界線，學習就應回到最初的樣子，想學什麼就學什麼。

因此，文法商學生一樣可以撰寫程式，理工農科生一樣可以作文寫詩，因為世界並不是按照跨學科的方法個別呈現，它是眾多學科的綜合體。而我們所面對的世界很複雜，生活中能夠落實多元思維模型的概念，將有助於複雜問題的解決。芒格曾經說，擁有 80 到 90 個模型，就足以解決世間 90% 的問題，就足以讓您成為一個有智慧的人。

◆ 多種模型的學習

模型（Model）是「真實現象的簡化」，也就是用比較精簡的方式，來呈現真實的現象，至於呈現的方式，可以是實體、圖形、或公式。以交通工具來說，一個火柴盒般大小的汽車模型，稍做變化就是各類真實交通工具的呈現和實物的簡化。更具體的說，模型是世間萬物現象的簡單呈現和應用，無論是大自然的生態模型、個人的心理模型、市場運作的經濟模型等。這些模型，都值得我們去探索、去學習。

我們一直在鼓勵企業管理人要培養「模型思維」，其中一個關鍵，就是要對「模型」思考進行有系統的學習，尤其是「多種模型」的學習。一旦我們學會了「多種模型」之後，將有機會解決更多的問題。

牛津大學聖約翰學院院士約翰・凱伊（John Kay），以及曾任英國央行總裁、紐約大學以及倫敦政經學院的經濟學教授莫文・金恩（Mervyn King），在他們兩人合著的《極端不確定性》（Radical Uncertainty: Decision-Making Beyond the Numbers）一書中，就曾使用水電工的工具來做比喻模型。

想像一下，現在您家的廚房漏水，打了電話請水電工來處理。水電工到了廚房之後，判斷漏水可能的原因和位置，轉身回到貨車上拿了許多工具下來。經過一陣開開關關、敲敲打打之後，漏水的問題終於解決。

　　水電工貨車上的工具，有些能夠修水管，有些能夠修補牆壁上的裂痕……。而「模型」正好比這些工具，不同的模型對解決不同的問題，有所幫助。

　　回想一下，當我們找這些水電工來家裡處理漏水問題，我們會期望他先診斷出漏水的原因，之後再根據這些原因，拿出工具箱（裡面最好有各式各樣專業的工具），並找出適合的工具來解決問題，如圖 6-10 所示。

找水電工來家裡處理漏水問題

期望他先診斷出漏水的原因

根據這些原因，拿出工具箱

找出適合的工具來解決問題

圖 6-10　透過多模型解決問題
繪圖者：謝瑜倩

現在，把它類推到管理現場，要建立模型思維，也應該學習多種模型，這就好像水電工擁有多種工具一樣，不能一招半式就想要闖蕩江湖。就像是，如果您看到這個糊塗水電工只帶了一把螺絲起子來，您大概可以預期他只會用螺絲起子解決有限的問題，或者就算看出問題，但只能望著手上的螺絲起子興嘆，因為螺絲起子根本無法有效卸下漏水的水龍頭。

最後，可能也要再說明，學界中的許多模型都是由數學公式所組成，在閱讀與使用上，總是容易讓人望之卻步。但是因為數學公式是最簡單表達複雜概念的方式之一。因此，約翰・凱伊和莫文・金恩教授也提到，模型的好壞，應該是由能否協助我們解決問題，而不是由數學的複雜度來判斷。

◆ 建立模型思維，以培養洞見

為了擁有智慧（Wisdom），培養洞見（Insight），我們可以從學習「模型（Model）」下手，如圖 6-11 所示。

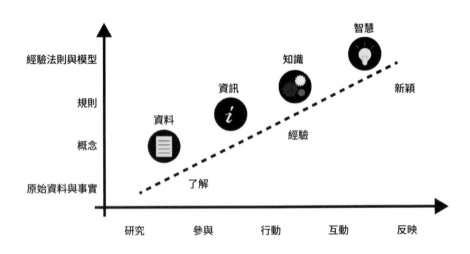

圖 6-11　從資料到智慧
繪圖者：陳怡蓁
資料來源：Akerkar, Rajendra（2019），"Artificial Intelligence for Business," Springer.

2012 年，密西根大學複雜性研究中心主任史考特・佩奇（Scott E. Page），他在 Coursera 上開了一門 Model Thinking 的課，結果有超過 100 萬人報名上課。後來他以該課程為基礎，寫成了一本書《模型思維》（The Model Thinker），並在該書中，詳細介紹何謂模型思維，以及最重要的 24 個模型。

佩奇強調，模型思維方法是一種「透過多種模型來理解複雜現象」的方式，並透過一系列不同的邏輯架構來生成智慧。

其中，模型必須簡單、易於使用，並且能夠進行邏輯推理。佩奇舉例，一個由易感者、傳染者、痊癒者所組成傳染病模型，可以得到發生傳染病的機率。透過該模型，人們可以推導出感染病發生的閾值（即臨界值），超過這個臨界點，傳染病就會發生。同時，藉由模型，還可以回來估計，當有多少人接種了疫苗，傳染病就不會發生。

此外，佩奇在談模型思維時，特別強調多種模型的運用，他認為，單一模型的功能可能已經很強大，但多模型方法有助於消除單一模型的盲點。

一樣以傳染病模型為例。2020 年 2 月，在《Nature Physics》[4] 上刊登了一篇探討新型態傳染病流行預測模型的文章。這種新型的傳染病，不同於過去的單一傳染病，它發生的情境，同時會有一個以上的流行病出現（例如：COVID-19 肺炎疫情與流感季重疊），因此情況變得更為複雜。該研究證實，一個微小的傳播率變化，將可能導致大規模疫情的爆發。該研究以「超指數」（Super–Exponential）

來命名這種比指數型成長還快速的成長。

---

[4] 資料來源：Laurent Hébert-Dufresne, Samuel V. Scarpino, Jean-Gabriel Young. Macroscopic patterns of interacting contagions are indistinguishable from social reinforcement. Nature Physics, 2020; DOI: 10.1038/s41567-020-0791-2

之所以狀況會這般複雜，主要是因為疾病之間可能相互影響。例如第一種流感病毒可能有助於傳播第二種肺炎病毒。或是當第一種疾病削弱了人體的免疫系統，結果使人們更容易受到第二種傳染病的影響。此外，除了疾病傳染外，社會傳播也可能會促使新的複雜模式的形成。例如，該篇論文作者赫伯特‧杜芬（Hébert-Dufresne）列舉了 2017 年波多黎各爆發登革熱的案例，一場反登革熱疫苗的運動（社會傳播），導致麻疹（疾病傳染）的死灰復燃。許多交互作用的現象，帶來意想不到的後果。

學習模型有助於真實現象的理解。透過一系列多模型的邏輯架構，來生成智慧，培養洞見。

◆ 資料、資訊、知識、智慧

過去，學校在教授學生追尋問題解答時，大多以「單一答案」回應「單一問題」的線性思考方式來因應。但這種方式已被現今許多複雜的問題給打敗，因此已有不少學者鼓勵學生要以「模型思考」來因應這個複雜的世界。

密西根大學複雜性研究中心主任史考特‧佩奇（Scott E. Page），他在《模型思維》（The Model Thinker）一書中便指出，要將自己訓練成「多模型的思考者」，才能讓自己變得聰明睿智，

佩奇提到，所謂「多模型思維方法」，是指使用多種模型來理解這個世界的複雜現象，它的核心思想是，採用多種模式的思維，透過邏輯框架的不同集合來產生智慧。

佩奇透過「智慧層次結構」（Wisdom Hierarchy），來說明資料、資訊、知識、智慧之間的差異，如圖 6-12 所示。

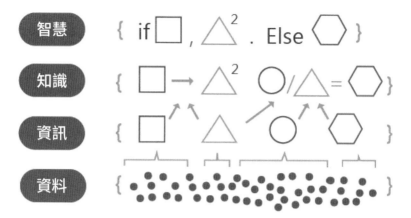

圖 6-12　智慧層次結構
繪圖者：謝瑜倩
資料來源：斯科特・佩奇 (Scott E. Page)，《模型思維》(The Model Thinker)。

1. **資料**（Data）

是指那些原始、沒有經過處理的事件或現象。無論是出生或死亡、工作
或休閒、自然或人文…等，背後充斥著各式各樣的資料。這些資料未經整
理，更缺乏意義。

2. **資訊**（Information）

根據佩奇的說法，資訊是將資料先命名並將其歸到某一類別中。他舉了一
些例子，落在您頭頂上的雨是資料；您居住地區 7 月份的總降雨量是資
訊。菜市場上的玉米是資料；玉米農的總銷售額是資訊。

3. **知識**（Knowledge）

佩奇認為，知識是對相關、因果、邏輯關係的理解。知識是對資訊進行組
織，並以模型的形式呈現。佩奇舉例，無論是市場上的經濟學模型；網路
上的社會學模型；地理上的地質學模型；學習上的心理學模型等，這些模
型，乃是知識的體現。

4. 智慧（Wisdom）

佩奇提到，智慧是一種識別與應用相關知識的能力。而多模型思維，有助於智慧的展現（就像醫生會用多種檢查方式或儀器，協助診斷病情）。

他強調，使用「模型」來組織和解釋資料已成為商業策略專家、都市規劃師、經濟學家、醫療專業人員、工程師、精算師和環境科學家等的核心能力。而在企業經營上所面對的制定策略、分配資源、分析數據、設計產品、甚或人力僱用決策，都會遇到模型。善用模型思考，不只能改善工作績效，還能增進自己的邏輯能力。

◆ 有時候人類必須推翻 AI 的推薦

近年來電腦發展速度越來越快，處理資料的能力也越來越驚人。不過，管理學大師科特勒（Kotler）教授等人在《行銷 5.0》（Marketing 5.0）[5] 一書中提到，電腦再怎麼快，與人腦還是有明顯差別，其中一項關鍵因素就是將「資訊」處理成「洞見」和「智慧」的能力。

科特勒指出，在「知識管理」中有一個稱為 DIKW 層級結構的順序：從資料（D，Data）、資訊（I，Information）、知識（K，Knowledge）到智慧（W，Wisdom），依序往上構成不同層級。而科特勒並以 DIKW 為基礎，彙整其他人的觀點，再加上自己的看法，整理出如圖 6-13 的架構。

---

[5] Philip Kotler, Iwan Setiawan , Hermawan Kartajaya，林步昇譯，《行銷 5.0（Marketing 5.0: Technology for Humanity)》，天下雜誌，2021/07/01。

圖 6-13　知識管理層次結構圖
繪圖者：彭媛蘋
資料來源：Philip Kotler, Iwan Setiawan , Hermawan Kartajaya，林步昇譯，《行銷 5.0》
（Marketing 5.0: Technology for Humanity），天下雜誌，2021/07/01。

　　科特勒指出，從圖 6-13 的中間部分可以發現，資料、資訊和知識是「機器」擅長的領域。電腦能以高速且大量處理的能力，將資料處理成有意義的資訊。然後將新的資訊，添加到相關和其他已知的資訊庫中，進一步發展成知識背景。接著，電腦將這些知識儲存起來，並在需要時隨時檢索。

　　而圖 6-13 中最下與最上兩層（噪音（Noise）、洞見（Insight）和智慧（Wisdom））則是人類的強項。其中，噪音是指資料的失真或偏差，對於資料處理會產生干擾。但對於「噪音」的判斷，還是需要透過人類對現實世界的理解。以處理極端值為例，極端值是否有效，是否能夠透過極端值分析出背後特殊的見解，這通常就不是機器所能解讀，而是人類能發揮作用的地方。

至於洞見與智慧的產生，往往來自於人類自身豐富的經驗。過去的經驗無論是好是壞，是積極影響或消極影響，隨著時間的推移，人類對洞見與智慧的生成會變得更加敏銳。這個過程牽涉的範疇非常廣泛，涵蓋人類生活的各個層面。這部分更不是機器所擅長。

科特勒教授等人提到一個案例。2017 年 4 月 9 日，聯航快運（United Express）3411 號班機，從芝加哥（Chicago）飛往路易維爾（Louisville）。結果在全體旅客登機後，航空公司因為要將聯合航空的四名員工運送至路易維爾。當時，在飛機滿載情況下，要求四名乘客自願離開。機長並宣布願意提供 400 美元代金和一晚酒店住宿，但沒有乘客願意，隨後價碼提高到 800 美元，但仍舊沒有人自願離開。隨後機組員宣布將用電腦抽選出 4 名乘客。

然而，在被抽中的乘客中，有一位 69 歲的美籍華裔越南人乘客杜成德（David Dao，越南語名：Đào Duy Anh）。但這名醫師次日必須出診，因此拒絕下機。之後，機組員竟然通知芝加哥航空警察上機，將該名乘客以暴力方式帶下飛機。過程中，航警使用拖拉手段還造成杜成德頭部受傷。結果，整個過程被其他乘客拍攝下來，上傳到網路，引發航空公司不當對待客的軒然大波，並引起全美國熱議。

科特勒指出，航空公司在詢問所有乘客未果後，電腦系統依據旅客、票價等級進行評估，找出對公司價值較低的乘客。杜成德被選到，但電腦系統卻無法判斷並識別出他是一名醫生，同時第二天他需要去看病人。

上述的故事告訴我們，雖然電腦能夠協助行銷人員處理資訊和建構知識，但在實務上，往往還是需要運用人類的智慧，才能得出可行的見解並做出正確的決定。某些時候，人類甚至需要直接推翻 AI 所推薦的決定。

◆　模型很多，但為何不好用？

模型思維強調模型的運用。而在社會科學裡，模型的種類眾多，但在使用上卻不盡理想。探究背後的原因，主要在於該模型是否「有效」，或是「有效的程度」。許多模型有其限制，無論是模型本身有問題，無法真正反映現實，或是模型本身有很大的侷限性，使用範圍有限…等。

以行銷管理領域為例，早在 1973 年時，學者蒙哥馬利（Montgomery）[6] 就曾發表過一篇建構行銷模型的論文，筆者以該論文為基礎，大致將行銷模型發展區分成三個階段，如圖 6-14 所示：

第一階段：建立模型

開始將行銷現象發展成研究模型。此階段著重在技術，而非行銷問題的解決。結果往往造成模型與實際情況不符，因此少有機會或根本沒有機會被使用。

第二階段：優化模型

想發展出更大、更好的模型，結果同樣被認為無法貼近現實生活，而未受使用。雖然複雜模型能對現實問題有更好的描述，但它們在簡單化及可用性就顯得不足。

第三階段：真正接上地氣

發展出能夠適切呈現現實現象的模型，且易於使用。因此，建模的重點逐漸從技術移轉到行銷決策，並確保模型有效和可執行。

圖 6-14　行銷模型發展三階段
彭煖蘋

---

[6] Montgomery, D. B. (1973), "The Outlook for MIS.," Journal of Advertising Research, vol. 13, pp. 5-11.

- 第一階段：建立模型

  開始將行銷現象發展成研究模型。此階段著重在技術，而非行銷問題的解決。結果往往造成模型與實際情況不符，因此少有機會或根本沒有機會被使用。

- 第二階段：優化模型

  想發展出更大、更好的模型，結果同樣被認為無法貼近現實生活，而未受使用。雖然複雜模型能對現實問題有更好的描述，但它們在簡單化及可用性就顯得不足。

- 第三階段：真正接上地氣

  發展出能夠適切呈現現實現象的模型，且易於使用。因此，建模的重點逐漸從技術移轉到行銷決策，並確保模型有效和可執行。

以上不同階段的演變，凸顯了模型發展上的限制。模型必須先確認「有效」，之後才有可能「被使用」。

此外，學者利特爾（Little）[7] 則提出，有些模型未受到使用，可能有以下原因：1. 好的模型很難找到；2. 為了讓模型更好，必須不斷調整參數來優化，但優化並不容易；3. 管理者往往不了解模型。

同時，他也提出好模型應有以下六大要素：1. 簡單；2. 穩健；3. 易於控制；4. 可隨著新資訊變化調整；5. 滿足重要議題；6. 易於溝通。這裡的穩健性是指，如果使用者不容易得到很糟糕的答案，並可將解答限制在有一定意義數值範圍內的結構，就可算是一個穩健的模型；此外，有關模型判斷標準的變數，

---

[7] Little, D. C. John, 1970, Models and managers: the concept of a decision calculus," Management Science, Vol.16, No.8, April, 1970, pp. B-466-485.

實際值能有一定約束，不是發散的。例如計算市場佔有率總額就是 1，個別佔有率則在 0~1 之間，即各個對應項目，也都應滿足相同的約束條件，這種模型被稱為具有「邏輯一致」。

此外，許多人可能不了解為什麼研究人員，一天到晚都在喊著要為某些現象「建立模型」，因此「建模」也就成為學術界的慣用語。其實，模型除了可以簡化真實情境，協助行銷經理人一一釐清情境背後的構成因素和發展脈絡，讓經理人知道哪些因素非常重要，更可以讓經理人注意到原先可能被忽略的因素，以便做好管理決策。不過，建模的前提是，模型必須「有效」，才有機會「被使用」。

系統思考

◆ 用系統觀解決問題

生活中往往有許多大大小小的問題有待解決，但不曉得您有沒有發現，有些問題即便您已出手，卻根本無法解決（必須一再出手）；或者出手解決了，卻引發另外一個，或一連串的新問題。但老實說，這種情況很可能是您沒有使用「系統觀」來看待問題，以致無法解決。

生物學家路德維希・馮・貝塔蘭菲（Ludwig von Bertalanffy）是系統理論的先驅，他在一九六八年發表了《一般系統理論：基礎、發展、應用》（General System Theory: Foundations, Development, Applications）一書首次發表這個概念。後來，聖菲研究所（Santo Fe Institute）也提出了「複雜適應系統理論」（Complex Adaptive systems，簡稱 CAS）。

簡單來說，「系統」是由不同的要素所組成。例如：人體系統有五臟六腑、按照器官按照功能，可分為呼吸、循環、消化、運動、神經及內分泌系統、泌尿系統、生殖系統等八大系統。大自然的生態系統則更形複雜，例如生物圈、海洋、深海、珊瑚礁、陸地、森林、雨林、草原、湖泊、池塘、濕地等。依環境特性分為陸域生態系及水域生態系兩大部分，以下再分成其他各個子生態系。

回到人類社會來看，而企業本身也是個組織系統。企業系統的運作除了受到整體環境所影響，而整個系統的績效，取決於子系統之間的互動。

以環境來說，不同環境的層次，也是不同的系統與子系統。整體環境包括：超環境、總體環境、產業環境、市場環境、企業本身，如圖 6-15 所示。這些子系統之間，存在著交互作用。亦即超環境會對總體環境、產業環境等造成影響。而企業也可能會對市場環境、產業環境，甚至是超環境造成影響。

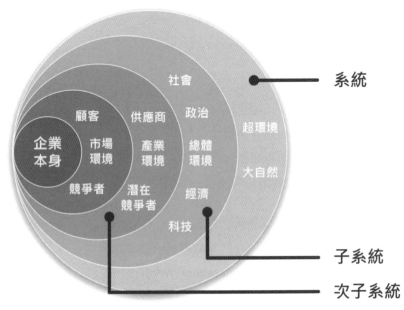

圖 6-15　環境系統
繪圖者：彭煖蘋

　　至於就利害關係人的層次來看，也存在不同的系統與子系統，包括：國際、國家、公協會、企業、群體、個人等。而且這些子系統，彼此之間也存在著交互作用。進一步來看，利害關係人層次的系統，又與上述環境層次的系統，產生交互作用，且背後的交互作用異常複雜（如圖 6-16 所示）。

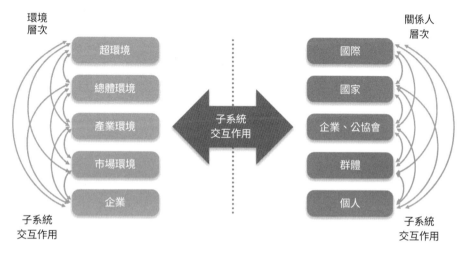

圖 6-16　不同層次子系統之間交互作用
繪圖者：彭媛蘋

　　生活中，存在著許許多多的問題。有些問題簡單，有些問題複雜。而簡單的問題通常處在某一子系統裡，這時透過調整單一方法、觀念、模型、理論等，即可提出解決方案。舉例來說，偶爾您吃到某種東西時，皮膚會開始發癢，如果您發現問題的意識很強，可能很快警覺到是吃了某種菇類所引起，下次就記得少碰或者不要再碰那種菇類。但如果您是「吃這個也癢，吃那個也癢」，您就得注意是身體中哪個系統出現了問題，導致產生過敏反應。這時就得去看醫生，並藉由改變飲食、工作，甚至是居住環境等多種方法來處理。

　　同樣地，企業在面對複雜問題時，通常起因於是多個子系統彼此之間交互作用的影響，這時，就得用多重方法、觀念、模型、理論…等來解決。而這些問題的根源，可能來自於不同的學科領域，所以解決問題的方法、觀念、模型、理論，也需要強調「跨域」應用，如圖 6-17 所示。

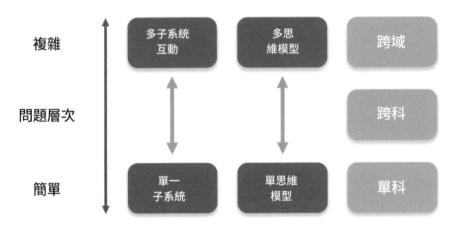

圖 6-17　問題複雜性與思維模式
繪圖者：彭媛蘋

　　最後，請思考一下，您平時所遇到的問題，是簡單還是複雜？以及是否受到其他系統的交互作用所影響？

◆　系統思考與執行

　　為什麼全世界的每個人都知道要節能減碳，拯救地球，但就是有些國家就是不願意起而行，共同配合？為什麼公司內的每個人都同意，為了要讓企業利潤極大化，必須破除本位主義，但在執行時就是無法做到？為什麼大家都知道應該要做好時間管理，但在事情的時間安排上，總是無法釐清輕重緩急，或是無法落實？這些問題的背後，都跟「系統思考」與其執行有關。

　　所謂的「系統思考」，簡單來說，是一種強調擁有宏觀的思維，能夠看清事情發展的脈絡，找出問題背後真正的根源，進而對症下藥的一種思維模式，如圖 6-18 所示。它的應用小自個人、群體、組織；大到產業、國家、乃至於全世界。

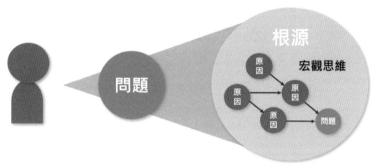

圖 6-18　系統思考
繪圖者：彭煖蘋

舉例而言，全人類都住在同一個地球上。在國際上，雖然全球暖化問題日益嚴重，然而要求各國通力合作減少二氧化碳排方，卻是困難重重。主要原因在於各國不願意因為全人類的公共利益，而放棄自己國家的私利。想像一下，一家人都住在同一間房子裡，佔據最大房間的那個房客，卻一直在房間抽菸、甚至生火，大家都要求他不要使用明火煮飯，他卻一直不肯配合，像是美國不願意簽署「京都協議書」就是一個很典型的範例，形成汽車使用大國與全球各國抗衡局面。

同樣地，在國家方面，國家某些政策的制定與推行，本身就會受到內部部門的抗拒或反彈。例如某項政策會增加勞工晉用的成本，經濟部會受到企業老闆施壓而跳出來講話，勞委會會受到勞工的壓力而幫勞工發聲，形成兩個部會在對抗。

至於在產業裡，各家企業明明都知道，應該為整體產業形象和企業長久利益，避免割喉式的競爭。偏偏最後的結果，大家都不顧血本拼命降價，形成每家都虧錢、倒閉，甚至是「劣幣趨逐良幣」的情境。

就組織（企業）來說，各部門的本位主義將使公司的溝通成本變高，部門之間互推責任、內耗的狀況時有耳聞。大家都大聲疾呼要避免本位主義的產生，但無論怎麼調整怎麼改，本位主義依然存在。

在群體中，每個人的人格特質、做事方法、興趣偏好有所不同，在合作上難免產生摩擦。尤其越來越多的人，主觀意識強烈，似乎「只要我喜歡，沒什麼不可以」，結果產生許許多多的衝突與誤會，導致「雙輸」或是「多輸」的局面。

最後，在個人的部分，我們每天有太多的事情要做。不過，我們做了很多不太該做的事，但是少做了許多應該做的事。結果各種事項就糾結在一起，導致許多事情不得不延遲，有些事情到後來甚至延遲了一輩子。

要落實系統思考，真正解決問題時，無論是國家、產業、企業、群體或個人，第一步通常都需要「捨」。為了解決問題，大家都必須要先「退一步」，犧牲自己某方面的小利，來成就眾人的大利。然而偏偏人都比較自利，所以最後只能落得大聲呼籲、卻事倍功半或者徒勞無功。

從個人到全世界，解決問題的困難度成「指數倍增」，雖然我們無法立即解決全世界的問題，但至少我們應該可以先從解決自身問題下手。

◆ 跨域思維

目前在南臺科大任教的鄭育萍博士曾經在 2016 年 6 月的《教育研究月刊》上，發表了一篇《大學教育再想像：史丹佛 2025 之創新大學學習生態系統》，並簡述「開放迴圈大學」(Open-Loop University)、「依個人節奏而定的教育」(Paced Education)、「翻轉軸心」(Axis Flip)、「目的學習」(Purpose Learning)等，四大創新大學學習生態系統。

鄭育萍博士特別提及，「目的學習」在引領學生的思維，讓學生從過去專業領域跨足出來。例如，以往大學生都會說「我的主修為 OO」，轉化成「我學習 OO 是為了解決 OO 問題」。例如：學生從「我主修生物學」，轉化成「我學習生物學與經濟學，是為了消弭人類飢餓的問題」；或是「我學習電腦科學與政治學，是為了重建公民參與政府的模式」，如圖 6-19 所示。而這背後的精神，則強調「跨越不同領域」的思維。

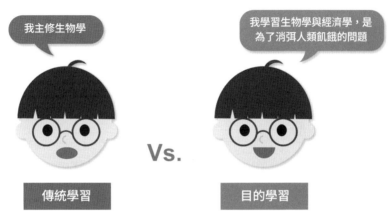

圖 6-19　目的學習
繪圖者：彭煖蘋

這樣的好處是，可以避免許多大學生，畢業後所從事的工作，與大學所學無關（通常是因為大學畢業後不知道要做什麼？與入學後不知道要學什麼？）而浪費大學四年所學。或者是大學所學，無法解決潛藏在工作背後的問題（通常是因為所學不足，尤其是跨領域的知識、技術與能力）。

目前，已有許多大學開設大一不分系、大二不分系，甚至是大學四年都不分系的課程。背後的目的，可以呼應「目的學習」的意義，這背後的精神都在強調「跨域」學習。

同時，現在有越來越多的大專院校，都開設生涯探索相關課程，以及開設越來越多的跨領域學程，企圖培養更多能夠解決問題的跨領域才能。

而這樣的發展態勢也逐步向下紮根。高中、國中、國小新學習課綱裡「素養導向」的教育，也強調要培養出能適應現在生活及面對未來挑戰，所應具備的知識、能力與態度的人。背後同樣強調「跨域」學習。

　　由於目前的世界進步越來越快。現在的環境（及所面臨的問題），比起 30 年前遠遠複雜上數十倍。30 年後的環境（及所面臨的問題），也會比現在更複雜千百倍。一旦問題的複雜度變高，「跨域」的重要性就越大。

　　美國史丹佛大學現在的辦學宗旨，企圖打造出讓學生能夠終身學習的場域，進而提出「創新大學學習生態系統」的概念，這本身就是一種「目的學習」的實踐。

◆ 梅迪奇效應

　　為了解決複雜問題，在個人層次強調必須「跨域學習」，而在群體層次，可參考「梅迪奇效應（Medici Effect）」。企業組織可以從建立「多元文化」和營造不同觀點的「創意環境」下手

　　所謂「梅迪奇效應」係來自文藝復興時期義大利佛羅倫斯的梅迪奇家族（Medici），這個家族因為資助各種領域的創作家而享有盛名，當時梅迪奇家族因為在成功經商之餘，不斷出資協助雕刻家、詩人、科學家、哲學家 ... 等。而梅迪奇家族的羅倫佐（Lorenzo di Piero de' Medici），還特別設立了雕刻學校，並且建立各種有利環境，其中一位學生，就是著名的米開朗基羅。他們設法讓這些不同領域的創作者，激盪出驚人的火花。透過這樣的做法，梅迪奇家族協助成就了文藝復興時期，也寫下了人類歷史上光輝燦爛的一頁。

　　《梅迪奇效應》一書的作者佛朗斯・強納森（Frans Johansson），將以上的概念稱為「異場域碰撞」（intersection），並將不同領域可以交會的地方稱之為「交會點」，藉由「異場域碰撞」在交會點爆發出驚人的藝文創新作品，稱為「梅迪奇效應」（Medici Effect），如圖 6-20 所示。

圖 6-20　梅迪奇效應
繪圖者：彭煖蘋

　　如果要用一個簡單的概念來做比喻。請大家想像一下，兩個分子之間的衝撞，只能激起一點點的火花（這只是隱喻，並非代表科學）。但如果是兩千萬個分子之間的衝撞，再配合背後的連鎖反應，將有機會創造出巨大的能量。

　　這裡的分子，正如同我們一生中，在任何的可能時刻裡，所接觸到的人事時地物。當我們有計畫地，多聽、多看、多觀察、多學習、多思考，並與不同領域的人多接觸。同時，隨著年紀的增長，增加「衝撞」的機會自然增加，迸出「火花」的機會就會跟著提高。

　　過去曾經有個研究指出，如果一個組織裡面，只有一種人，一旦遭逢重大意外或變故時，因為組織裡只會產出同一種反應，萬一反應又不足以因應這種急遽變化，這個組織很快就會滅亡。因此組織裡的成員，最好能夠來四面八方。

　　當問題的複雜性越來越高，除了透過個人來解決問題，亦可以透過團隊的方式來思考，激盪出解方。尤其團隊成員的組成，最好跨域（異質性高），這樣產生創見的機會也越大。

強納森指出，要擁有「梅迪奇效應」。企業組織可以從建立「多元文化」和營造不同觀點的「創意環境」下手。

　　例如，許多新創意都是從不同聯想出發，將創意組合在一起成為新創意，但有效聯想在產生前，往往有許多障礙必須打破。而擁有「異場域碰撞」創新的人，通常具有兩種特性：一、創意是峰迴路轉的觀念結合；二、靈感往往是隨機出現，有可能是靈光一閃，也很可能是有意無意的發現。

　　因此，如果要鼓勵企業能產生「梅迪奇效應」，企業團隊最好能夠「接觸不同文化」。例如，平時就多由主管帶隊到不同產業去參訪，或是異業結盟與合作；其次，團隊成員也應利用不同方法學習，關鍵在於多學和自學；第三，碰到問題時，最好採取不同觀點，把一個問題，想出兩種以上的解答；或者改變（扭轉）原有的假設，才能找到新的解答。

◆ 好奇心有助於預測與新發現

　　您還記得小時候第一次拿到放大鏡時的新鮮經驗，世界怎麼會有這麼神奇的東西呢？在放大鏡下，什麼東西似乎都膨脹了起來，糖果變大了，餅乾也變大了，連平常毫不起起眼的螞蟻都快變成了巨獸。儘管放大鏡的邊緣讓物體看起有些變形，但究竟是什麼能讓放大鏡把全世界都變大了，讓人不禁好奇起來。

　　這麼多年過去了，儘管當初拿到放大鏡時的感動，已隨著時光流逝而事過境遷。您當年的好奇心還在嗎？《超級預測》（Superforecasting）一書作者菲利普‧泰特洛克（Philip E. Tetlock）發現，那些能夠成功預測事物發展的人們，通常都有一項重要的特質，那就是他們擁有旺盛的「好奇心」。

　　舉例來說，泰特洛克指出，大部分不是來自西非「迦納共和國」的人，都會覺得「誰將贏得迦納總統選舉」這種題目，並沒有多大的意義。但是一位成功的預測者聽到這個題目時，他一定會說，這是認識迦納的好機會。

好奇心除了對準確預測事物有所幫助外，還能有助於新發現。梅爾．費德曼（Meyer Friedman）與傑若德．弗萊德蘭（Gerald W. Friedland）都是醫學博士，他們在《怪才、偶然與醫學大發現：改變歷史的十項醫學成就》(Medicine's 10 Greatest Discoveries) 一書中 [8]，描述了史上十大醫學發現：人體解剖學、血液循環論、細菌、牛痘疫苗、手術麻醉、X 光、組織培養、膽固醇、抗生素和DNA。

費德曼與弗萊德蘭分析 ，這些醫學發現者中並沒有一位夠資格被稱為天才。誠如書中所提「沒有一個人展現出『無法理解的靈感』，因而發展出『奇蹟般不可思議的結果』」。

「事實上，看到他們的研究，我們不會像聽到貝多芬第五號交響曲，看到達文西蒙娜麗莎的微笑，或是浦朗克發表量子論時所感受到的震撼。這些人在天份上比不上莫札特、莎士比亞或牛頓」。

費德曼與弗萊德蘭問到，「在過去幾百年的醫界歷史中，我們合理的相信，一定有某些人的天份，比得上前面所提到的天才，但為何提出這些創見的卻不是這些天才」。這本書提供了兩項解答—旺盛的好奇心與運氣。

在好奇心的部份，舉例來說，維薩里（Vesalius）為了探究人體骨骼的奧秘，會在半夜跑到墓園裡跟惡犬爭奪人類的屍體。雷文霍克（Leeuwenhoek）不但用顯微鏡觀察雨水，還檢查了豬舌、馬糞、跳蚤的眼睛、自己的血液、精液、牙齒上的碎屑…等。

至於運氣，十項發現中有四項肯定跟運氣有關。朗（Long）如果不記得前一天晚上，在乙醚派對狂歡時所造成的淤傷（卻一點也不疼痛），他無法發現乙醚是一種絕佳的麻醉劑；假如不是佛萊明（Fleming）去放長假，青黴菌的小孢子

---

[8] 梅爾．費德曼 (Meyer Friedman)，傑若德．弗萊德蘭 (Gerald W. Friedland) 著，趙三賢譯，《怪才、偶然與醫學大發現：改變歷史的十項醫學成就 (Medicine's 10 Greatest Discoveries)》，商周出版，2004/01/12。

沒有碰巧落在佛萊明的培養皿中，而這培養皿的細菌又剛好被青黴菌抑制，同時倫敦的熱浪，剛好在孢子落入培養皿後就停止，佛萊明勢將無法發現青黴菌的抗菌作用。

我們先撇開運氣不談，「旺盛好奇心」的培養其實可以透過內在自我訓練以及外在情境的創造來完成。「內在自我訓練」指的是，透過自學增加學習廣度；透過自省增加批判深度。當視野（或框架）慢慢變大，我們會從中獲得許多喜悅。當擁有越來越多高品質的喜悅時，進而會回過頭來強化我們的好奇心，進入一個正向循環。

「外部情境創造」則是可以加入擁有旺盛好奇心的團隊，結交擁有旺盛好奇心的朋友，藉由外在的環境來增加自己的好奇心。有好奇心的朋友除了能增加想法上的刺激，還能增加行動力，協助我們將視野不斷放大，如圖 6-21 所示。

內在自我訓練

透過自學增加學習廣度；透過自省增加批判深度。當視野慢慢變大，我們會從中獲得許多喜悅。當擁有越來越多高品質的喜悅時，進而會回過頭來強化我們的好奇心，進入一個正向循環

外部情境創造

可以加入擁有旺盛好奇心的團隊，結交擁有旺盛好奇心的朋友，藉由外在的環境來增加自己的好奇心。有好奇心的朋友除了能增加想法上的刺激，還能增加行動力，協助我們將視野不斷放大

圖 6-21　旺盛好奇心的培養
繪圖者：彭媛蘋

當內部正向循環，再加上外部正向刺激，此時循環會加速並促使視野變的更大，並不斷地向外擴展，好奇心也會變得越來越強。

模型思維應用

◆　埃爾法羅酒吧問題

您是否曾經有過類似的困擾，想去一家酒吧，但是到了現場之後，卻發現裡面太熱，人數又太多，吵到根本沒有辦法和朋友交談，結果敗興而返；或是人數寥寥無幾，安靜到不想進去，兩種極端狀況，都比不上人不多不少，適度地熱鬧來的有趣。

威廉・布萊恩・亞瑟（William Brian Arthur）是一位美國的經濟學家，有一次在新墨西哥州的聖塔菲研究院（Santa Fe Institute）工作。閒暇之餘，他每週二會都想到街上一家「埃爾法羅酒吧（El Farol Bar）」來聽聽愛爾蘭音樂放鬆一下，然而他就面臨到類似上述的問題。偏偏，每週二酒吧人數多寡波動的很厲害，因此要不要去埃爾法羅便讓他有點為左右為難。

亞瑟發現，這背後的情況有點複雜。因為他認為，許多去酒吧的人都跟他一樣，都面臨類似的問題。亞瑟想在別人不想去的時候才去酒吧，而別人往往也會這樣想（結果就形成一種賽局），但人們最終還是得做出決定（去或不去）。

不愧是學者，他突發奇想，是否能夠透過電腦來模擬情境，來解釋酒吧裡的現象。

首先，亞瑟假設有 100 個人決定是否在某個晚上去酒吧，並設定一個情境是，如果酒吧裡少於 60 人，人們就認為值得一去；如果超過 60 人，則留在家裡比較好。接著，亞瑟列出許多假設條件，例如：本週酒吧人數與上週相同；上週人數較少，本週人數就會增加；上週人數很多，本週人數會變少…等，這些並隨機分派給每一個人 10 項假設條件。

之後，透過電腦分析每個人不同的假設條件，在最近幾週裡的預測效果，然後根據效果最佳的假設條件，以決定那個人是否該去酒吧。換句話說，亞瑟透過電腦，模擬出人們心中不同的決策規則，並透過自己認為最佳的規則來進行決策。

這個模擬有趣的地方，在於這些人數的動態變化，也會影響人們的決策。如果人們覺得酒吧裡人數可能不多，他就會去；如果覺得人數可能很多，就不會去。但每個人卻又要在不了解其他人的選擇的情況下，決定是否要去。

模擬的結果很有趣，平均人數收斂到 60（亦即一開始設定人們認為值得一去的數值），如圖 6-22 所示。

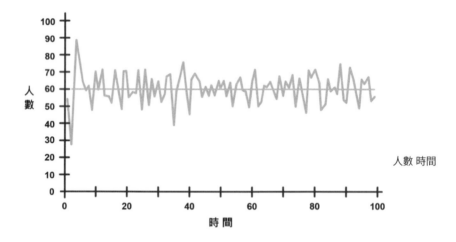

圖 6-22　酒吧裡 100 週的人數變化

資料來源：Arthur, W. B. Arthur, (1994) "Inductive Reasoning and Bounded Rationality",
The American Economic Review, Vol. 84, No. 2, pp. 406-411, 1994.

亞瑟認為，由於人人都想當那群「別人都去酒吧，我就待在家裡」的少數，而且一開始也確實會有一小群人符合這樣的條件。然而一旦時間推移，其他人也會慢慢「調適」，此時少數又會變成了多數。只可惜，類似埃爾法羅酒吧不像台灣的某些診所或醫院，可以用手機看到掛號人數，知道自己何時前往比較適當。

以上的故事，讓我們思考到，看待問題時，需要以更宏觀、動態的方式，來看待「系統裡，各子系統之間的互動」。

◆　動態隔離模型

有句俗話叫做「物以類聚」，同樣的動物，如魚、鳥和狼群都有類聚的習性。人類就更不用說了，即使個人剛開始，一點兒都不在意與不同種族或經濟背景的人住在同一社區，但時間一久，他們仍會不自主地將自己與其他人隔離。

2005 年諾貝爾經濟學獎得主湯瑪斯·謝林（Thomas Schelling）在 1971 年，發表了一個動態隔離模型（Dynamic models of segregation）（這個模型又稱做謝林模型）。該模型顯示出人們無意的行為，很可能助長「種族隔離」。也就是說，縱使一個人不介意與其他不同種族或經濟背景的人居住在一起，他們仍會不自主地將自己與其他人隔離。原因則是「同質性」對空間隔離的影響與作用所引起。

動態隔離模型是如何運作的？請想像有一個圍棋的棋盤，棋盤代表社區，裡面的黑子代表黑人、白子代表白人。在棋盤上，有數量繁多且隨機分配的硬幣，如圖 6-23 所示。

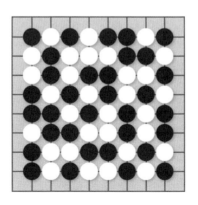

圖 6-23　動態隔離模型示意圖
繪圖者：彭媛蘋

謝林設立了一些規則，可以來移動黑子與白子。首先，謝林假設每個人都有種族歧視，只要周圍有不同顏色的棋子，就會自動遷移到附近的空格去。結果棋盤上，沒有多久，很快地黑色、白色棋子就壁壘分明。

接下來，謝林假設每個人都沒有種族歧視，也喜歡與不同種族的人當鄰居。但他認為，畢竟大部分的人，都不喜歡與眾不同，一旦自己成為社區裡的少數民族，心態上還是會覺得怪怪的（想想看「孟母為何要三遷」，可能就是因為住家附近的鄰居是「非我族類」）。所以，謝林設定，當黑子或白子附近的同類鄰居，少於某個比例（如 30%），黑白子就會移往他處。

而這樣的實驗結果出乎意料，最終還是造成黑色、白色棋子的壁壘分明，如圖 6-24 所示。

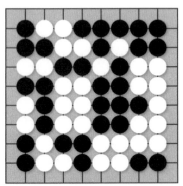

圖 6-24　動態隔離模型示意圖
繪圖者：彭煖蘋

謝林的模型剛好可以說明，美國中部大城芝加哥，為何自 1940 年開始，黑人居住區從某個區域開始聚集，到了 1960 年代就形成大片的黑人社區。原因在於他們的膚色屬性相同、選擇相似，然後又相互認識、相互影響，進而趨同成一個社群。

動態隔離模型解釋了，即使人們心中沒有種族歧視，種族隔離的現象依舊存在。同時該模型也指出，複雜的社會現象，有時背後真正的原因可能並不如我們所想，因為發生原因其實就是那麼單純。

◆　先有雞還是先有蛋 - 理論與實務的關連

　　說起研究的終極目的，不僅是設法解答自己在實務上所遭遇的問題，同時更重要的目標，在於建構理論，以讓研究成果能夠類推到一般領域。然而問題來了，有些才高八斗的學者，卻能在不接觸實務的情況下，構想出影響人類社會的重要理論，因此究竟是先有理論還是先有實務，就像「先有雞，還是先有蛋」的問題，困擾初初踏上學術這條路的人。接著，我們就以下面的兩個案例來進行說明。

　　第一個案例，網路社群媒體興起後，學者在分類「社群」時，除了用「實體社群」與「網路社群」來分類之外，還衍生出「集合體」(pool)、「網狀體」(web)和「輻輳體，或稱樞紐」(hub)，三種社群形態（如圖 6-25 所示）（此分類為 Jump Associates 所提出）。

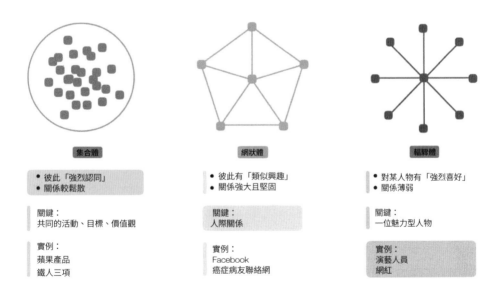

圖 6-25　社群的三種形態

繪圖者：陳靖宜

資料來源：Susan Fournier，Getting Brand Communities Right，社群拉抬品牌力，HBR 第 32 期，
2009 年 4 月，侯秀琴譯

而蘇珊‧佛尼爾（Susan Fournier）在〈導引品牌社團上正軌〉（Getting Brand Communities Right）這篇文章中指出，集合體社群中的成員，大都擁有共同的目標或價值，例如：蘋果產品的愛用者；網狀體社群的建立，來自於成員之間具有深入的一對一關係，例如：Facebook、癌症病友聯絡網；輻輳體社群的成立，源自於一位中心人物的出現，例如：蔡英文、周子瑜的臉書粉絲團。

蘇珊‧佛尼爾認為，過去的品牌管理理論，一向教導我們要以發展「集合體社群」的做法來建立品牌。由企業找到一套鮮明的共同目標或價值，並且透過推廣（promotion），讓消費者對品牌產生情感依附。只是，情感依附有了，但消費者之間的人際關係卻很少，而這樣的做法，很容易因為品牌經營做法的改變，導致社群成員的退出。

此外，輻輳體社群結構，有助於企業快速吸收具有共同目標或價值的新成員。但是，輻輳體社群無論大小都很不穩定，一旦中心人物消失，社群可能就跟著不見。

蘇珊‧佛尼爾因此認為，一個好的社群經營策略，應是結合以上三種形態，並發展成一套相互影響且相互強化的社群系統。她並舉例，原本輻輳體的社群，可以藉由發展網狀體的社群，來增加成員之間的互動，以強化彼此的關係。

例如：運動鞋大廠 Nike 先透過麥可‧喬丹（Michael Jordan）與老虎伍茲（Tiger Woods），來建立輻輳體社群。之後，Nike 建立了 Nike+ 線上社群，鼓勵消費者彼此之間進行挑戰。透過 Nike+ 線上社群的經營，Nike 發展出網狀體社群。同時，藉由這樣的社群，Nike 並且強化原有的集合體與輻輳體社群。

第二個案例，阿德烈‧歐特（Adrian C. Ott）在其著作「全天候顧客（The 24-Hour Customer）」中，提出了一個顧客時間座標分析架構圖（如圖 6-26 所示）。

圖 6-26　顧客時間座標分析架構
繪圖者：曾琦心
資料來源：李芳齡，時間真的是門好生意，EMBA 世界經理文摘，290 期，2010 年 10 月，
引用自 Adrian C. Ott，The 24-Hour Customer

　　歐特指出，Nike 公司發現，許多人在慢跑時會帶著耳機聽音樂，同時，其中一半的 iPod 使用者會在運動時聽 iPod。根據這樣的觀察，Nike 與 Apple 公司合作，推出了 Nike+，Nike 將一個無線感應器裝在鞋底上，當跑者在跑步時，感應器會將數據傳給 iPod，並在 iPod 上顯示出跑者的跑步時間、距離、卡路里等資訊。運動後，跑者還可將 iPod 內的數據上傳至 Nike+ 網站，讓跑者進行歷史數據的分析。此外，如果跑者願意，還可以透過網站，與世界上的同好進行比賽。書中提及，Nike 因為推出 Nike+，在慢跑鞋市場的市佔率，增加了 13% 以上。

　　歐特建議，透過提升時間價值的策略，讓 Nike 從「高時間、低注意力」的習慣性產品，變成了「高時間、高注意力」的動機性產品。Nike 有效運用「時間」的概念，將產品差異化，並且提供顧客額外的價值。

　　以上兩個故事，背後一樣都是 Nike+ 的個案，不同的學者專家，透過不同的理論來做詮釋，到底誰的說法比較正確？其實，透過不同的理論來對同一個個案來詮釋，就好像從不同的角度來對同一個物體進行拍攝，並沒有對與錯之分。

另外，從 Nike+ 的個案中，發現另一個疑問，那就是到底是「先有理論，還是先有實務」。以 Nike+ 的例子來看，這種創新的想法，是由 Nike 公司的人員所發想，與這些理論的提出者無關。這些理論提出者，透過事後的解釋，來驗證與強化自己所提出的理論。從這個角度來看，似乎是先有實務的存在。

不過，理論提出者也可以天馬行空地，提出實務上還沒出現的新想法與新事務，留待後人進行驗證。從這個角度來看，又似乎是先有理論。所以，是先有「理論」還是先有「實務」，答案是：「兩個都對」。

透過 Nike+ 的個案，我們接連學到「社群經營」以及「顧客時間座標分析」兩個理論，也瞭解了理論與實務的關連。

至於到底是「先有雞，還是先有蛋？」英國的科學家認為答案是：「先有雞。」

有興趣的讀者請參考清華大學物理系副教授王道維的文章：
http://www.fhl.net/main/eternal_qa/eternal_qa541477.html

◆ 透過模型對抗疫情

近年來，由流行性感冒到 2019 年全球大流行的新冠肺炎（Covid-19），大規模疫病的傳播，不僅引發公共衛生學界的高度關切，連一般民眾也深受影響。具有「模型思維」可以協助人們理解這些疾病如何傳播，也可協助人們阻斷它們繼續擴散。

截至 2021 年 10 月 5 日為上，在全球已造成 2.19 億人感染、455 萬人死亡的新冠肺炎，它的傳染速度和威力已經為人類文明史寫下許多新的紀錄。而在大家檢討公共衛生學的同時，我們也不妨利用「模型思維」來看看如何利用模型來對抗疫情。

成功大學數學系舒宇宸教授，在 2021 年 6 月的《科學人》雜誌上，發表了一篇〈數學建模對抗疫情〉的文章。舒宇宸強調，透過數學的抽象能力，將人與人之間的互動，轉換成模型，更能讓我們更清楚疫情的可能發展趨勢。

舒宇宸以數個不同的顏色的球體來解釋病毒過程的傳播。以圖 6-27 為例，其中，綠球 S 代表「健康者」；黃球 E 代表「帶有病毒但在潛伏期的人」；紅球 I 表示「已發病且具有傳染力的人」；青色球 R 則為「已恢復健康而且有抗體的人」。

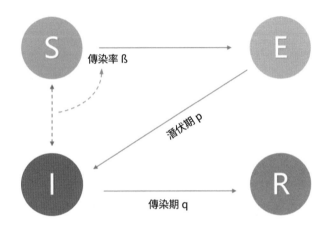

圖 6-27　疫情擴散示意圖
繪圖者：謝瑜倩
資料來源：舒宇宸教授

舒宇宸首先指出，科學家們可透過「蒙地卡羅法」(Monte Carlo Method)，用電腦軟體來模擬這些球體在環境中相互碰撞的情況，以機率方式決定是否為傳染病，進而預估疫情可能的走向。

接著，舒教授還提到，圖形中的 ß（感染率）*q（傳染期），就是公衛界所謂的「基本再生數（Basic Reproduction Number, R0）」。基本再生數是指一名初發病例，在易感染的人群中引起的「平均繼發病例」的個數。

舉例來說，如果 R0 = 3，代表每個人會傳染給 3 個人。而這個傳播過程，從第一層的一個人，傳給第二層的 3 個人，而每個人，又再傳給第三層的各 3 人，共 9 個人。這樣子以幾何級數的方式一直傳染下去，只算到第十層，就會有高達 5.9 萬人被傳染。而以目前全世界是以「地球村」的方式共同生活，也難怪新冠肺炎的傳播會在一年內，傳到全世界各地。

　　值得一提的是，雖然人類做了很多努力要阻絕病毒，然而當 R0 大於 1 時，代表該疾病繼續在人群裡傳播；當 R0 小於 1 時，則該疾病會慢慢消失。所以，如何將 R0 控制在 1 以下，就變得非常重要。

　　從模型中我們也可以發現，為了降低基本再生數，一種是降低 ß（感染率），將能遇到的人數降到最低，具體作法從大規模封鎖邊境、封城、停止上班上課、遠距上班、AB 分流上班、到最基本的保持社交距離……等；其次則是降低 q（傳染期），針對確診者進行極積地治療，以及將潛在染疫者進行隔離，以降低傳染力。至於最終的解決之道，就是透過接種疫苗，以降低未感染者的感染率。

◆ 人們為何會參與暴動？

　　每次看到歐美新聞媒體報導，某某大型球賽後，總有些球迷在他們支持的球隊輸球之後，總是怒不可抑，不斷朝維持秩序的警察投擲石塊或飲料瓶，然後最終則演變失去理智般地焚燒車輛和店鋪的大型暴亂。在東方人士看來，這些好傻、好天真的球迷怎會如此瘋狂，這其中固然有民族性和特定議題存在，但是在美國社會學家馬克・格蘭諾維特（Mark Granovetter）教授於 1978 年發表的一篇〈集體行為的閾值模型〉（Threshold Models of Collective Behavior）的論文 [10] 中更指出，人們會加入暴動的行動，其實還會考慮「成本與收益」。

---

[10] Granovetter, Mark. 1978. "Threshold Models of Collective Behavior". American Journal of Sociology 83 (May): 489-515.

　　換句話說，加入暴動之前，人們會掂掂自己可能遭到警方逮捕的「成本」，以及可以從中獲得什麼「收益」？格蘭諾維特教授提出的模型，主要假設參與者有兩種不同且互斥的行為選擇。

　　首先，模型假設個體是理性的，其次，個別決策者做出一項選擇的成本和收益，部分取決於有多少其他人也做出相同的選擇。以足球暴動為例，參與者會考量，個人加入暴亂的成本，會隨著暴亂規模的增加而下降，因為所涉及的人數越多，被逮捕的機率越小。例如，十個趁機搗蛋的球迷很容易遭到五十名的優勢警力所逮捕，但如果球迷人數來到二百人、五百人，甚至是一千人，就容易逍遙法外。

　　此外，模型也假設不同的人參與暴動的門檻，也就是所謂的「閾值」（Threshold）不同。激進分子的門檻較低；保守派的門檻較高。

　　舉例來說，模型假設有 100 個人，第一個人的閾值為零，他就是暴動的發起者，接下來依序閾值為 1、2、3……99，亦即有人看到一個人暴動時，他就會跟著起鬨；有人看到兩個人暴動時，他才會跟著動手；有人則要等到其他 99 的人都暴動時，他才會一起做亂。

　　根據上述的模型可以發現，第一個閾值為零的人開始暴動時，第二個閾值為 1 的人會跟著暴動，以此類推，第三個人、第四個人跟著暴動，最後所有人都暴動。

　　格蘭諾維特教授模型「有趣」的地方在於，根據以上邏輯，如果有另一個非常相似的群體，一樣 100 個人，彼此的閾值也是從 0 到 99。但唯一的差異是，沒有人的閾值為 1，而閾值為 2 的有兩人。這樣的假設，在模型推演後，結果會與前個有什麼不同之處？

　　我們可以根據相同的邏輯推論，得到當第一位（閾值為 0）加入暴動之後，因為沒有人追隨（閾值為 1），所以暴動就戛然而止。

兩個群體的差異其實微乎其微，但結果卻天壤之別。

　　格蘭諾維特教授在文章中提到，在第一種情境下，報紙的報導肯定會寫成，「一群激進分子產生暴動」。但是在第二種情境中，只會報導出「一名好事者打破了窗戶，引起眾人圍觀」。然而，這兩群人的組成幾乎完全相同。如圖 6-28 所示。

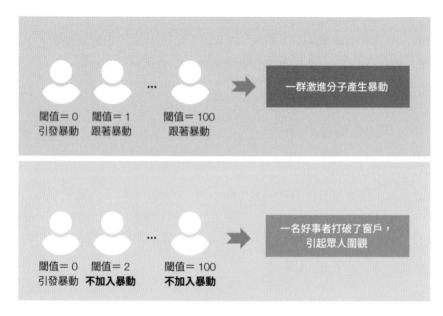

圖 6-28　不同閾值的影響
繪圖者：謝瑜倩

　　值得注意的是，這兩個簡單的模型，其實有很大的限制與差別，但它卻提供我們一種思路。許多事情背後生成的原因，其實不如我們所想，但其結果常常源自於一個微小的差異。

　　此外，閾值模型的概念，還可以應用到其他二元選擇的情境，例如，某一社區中，是否有住戶願意安裝「節能裝置」，其他住戶會起而效尤；再者，某個產業工會是否罷工；以及疫情期間的謠言與疾病傳播……等，都可以加以類推。

◆ 器官捐贈原因的想像

根據中華民國器官捐贈協會統計，2020 年全年度藉由該會官網、郵寄及親自來會等管道，受理之簽署器官捐贈同意卡的台灣地區民眾資料共 9,156 筆，其中又以女性達 6,951 人，多於男性的 2,205 人，女性約為男性 3 倍。由於國人多數長輩都有死後要留全屍的觀念，讓器官捐贈觀念不易推動。不過，這幾年經過宣導，加上年輕人接受度較高，因此 20 多歲到 60 多歲這年齡層是宣導活動重點對象。

此外，依據器官捐贈移植登錄中心統計，台灣器捐人數 2019 年創下捐贈新高紀錄 375 人，由本人或家屬主動提出器捐的比率，也從過去 64%，提升至71%，捐贈者生前有填具捐贈意願的比率從 9% 提升到 24%，累計器官捐贈者已有 5000 多人，顯示台灣人也逐漸接受這樣的觀念。

當然，各國在推動器官捐贈的觀念上，也是最近數十年才開始，美國賓州大學社會學教授鄧肯・華茲（Duncan J. Watts），也是《超越直覺》（Everything is Obvious）一書的作者，在書中提到一個有關器官捐贈的小故事。華茲教授在課堂上請學生針對一篇研究論文發表看法，內容則是美國哥倫比亞大學教授艾瑞克・強森（Eric Johnson）與丹尼爾・戈德斯坦（Daniel Goldstein）所發表的一篇文章〈Do Defaults Save Lives？〉[11]。

該文章中提到一個圖形（如圖 6-29 所示），各國公民同意捐贈器官的比例，呈現兩種陣營對立的態勢，同時彼此之間的差異非常懸殊。

一開始，華茲教授只選了兩個國家，而且將國家名稱給隱藏起來。他告訴學生，A 國的只有 12% 的公民同意捐贈器官，B 國則高達 99.9%。然後請學生們思考，為何會有這麼大的差異？

[11] Johnson, Eric J. and Goldstein, Daniel G., Do Defaults Save Lives？ (Nov 21, 2003). Science, Vol. 302, pp. 1338-1339, 2003, Available at SSRN: https://ssrn.com/abstract=1324774

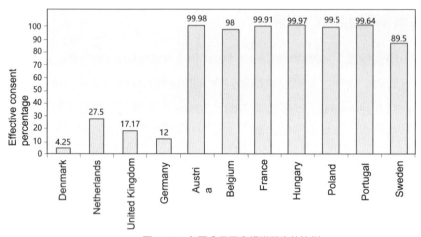

圖 6-29　各國公民同意捐贈器官的比例

繪圖者：謝瑜倩

資料來源：Johnson, Eric J. and Goldstein, Daniel G., Do Defaults Save Lives？
(Nov 21, 2003). Science, Vol. 302, pp. 1338-1339, 2003
Effective consent percentage Denmark Netherlands United Kingdom Germany
Austria Belgium France Hungary Poland Portugal Sweden

　　這個時候，學生們紛紛提出不同看法。有人開門見山就認為，是因為宗教信仰不同，有人則主張是因為醫療技術差異；有人認為是意外死亡造成捐贈數量的多寡；有人則認為，是來自不同國家文化差異所致。

　　之後，華茲教授告訴學生們 A 國是德國，B 國是奧地利，並請學生繼續提出看法。不過，學生的答案沒有收斂，反而更加多元，大家提到可能是受法律、教育、媒體、甚至是二次世界大戰所影響。

　　然而，無論什麼原因，學生們在一番討論之後，普遍認為背後一定有一項重大的原因，導致這麼懸殊的差距。

　　最後，華茲教授揭曉答案，答案竟然是奧地利的同意書上，預設選項是「同意」，而德國的預設選項是「不同意」。

　　不曉得，大家有沒有覺得很出乎意料，很多事情背後的原因，往往並非我們所能想像，而有時候就是這麼簡單。

第 7 章

行銷模型

建立行銷模型

◆ 行銷模型的種類

行銷模型種類眾多，一般剛入行的年輕學者經常搞不清楚模型是什麼，更不用說模型如何分類？美國密歇根州立大學教授威廉·拉澤（William Lazer）1962年時在《行銷期刊》（Journal of Marketing）上發表了〈模型在行銷上的作用〉（The Role of Models in Marketing）[1] 一文，提及行銷模型有許多維度和特徵，也有不同的分類方式，值得正在學習建立模型的學者一讀。

按照拉澤的分類方式，行銷模型可以分類的標準，包括：

1. 依數學技術（Mathematical Models）

如果數學好，可以依據所使用的數學技術，對行銷模型進行分類。例如，可區分為代數、差分方程、微分方程、以及混合差分和微分方程模型……等。

2. 依實體與抽象（Physical Models and Abstract Models）

可分成實體模型與抽象模型。依據美國國防部 1998 年出版的「建模與模擬（Modeling and Simulation，M&S）」詞彙表所定義，「模型」可以是系統的、實體的、數學的或其他邏輯的方式來呈現。而這個定義已經為高階模型分類法提供一個新起點。其中，實體模型是有別於數學和邏輯模型，以具體表達為主，而數學和邏輯模型皆對系統，以抽象方式表達。至於抽象模型還可以進一步分類成描述性（類似於邏輯）或分析性（類似數學公式）模型。

---

[1] Lazer, William, 1962, "The Role of Models in Marketing," Journal of Marketing , Apr., 1962, Vol. 26, No. 2 (Apr., 1962), pp. 9-14.

3. 依語文與數學（Verbal Models and Mathematical Models）

依表達方式，可以分成鬆散的語文模型與精確的數學模型，兩者形成對比。

語文模型主要是使用單詞，以表現日常生活中，存在或可能存在的某些對象或情況。範圍可以從簡單的文字敘述，到複雜的商業決策問題（用文字和數字描述）。例如，一家企業的使命或宣言，正是其對所從事業務的信念模型，並為公司確認目標奠定了基礎。例如，全家便利商店的「全家就是你家」這句標語（slogan），在某種程度上也可以視為一種行銷模型，它想要打造一種氛圍，讓顧客一進門就好像回到家裡一樣。

語文模型經常用於表達問題所需的場景，並提供解決問題、提出建議，或可行方案的所有相關和必要資訊。在管理教科書中的案例，也算是一種口頭模型，可以代表企業的運作，不需要將學生帶到公司現場才能體會。

通常，語文模型還能提供許多資訊，以便往後可用數學形式來描述。換句話說，語文模型常被轉換為數學模型。例如，許多商管教科書或論文會將以文字形式出現的管理問題，轉換成數學模型來表達。

數學模型主要利用數字和符號來構建，可以轉換成函數、方程式或公式。它們還可用於構建更複雜的模型，例如矩陣或線性規劃模型等。然後，使用者可以使用簡單的技術（例如乘法和加法）或更複雜的技術（例如矩陣代數）來求解數學模型（尋求最佳解）。

4. 依靜態與動態（Static Models and Dynamic Models）

變數會隨時間變化的模型稱為動態模型，反之則為靜態模型。兩者最顯著的區別在於，動態模型是指系統運行時的模型，而靜態模型則指不運行時的系統模型。動態模型隨時間不斷變化，而靜態模型則處於平衡或穩定狀態。

靜態建模無法即時更改，這也是它被稱為靜態模型的原因。而動態模型則很靈活，因為它可隨時間的推移而改變。

5. 依確定與隨機（Deterministic Model and Stochastic Models）

隨機模型意指其中某些變數屬於隨機因素，且無法完全確定的模型。有別於確定模型。

擁有一個確定性模型，可以精確地計算未來的事件。如果某件事很明確，代表預測者擁有確定預測結果所需的所有數據。例如，多數財務規劃師習慣使用某種確定形式的現金流建模工具，來預測未來的投資報酬率。

至於隨機模型，則使用大量歷史數據來說明事件發生的可能性。因此，與確定性的對應工具相比，這些類型的財務規劃工具更加複雜。隨機模型不會產生一個確定的結果，而是產生一系列可能的結果，這在幫助客戶規劃未來時特別有用。

6. 依微觀與宏觀（Mirco-marketing Models and Macro-marketing Models）

根據微觀行銷（企業、個人）和宏觀行銷（國家、社會）區分的行銷模型。

7. 依線性與非線性（Linear Models and Non-linear Models）

以線性函數與非線性函數區分的數學模型。

8. 依目標與系統（Goal Models and Systems Models）

目標模型與系統模型的區別，主要是以單一子系統與整體系統進行區分。目標模型是在單一系統裡，達成行銷目標（卻未必是公司整體的目標）；系統模型則會以整體系統的運作為前提，考量組織內可能存在許多相互衝突的目標。

◆ 行銷模型的用途與好處

　　行銷學者每天飽讀群書和各類文獻，無時無刻不絞盡腦汁，設法建構好用、易懂的行銷模型，企圖說明、解釋和預測各種行銷現象。前述的美國密歇根州立大學教授威廉·拉澤（William Lazer）[2] 即提出行銷模型有五種主要用途，它除了可以提供參考框架之外，還可以解釋隱藏於其後各種變數的關係，並且有助於預測、產生假設和建構理論。

　　拉澤教授指出，建立模型的好處在於能提供一個主要框架，可以讓大家知道這個行銷現象的主要範圍會落在哪裡，同時有哪些主要變數，以下是他所列出的五種主要用途，如圖 7-1 所示，說明如下：

1　提供了參考框架

行銷模型能夠透過「圖表」呈現行銷活動的主要樣貌，協助行銷人分析行銷流程，並且描述各種變數之間的關係，行銷模型提供行銷人一個架構，協助解決行銷問題。

2　解釋背後變數的關係

行銷模型不僅僅是簡單的比喻，它試圖解釋各變數之間的關係和反應。例如，了解廣告與品牌忠誠度，或者是廣告與銷售量之間的關係

3　有助於進行預測

行銷人員透過行銷模型進行預測。這些模型不僅僅能對現有狀況進行解釋，還能呈現未來的可能發展

4　有助於假設的產生

建構行銷模型時，可以驗證和測試背後的假設，從而進一步推動科學方法，在行銷研究中的應用和行銷知識的擴展。

5　有助於理論構建

在建立行銷模型的過程中，可以提供對行銷理論在發展上的寶貴見解，為擴展知識提供了有用的工具。

圖 7-1　五種行銷模型用途
繪圖者：彭媛蘋

---

[2] Lazer, William, 1962, "The Role of Models in Marketing," Journal of Marketing , Apr., 1962, Vol. 26, No. 2 (Apr., 1962), pp. 9-14.

(一) 行銷模型提供了參考框架

　　行銷模型能夠透過「圖表」呈現行銷活動的主要樣貌，協助行銷人分析行銷流程，並且描述各種變數之間的關係，行銷模型提供行銷人一個架構，協助解決行銷問題。

(二) 行銷模型解釋背後變數的關係

　　行銷模型不僅僅是簡單的比喻，它試圖解釋各變數之間的關係和反應。例如，了解廣告與品牌忠誠度，或者是廣告與銷售量之間的關係。

(三) 行銷模型有助於進行預測

　　行銷人員透過行銷模型進行預測。這些模型不僅僅能對現有狀況進行解釋，還能呈現未來的可能發展。

(四) 行銷模型有助於假設的產生

　　建構行銷模型時，可以驗證和測試背後的假設，從而進一步推動科學方法，在行銷研究中的應用和行銷知識的擴展。

(五) 行銷模型有助於理論構建

　　在建立行銷模型的過程中，可以提供對行銷理論在發展上的寶貴見解，為擴展知識提供了有用的工具。

　　此外，拉澤教授也提及行銷數學模型的四大好處，如圖 7-2 所示：

1 更能闡明變數關係和其間的相互作用

一旦將概念轉化成變數，透過清晰且可操作的定義，模型更能呈現背後真實的行銷活動，行銷人所開發出的模型也可能變得更佳更適用。

2 更能促進交流

透過數學模型的使用，讓各學科都可以簡化成通用的數學語言，可以揭示研究結果的相互關係和相關性

3 通常更加客觀

行銷可通過客觀且科學化的方式，來進行數學分析

4 數學模型可協助無法透過語文模型 (Verbal Model) 進行分析的情境

語文模型的發展，不容易凸顯相互關係和邏輯，而數學模型就可以突破這類限制。

圖 7-2　行銷模型的四大好處
繪圖者：彭煖蘋

（一）數學模型更能闡明變數關係和其間的相互作用

　　一旦將概念轉化成變數，透過清晰且可操作的定義，模型更能呈現背後真實的行銷活動，行銷人所開發出的模型也可能變得更佳更適用。

（二）數學模型更能促進交流

　　透過數學模型的使用，讓各學科都可以簡化成通用的數學語言，可以揭示研究結果的相互關係和相關性。

（三）數學模型通常更加客觀

　　行銷可通過客觀且科學化的方式，來進行數學分析。

（四）數學模型可協助無法透過語文模型（Verbal Model）進行分析的情境

語文模型的發展，不容易凸顯相互關係和邏輯，而數學模型就可以突破這類限制。

最後，拉澤教授提到，行銷模型發展的複雜度，還無法與物理學或生物科學中的模型建構相媲美。然而，隨著行銷學科的成熟，未來將發展出更多、更複雜且更能廣泛應用的模型。

◆ 如何建構行銷模型？

行銷模型是行銷研究人員將他在日常生活中所認知的行銷概念，逐一轉化為符號、結構或數學方程式等形式，並以合乎邏輯的方法所呈現。拉澤教授首先提到，所有行銷模型都一定有它的假設，而這些假設，有時候會與真實的行銷世界並不完全一致。通常，它們會簡化現有的實際狀況。因此，模型剛開始可能無法準確地描述行銷活動。不過，儘管行銷模型無法百分百反映真實的狀況，但是模型還是能協助我們瞭解真相。

拉澤教授指出[3]，建構行銷模型的方法有兩種：抽象（Abstraction）和實現（Realization）[4]。

第一種方法是透過「抽象」方式建立模型，簡單來說，即是先將真實世界予以抽象化。研究人員將所認知到真實世界的情況，投射到模型中。舉例來說，模型建構者透過辨識出不同變數之間的關係，來描述所認知的行銷情境，並賦予這些變數之間具有簡潔、清晰描述的邏輯關係。之後，再透過所蒐集的資料、實驗或是模擬方式來量化這些關係，以建立數學模型，如圖 7-3 所示。

[3] Lazer, William, 1962, "The Role of Models in Marketing," Journal of Marketing , Apr., 1962, Vol. 26, No. 2 (Apr., 1962), pp. 9-14.

[4] Coombs, C. H., H. Raiffa, and R. M. Thrall, "Some Views On Mathematical Models and Meas- urement Theory," in R. M. Thrall, C. H. Coombs, and R. L. Davis, editors, Decision Processes (New York: John Wiley and Sons, Inc., 1954), pp. 20-21.

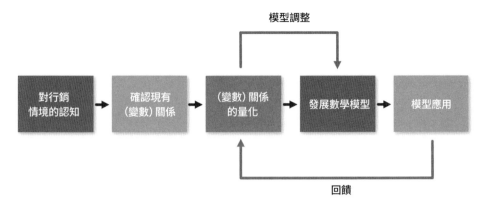

圖 7-3　建構行銷模型─抽象
繪圖者：彭媛蘋
資料來源：Lazer, William, 1962, "The Role of Models in Marketing," Journal of
Marketing , Apr., 1962, Vol. 26, No. 2（Apr., 1962）, pp. 9-14.

　　一旦確認數學模型之後，就可以將這個模型應用在「現實世界」，同時不斷
透過檢討與回饋，將數學模型加以優化。

　　拉澤教授以建構家企業的廣告費用支出，與消費者購買金額之間的模型為
例。首先，某位行銷研究人員在讀完各年度的廣告支出費用報表後，發現並認
知到公司的「廣告費用支出」與消費者「購買金額」間似乎存在著正向關係。

　　接著透過進一步的資料蒐集與分析，發現初期在廣告支出很少的情況下，消
費者購買產品的機會很小。之後，隨著廣告支出在一定範圍內的增加，消費者
購買金額會急遽上升。而該名行銷研究人員也發現，一定期間後，消費者的購
買金額，就不再隨著廣告費用持續的增加而增加，換言之，這條成長曲線最終
會逐漸減緩並趨向於某些限制（到了某一頂點而趨於平緩）。如圖 7-4 所示。

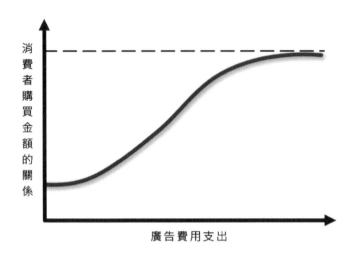

圖 7-4　廣告費用支出與消費者購買金額的關係模型
繪圖者：彭媛蘋
資料來源：Lazer, William, 1962, "The Role of Models in Marketing," Journal of Marketing , Apr., 1962, Vol. 26, No. 2 (Apr., 1962), pp. 9-14.

　　通過行銷研究，廣告費用支出與消費者購買金額兩變數之間的關係，可以量化並以數學公式表示，如此便發展出一個模型。透過這個模型，行銷人可以確認廣告支出的最佳分配。

　　至於第二種建構模型的方式稱為「實現」。透過「實現」建立模型與藉由「抽象」建立模型，過程剛好相反。行銷研究人員先大致繪製出一套概念（數學）系統，並直接將其應用到現實世界裡，如圖 7-5 所示。

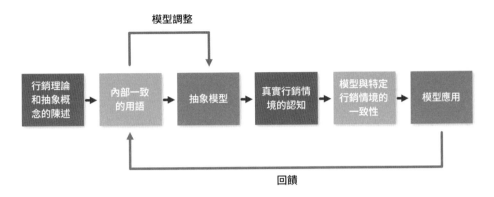

圖 7-5　建構行銷模型－實現

繪圖者：彭煖蘋

資料來源：Lazer, William, 1962, "The Role of Models in Marketing," Journal of Marketing , Apr., 1962, Vol. 26, No. 2（Apr., 1962）, pp. 9-14.

　　首先，透過「實現」建立模型的方法，會以行銷理論與抽象概念為基礎，並取得一致性的陳述，發展出抽象模型；接著，再對應到真實的行銷情境，並將模型與特定行銷情境對齊，以求得情境上的一致性，最後再應用這個模型。一旦發現有差異，就再回到取得一致陳述的步驟，不斷循環。

　　舉例來說，行銷研究人員根據行銷理論，建立產品使用者和非使用者，在特定期間內受到廣告影響的模型。接著，行銷研究人員不斷透過廣告內容來影響消費者的品牌忠誠度，或是讓潛在消費者變成已購買的消費者。之後，伴隨著模型應用的經驗積累，對模型產生修正與回饋，進而持續對模型進行優化。

行銷與銷售之差異

◆ 行銷與銷售之差異

　　將產品銷售到消費者手上，攸關企業在市場上能否存續。因此，許多企業在組織架構上，都設有行銷部門來訂定行銷策略與行銷組合（產品、定價、通路和推廣），同時，也設置銷售部門，透過銷售人員將產品銷售出去。表面上，這兩個單位都肩負銷售產品的責任，但往往在運作時卻出現重大扞格，有時甚至水火不容；行銷大師菲利普・科特勒（Philip Kotler）與學者蘇吉・克里希納斯瓦米（Suj Krishnaswamy），2015 年 2 月於《哈佛商業評論》（HBR）上，發表了一篇〈讓銷售與行銷休兵〉（Ending the War Between Sales and Marketing）文章，呼籲兩邊最好停戰。

　　文章中開宗明義地指出，許多公司的銷售人員與行銷人員之間，關係不和，往往導致企業很大的損傷。實務上，如果產品的銷售情況不佳，行銷部門會指責銷售部門，竟然將這麼好的行銷企劃執行不當；銷售人員則抨擊行銷部門沒有第一線的經驗，不是規畫的產品不符合顧客所需，就是價格訂的太高，或是促銷方案了無新意；行銷部門並認為銷售人員不重視市場的發展，目光容易聚焦在個別顧客身上，銷售部門則認為行銷人員不了解銷售現場，不了解顧客的真實狀況。

　　為了釐清與解決這個問題，科特勒等人進行研究，獲得以下發現。

　　行銷部門會因為企業規模的不同，而有很大的差異，絕大多數的小型企業沒有行銷部門。這類企業的行銷想法，往往只是來自老闆或銷售主管本身，甚至是廣告代理商，同時認為，行銷與銷售是一樣的事情，最終目標其實就是銷售。

　　至於規模相對較大的企業，則會設置行銷部門，進行市場區隔、選擇目標市場、發展產品定位，同時擬定產品（product）、定價（pricing）、通路（place）、推廣（promotion）等行銷組合。尤其是當行銷部門開始涉入企業長期策略的發展，協助品牌的建立，並開始與財務、製造、研發等單位合作，在心態上，開始覺得自己在公司裡的「位階」已有所不同。就在這樣的組織架構與心態下，行銷部門更容易與銷售部門容易產生衝突。

　　圖 7-6 顯示行銷與銷售之間的關係與差異。

圖 7-6　購買漏斗（The Buying Funnel）
繪圖者：田中冠宇
資料來源：Ending the War Between Sales and Marketing
by Philip Kotler, Neil Rackham, and Suj Krishnaswamy

圖 7-6 是一個「購買漏斗」的示意圖，前四個步驟為：顧客知曉（customer awareness）、品牌知曉（brand awareness）、品牌考慮（brand consideration）和品牌偏好（brand preference）。在此四個階段，行銷部門往往透過行銷計畫的發展，協助建立品牌偏好，接著，再將後續任務交給銷售部門，但如果之後的事情進展並不順利，銷售部門可能就會批評行銷部門的行銷計劃，而行銷部門則指責銷售部門工作不夠努力。

另一方面，銷售部門負責漏斗的最後四個步驟：購買意向（purchase intention）、購買（purchase）、顧客忠誠（customer loyalty）和顧客擁戴（customer advocacy）。尤其在前兩項決定是否購買與成交的階段，行銷部門通常在這些任務中不起作用。

至於行銷部門與銷售部門處不好的原因，科特勒等人認為主要有兩個：經濟與文化。首先，在經濟上，由於兩部門都分食公司的銷售預算，同時，行銷部門決定定價，銷售部門決定成交價；行銷部門覺得銷售人員在侵蝕公司利益，銷售部門覺得行銷人員定價太高，往往賣不出去，彼此在價格觀點上存著歧異。此外，對於促銷成本與費用，也是主要的爭議來源。銷售團隊往往認為促銷費用太高，效益太低，而且效益難以衡量。行銷人員則認為行銷是持久戰，品牌的塑造無法一蹴可及，認為銷售部門太過短視。

其次，在文化上，行銷人員與銷售人員屬性並不相同。行銷人員較像「文官」，銷售人員較像「武將」。通常行銷人員具有分析、企劃能力；銷售人員則願意與顧客接觸，並建立關係。銷售人員將心力放在可立即成交的產品；行銷人員則希望銷售人員賣出對公司整體、長期更有利的產品；銷售人員的績效常擺在短期的營業額，行銷人員的績效在置於各種專案所創造出的長期競爭優勢之上。

在了解了行銷人員與銷售人員之間的隔閡與差異後，兩者之間又該如何進行合作，將在之後的文章中與大家分享。

　　由於行銷部門和銷售部門立場不同，加上看法歧異，造成同一企業的不同部門往往明爭暗鬥。至於如何讓銷售與行銷停戰，科特勒等人提出多項作法，像是鼓勵制度化的溝通、人員彼此輪調等，都是解決部門爭端的好方法。

　　首先，科特勒等人將行銷部門與銷售部門之間的關係，區分成四種類型：

● 類型 1 未界定：行銷與銷售之間的關係沒有清楚界定，彼此獨立發展。

● 類型 2 已界定：行銷與銷售之間的關係已清楚界定，公司已制定制度、流程、規範以避免爭議。

● 類型 3 合作：行銷與銷售之間密切合作，共同進行行銷規畫與教育訓練；銷售人員了解行銷用語，行銷人員懂得與顧客協商。

● 類型 4 整合：行銷部門與銷售部門完全整合，兩者之間的界線模糊。整合後的部門共享資源、擁有同一套制度。

　　另外，一旦企業確認行銷部門與銷售部門之間有必要密切合作時，科特勒等人提出以下具體的建議，如圖 7-7 所示。

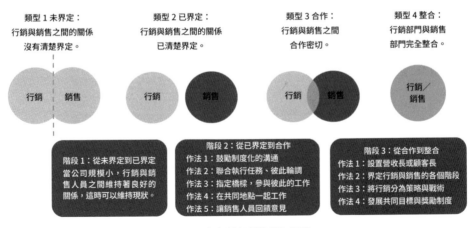

圖 7-7　如何讓行銷與銷售停戰
繪圖者：陳柔菲
資料來源：參考自 Ending the War Between Sales and Marketing
by Philip Kotler, Neil Rackham, and Suj Krishnaswamy

- 階段 1：從未界定到已界定

  當公司規模小，行銷與銷售人員之間維持著良好的關係，這時可以維持現狀。不過，當衝突發生時，主管就應該制定出規則，以利衝突的解決。

- 階段 2：從已界定到合作

  - 作法 1：鼓勵制度化的溝通

    行銷部門與銷售部門定期開會，確保所有問題都能在會議中進行討論。

  - 作法 2：聯合執行任務、彼此輪調

    讓行銷人員與銷售人員進行合作，例如讓行銷人員與銷售人員一起去拜訪顧客，為顧客尋找解決方案。銷售人員也可以協助行銷計畫的擬定，參與行銷企畫案的討論。

  - 作法 3：指定橋樑，參與彼此的工作

    指派雙方信賴的橋樑，協助解決問題，分享雙方資訊與知識。

  - 作法 4：在共同地點一起工作

    在同一地點工作，有助與彼此的互動與了解。

  - 作法 5：讓銷售人員回饋意見

    促使銷售人員回饋經驗給行銷部門。

- 階段 3：從合作到整合

  - 作法 1：設置營收長或顧客長

    由「長」字輩的高階主管來領導，有助於兩個部門的整合。

■ 作法 2：清楚界定行銷與銷售的各個階段

行銷通常負責「採購漏斗」（Buying Funnel）的前期階段，包括建立顧客的品牌知曉與品牌偏好，發展行銷計畫。銷售人員則負責後期階段，執行行銷計畫，掌握銷售機會。但在這樣的架構下，兩部門的工作交接點常會產生重大問題，造成彼此的爭議與衝突。而整合的具體作法，就是讓行銷人員涉入採購漏斗的後期階段，例如，行銷人員可協助銷售人員掌握銷售機會，為顧客設計解決方案，化解顧客疑慮。同時，讓銷售人員能在採購漏斗的初期，協助行銷人員發展行銷計畫、決定如何區隔市場、選擇目標市場，以及如何進行產品定位。

■ 作法 3：將行銷分為策略與戰術

把行銷分成策略和戰術兩部分。戰術人員負責廣告設計與促銷活動，並透過市場調查蒐集資料；策略人員則負責持續了解顧客與市場，並進行長期規劃。

■ 作法 4：發展共同目標與獎勵制度

行銷部門與銷售部門擁有共同營業目標，並設計報酬制度。

行銷組合模型

◆ 產品的五個層次

產品生命週期不長，是現代商品的宿命。事實上，企業在發展新產品時，往往都會歷經不斷的測試和改進，因此不少人就要問，究竟要如何才能生產出一款能得到消費者青睞，並且在消費者心中佔有一席之地的「長青產品」。

著名的美國行銷管理泰斗菲利普·科特勒（Philip Kotler）指出，行銷管理裡的「產品層次」模型就是很好的指引。他認為，在發展產品時，產品設計者可以將產品思考成一個具有五個環的同心圓，由內而外逐層發展，如圖 7-13 所示 [5]。

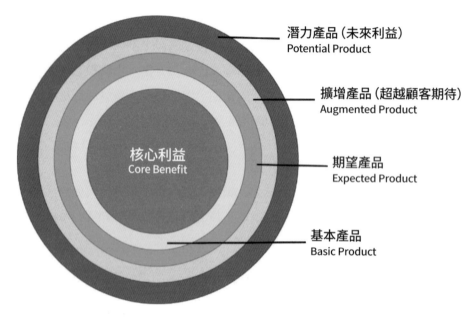

圖 7-8　產品的層次
繪圖者：謝瑜倩
資料來源：資料來源：Kotler, Philip，謝文雀譯，行銷管理

1. 核心利益（Core Benefit）

所謂的核心利益，也就是消費者真正想購買的部分，企業如何提供消費者真正需要的東西？

---

[5] Philip Kotler, Marketing Management-analysis, planning, and control.

舉例來說：如果消費者到飯店住宿，只是要睡得舒適、睡得安全，而非要求有三溫暖、按摩沙龍，五星級的料理或是漂亮的「無邊際游泳池」，那麼不妨看看國內有一家叫做「捷絲旅（Just Sleep）」的旅館主要訴求是什麼？行銷人員應找出隱藏在產品背後消費者真正的需求，並針對他們的需求，銷售出核心利益（Benefits），而不是依自己想定的產品特性（Features）。

2. 基本產品（Basic Product）

所謂基本產品內層是指包圍核心的第二圈，將核心產品轉變為實體物品或服務。

例如：飯店提供有形產品，包括床鋪、盥洗設備...等，提供的無形服務包括基本的問候、床頭具有 morning call... 等。

3. 期望產品（Expected Product）

第三圈指的是消費者對實體產品與無形服務的期望。

例如：消費者會期望飯店的床單被套是乾淨、浴室全天候都能供應熱水。

4. 擴增產品（Augmented Product）

指提供消費者實體產品之外，能超越顧客期望，提供更多額外的服務與利益。

例如：飯店能夠提供一泊三食、延後至下午三點退房...等服務。

5. 潛力產品（Potential Product）

指提供消費者實體產品與無形服務的未來利益，但是這類的未來利益通常必須透過「創新」來達成。

例如：地處鄉間的飯店業者，結合當地農民，推出農村體驗的活動。

企業可以藉由以上的產品五個層次模型，再進一步利用行銷研究與行銷資料科學的工具，來探索背後各層次的消費者需求與產品特色，進而作為產品發展時的指引。

◆ 點、線、面、體 —
從產品項、產品線、產品組合、到產品體系

俗話說「見樹不見林」，意指人們做事往往只從自己的立足點，看到有限的視野，藉此比喻做事忽略掉整個大局。

為了培養出「見樹又見林」的思維，有一些模型可供我們參考與練習。像是設計學領域裡，有所謂的「點、線、面、體」，而對應到企業在發展新產品時，也有所謂的「產品項、產品線、產品組合、產品體系」(如圖 7-9 所示)。

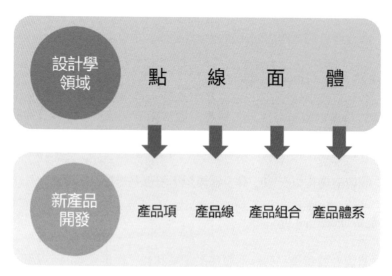

圖 7-9　點、線、面、體
謝瑜倩

以「幼教產品」為例，開發出一種全新教具屬於「產品項」（由點出發）；然後，在新教具下，接開發出一系列相關類型的教具屬於「產品線」（兩個點成一條線）。有了第一條「產品線」後，陸續再開發出第二條、第三條產品線，則屬於「產品組合」（產品面）。接著，再配合「產品組合」，開發相配套的學習平台、學習歷程、教務制度、商業系統…等，就是完整的「產品體系」（體）。

當然「點、線、面、體」每一項都很重要。「點」就像是「體」裡面的小螺絲，螺絲栓得不夠緊，一旦鬆了，整個「體」甚至會有崩塌的可能。但是，「點、線、面、體」的思維重要性，不僅於此。因為在開發新產品時，我們很容易只專注在「點」，而忽略了可以從「體」（宏觀），建立起整體性的佈局，然後再落實到「點」（微觀），設計出符合未來布局的新產品。

我們可以根據以上的概念，擴大思維限制，以更宏觀的視野，來看待新產品開發。再以前面的幼教產品為例，我們甚至可以以教育部的新課綱做為「產品體系」（體）的核心。在此概念下，就可以構思出一系列的「產品組合」（面），進而確認不同但是去相關的「產品線」（線），並且找出目前應該要研發的新「產品項」（點）。

這種作法的好處，在於企業的研發方向上，就會有了明確的指引。因如此一來，除了可以引導資源的配置（積極尋找應該要研發的產品），還可避免資源的錯置（研發出重複或類似的產品）。同時，往後的相關經驗，還可以重複援引和累積，更等於讓產品開發向上下左右，一併發展。

「點、線、面、體」，背後的思考維度，從 0 維到 3 維。甚至還有人開始試著將 4 維甚至是 5 維以上思維，運用到商業與生活上，有機會大家也不妨思考一下背後相關的應用。

◆ 透過產品生命週期模型建立雲端運算使用概念模型

越來越多的公司開始使用雲端運算服務，這種發展趨勢得益於雲端運算使用上的成本、效率、擴展性和靈活性。常見的雲端運算服務包括：

1. 私有雲（Private Cloud）：提供雲基礎設施供單一顧客獨占使用。

2. 公有雲（Public Cloud）：專為大眾開放使用的雲端基礎設施。

3. 混合雲（Hybrid Cloud）：由兩個或多個不同的雲基礎架構（私有、社區或公共）的組合。

對於使用雲端服務的企業而言，最廣泛的用途之一，就是用於數位產品開發。然而，儘管使用雲端運算有著種種的好處，但由於高度依賴特定服務的供應商，以及高度標準化的基礎設施與配置，對於企業轉換供應商的需求，與客製化需求的滿足，也產生了使用上的限制。

慕尼黑商學院的提莫·普施卡什（Timo Puschkasch）與大衛·瓦格納（David Wagner）兩位學者便透過產品生命週期模型，建立數位產品開發中使用雲端運算的概念模型[6]，如圖 7-10 所示。

---

[6] 資料來源：Puschkasch, Timo and David Wagner, 2019, "Managing Cloud Computing Across The Product Lifecycle: Development of a Conceptual Model," Smart Business: Technology and Data Enabled Innovative Business Models and Practices, 18th Workshop on e-Business, WeB 2019 Munich, Germany, December 14, 2019 Revised Selected Papers.

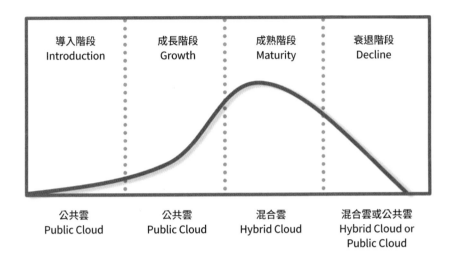

圖 7-10　依產品生命週期模型所建立的雲端運算使用概念模型
繪圖者：彭煖蘋

資料來源：Puschkasch, Timo and David Wagner, 2019, "Managing Cloud Computing Across The Product Lifecycle: Development of a Conceptual Model".

在導入階段，使用雲端運算的最佳路徑，始於使用公有雲資源，以減少前期投資。

當產品進入成長階段時，可能會保留在公有雲的基礎設施，因為在此階段改變部署並無法實現主要的優勢。

到了成熟階段，價格壓力、競爭加劇，將增加對優化運算資源的需求，促使組織增加私有 IT 基礎設施的建置，從而創建混合雲環境。

最後在衰退階段，組織將暫時保留混合雲環境，同時縮減資源並將其部署到其他產品。這可能會導致保留混合雲的基礎架構，或者削減私有 IT 資源，導致遷移回純粹的公有雲環境。

以上即是一個透過行銷模型的建立，來協助給予企業經營指引的良好範例。而學習與應用行銷模型，有助於我們做好行銷決策。

◆ 打破傳統思考的藩籬—水平思考

談到問題解決方法，大家都習慣使用線性的邏輯推理來解決問題，但是心理學家愛德華·德·波諾（Edward de Bono）卻打破這種傳統思考方式。他提倡的「水平思考法」鼓勵擺脫舊有的經驗與觀念，嘗試從不同的角度，提出不同解決問題的方法。

無論是歸納法和演繹法，均重邏輯推理，它們的思維模式特點是，必須依據前提一步步地推導，不能逾越，也不允許出現步驟上的錯誤。這樣的作法當然有合理之處，但在現實生活中，有些地方卻「不容」使用這種方式。像是講究出奇致勝的商場上，甲公司凡事講求邏輯推理，以求合理，但這種經營方式，對手乙公司只要依循邏輯也一定可以推論的出來，乙公司更只要提前一兩步加以防堵，就會讓甲公司寸步難行。

愛德華·德·波諾在他的著作《在「沒有問題」裡找問題》，提到了許多思考工具，這些工具的使用背後都源自於「水平思考」（lateral thinking）法。水平思考法是一種發散性的思考方法，它鼓勵人們擺脫舊有的經驗與觀念，各種想法最好是風馬牛不相干，以求擴大範圍思考，進一步提出許多解決問題的好點子。水平思考嘗試從不同的角度，提出不同解決問題的方法，屬於一種跳躍式的思考方式。

現在，生活中，幾乎處處可以看到水平思考的案例。電影「美國隊長」羅吉斯在尚未變身成英雄前，是個瘦小的士兵，有一次在鍛練跑步的過程中，經過一根又高又粗的旗竿，士官長說，誰可以取下國旗，就可以搭吉普車返回軍營。後來一堆士兵在旗竿下方蹦蹦跳跳，但就是沒有人能夠爬上去。結果「美國隊長」一舉拔掉了旗竿底的插梢，讓旗竿倒下來，順利拿下國旗，儘管有人質疑不合理，但因為士官長事前沒有說，不可以這樣做，只能讓美國隊長坐上吉普車，而這就是利用水平思考的方式。

此外，有關水平思考法在企業管理上的應用，也有一個著名的案例—水平行銷（Lateral Marketing）。水平行銷有別於垂直行銷，垂直行銷指的是傳統SWOT->STP->4P 的發展，透過這樣的區隔結果，只會市場區隔越來越細，產品同質化的情況更加嚴重，導致競爭越趨激烈，如圖 7-11 所示。

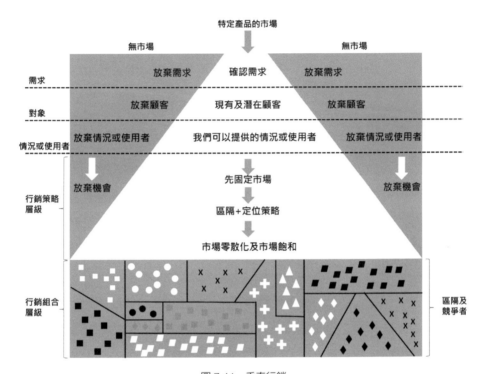

圖 7-11　垂直行銷
繪圖者：曾琦心
資料來源：Philip Kotler、Fernando Trias de Bes，《水平行銷》（Lateral Marketing），
商周出版，2005/01/31。

反過來看，行銷人員要在市場中殺出一條血路，必須不受到市場區隔的限制，才有機會開發出全新的產品，而如圖 7-12 所示。例如：我們要推出新的巧克力產品，在傳統行銷下，我們可能會針對不同區隔推出不同形狀、不同大小、不同種類、不同價位的巧克力產品。透過水平思考法，義大利食品商「費列羅」（Ferrero）就想到，將玩具包在巧克力裡，推出像「健達出奇蛋」一樣，讓小朋友的「三個願望一次滿足」。

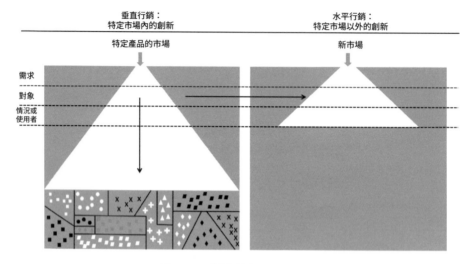

圖 7-12　垂直行銷與水平行銷

繪圖者：曾琦心

資料來源：Philip Kotler、Fernando Trias de Bes，《水平行銷》(Lateral Marketing)，
商周出版，2005/01/31。

　　過去因為商場上競爭激烈，大家都推出相同產品，在市場飽和後，大家只能
降價求售，搞得每家企業都沒有利潤。由於降價策略最容易「模仿」，最終就
是大家都殺紅了眼，把價格殺到對方受不了，然後看誰先退出市場，形成一片
「紅海」。反之，利用水平思考而想出的「藍海策略」則是企圖找到過去沒有人
開發過的市場。

　　所以，平常就請試著透過不同的角度來觀察事物，並且與有創意的人互動和
腦力激盪。如此一來，在創意思考的能力方面，一定能有所提升。

◆ 新產品定價—市場吸脂定價

　　模型思維在行銷上的應用範圍很廣，接下來將與大家分享在新產品「定價」
策略上的應用。常見的新產品定價策略有兩種：一是訂定高價的「市場吸脂定
價」，以及訂定低價的「市場滲透定價」。在此，先介紹市場吸脂定價（Market
Skimming Pricing）。

市場吸脂定價乃是先針對市場中，願意付較高價錢的人，以高價銷售產品。之後，再陸續針對不同顧客，逐次降低價格販售。這樣的作法可使廠商的利潤極大化。

舉例來說，一般高價的 3C 產品，在剛上市時，會訂定較高的價格進行販售，等經過一段時間，再陸續降價，吸引對價格較敏感的人購買。

市場吸脂定價背後有個假設，就是新產品剛上市時，會先有一小群人購買，降價之後，又會吸引一小群人購買，以此類推。

這樣的假設對於不同產品來說，未必適用。但從創新擴散理論（Diffusion of Innovations Theory）的角度來看，有其適用性。圖 7-13 是創新擴散模型。創新擴散模型將採用創新的人分成以下幾類：

1. 創新者（Innovators）佔 2.5%。

2. 早期採用者（Early Adopters）佔 13.5%。

3. 早期追隨者（Early Majority）佔 34%。

4. 晚期追隨者（Late Majority）佔 34%。

5. 落後者（Laggard）佔 16%。

這些類型的人就好像會在不同階段購買的人。

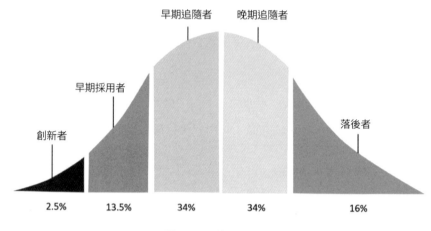

早期追隨者　　晚期追隨者

早期採用者

創新者　　　　　　　　　　　　　　　　　　　　落後者

2.5%　　　13.5%　　　34%　　　34%　　　16%

圖 7-13　創新擴散模型

從經濟學供需模型的角度來看（如圖 7-14 所示），廠商一開始先透過高價
P1，吸引 Q1 的人進行消費。之後再降價到 P2，吸引 Q1-Q2 的人進行消費，
以此類推，最後降價到 P*，累積吸引到 Q* 的人。這樣的好處是，廠商將獲得
原本不屬於自己的消費者剩餘（圖形左上角的部分），進而增加利潤。

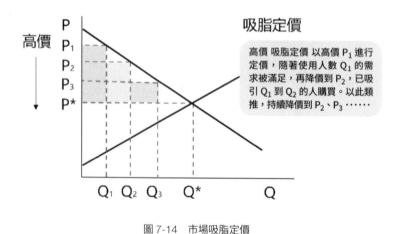

高價

P
P$_1$
P$_2$
P$_3$
P*

吸脂定價

高價 吸脂定價 以高價 P$_1$ 進行
定價，隨著使用人數 Q$_1$ 的需
求被滿足，再降價到 P$_2$，已吸
引 Q$_1$ 到 Q$_2$ 的人購買。以此類
推，持續降價到 P$_2$、P$_3$ ……

Q$_1$ Q$_2$ Q$_3$　　Q*　　　　Q

圖 7-14　市場吸脂定價

此外，市場吸脂定價的前提在於：

（1）產品品牌、品質具有價值

（2）有足夠的顧客願意付高價購買

（3）競爭者不輕易引發價格戰

市場吸脂定價受到企業的喜愛，除了能讓利潤極大化之外，價格通常會影響購買者的認知。高價商品背後隱含著高品質與特殊性。這對品牌的塑造有所幫助。另外，市場吸脂定價有助於吸引那些願意付高價的早期採用者，並且有機會創造有用的口碑行銷活動。

◆ 新產品定價—市場滲透定價

新市場定價略裡，除了有一開始訂定高價的吸脂定價法，還有一開始就採取低價的「市場滲透定價法」（Market Penetration Pricing）。市場滲透定價策略是以「低價」迅速打入市場，吸引大量購買者，以擴大市場佔有率。舉例來說，企業規模夠大的台塑、奇美往往以低價來快速獲取市場佔有率。

基本上，市場滲透定價背後的模型思維，是規模經濟。簡單來說，規模經濟是一條平均單位成本會隨著產量增加而遞減的曲線，如圖 1 所示。在圖 7-15 中，假設一開始的生產量是 Q1，這時對應到的平均單位成本是 C1，如果在定價上，採成本加乘定價法，定價將會是 P1（比 C1 來的高）。

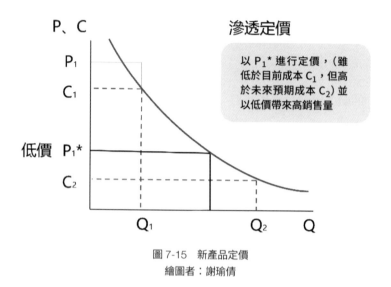

圖 7-15　新產品定價
繪圖者：謝瑜倩

　　但市場滲透定價會採取低於 C1 的定價，假設定價為 P1*，因為企業知道，只要企業的市場規模出來之後（例如增加到 Q2），這時候，企業個別的平均單位成本將變成 C2。所以，雖然 P1* 的定價雖然低於 C1，但卻高於 C2。但只要廠商的產量夠大，規模出現，不但市場占有率增加，而且還可以獲利。

　　不過，企業千萬千萬要記得，市場滲透定價的前提，在於市場規模。如果市場規模不夠大，就無法有效地降低平均單位成本。

　　此外，滲透定價策略還可再分為「快速滲透（Quick Penetration）法」和「慢速滲透（Slow Penetration）法」，其中快速滲透的成本相對較高，目的在於透過快速搶佔市場讓競爭對手無法跟上，甚至是逼迫他們離開。

　　值得注意的是，市場滲透定價在數位經濟下，還有其他有趣的應用。舉例來說，數位產品的變動成本趨近於零，所以當規模足夠大，平均單位成本將趨近於零。這時在定價上就有機會讓消費者「免費」使用。也就是透過免費，來快速掠奪市場占有率。與此同時，還可以發揮與網路經濟效應的加乘效果。

最後，滲透定價通常是一種長期策略。因此，企業在採取這種策略時應更加
謹慎。而且還要注意到，由於「降價」是所有競爭者最容易模仿的策略，因此
企業在降價時，就得考慮競爭者可能也會跟著降價。

綜合以上所述，一件看似簡單的新產品定價策略，背後牽涉到的模型不少，
無論是創新擴散模型、市場供需模型和規模經濟等，都要加以考量。

◆　透過服務利潤鏈，促使企業成長與獲利

不管是製造業或是服務業，只要產品（或服務）一旦銷售出去，企業就有責
任一路完成最終的售後服務，以獲取利潤。而行銷管理裡有一個模型，能協助
我們釐清，企業獲利的成長與人力資源管理有著密切的關係。這個模型稱為
「服務利潤鏈」（Service-Profit Chain）。

哈佛大學教授詹姆斯・赫斯克特（James L. Heskett）等人，於 2008 年在《哈
佛商業評論》（HBR）上發表了一篇文章，〈讓好服務變成好生意（讓服務利潤鏈
發揮效用）〉（Putting the Service-Profit Chain to Work）[7]。

赫斯特克在這一篇文章提出「服務利潤鏈」的概念，強調組織的「獲利」與
「成長」，來自於「顧客忠誠度」。顧客忠誠度又源自於「顧客滿意度」，顧客滿
意度取決於「服務價值」。服務價值的提供，又來自於「滿意、忠誠且能夠創
造生產力的員工」。而滿意且忠誠的員工，則起源於「內部品質」（包括：職場
環境、工作內容、決策自主、甄選訓練、資訊溝通、獎酬制度 ... 等）。

簡單來說，「服務利潤鏈」就是，企業讓員工滿意，員工讓顧客滿意，顧客
就可以讓企業滿意，進而形成良善的循環，如圖 7-16 所示。

---

[7] 資料來源：Heskett, James L., Thomas O. Jones, Gary W. Loveman, W. Earl Sasser, Jr., Leonard A. Schlesinger, 2008, Putting the Service-Profit Chain to Work, HBR, July–August 2008.

服務利潤鏈

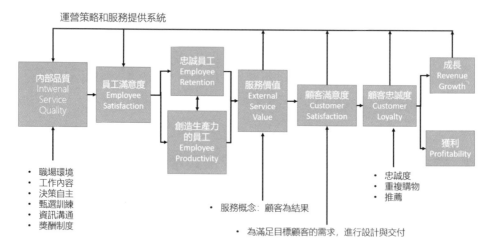

運營策略和服務提供系統

- 職場環境
- 工作內容
- 決策自主
- 甄選訓練
- 資訊溝通
- 獎酬制度

- 服務概念：顧客為結果
- 為滿足目標顧客的需求，進行設計與交付

- 忠誠度
- 重複購物
- 推薦

圖 7-16 The Links in the Service-Profit Chain

繪圖者：謝瑜倩

資料來源：Heskett, James L., Thomas O. Jones, Gary W. Loveman, W. Earl Sasser, Jr., Leonard A. Schlesinger, 2008, Putting the Service-Profit Chain to Work, HBR, July–August 2008.

　　值得注意的是，在服務利潤鏈的整個過程裡，「人資部門」扮演非常重要的角色。因為，人資部門對於公司的獲利，可以有著絕對性的影響。以「服務利潤鏈」來分析，人資部門應積極協助各單位的「甄選」與「留才」。一般來說，人資部門會花最多心力在甄選上，但卻花相對較少的時間在留才(因為這部分傳統上似乎是直屬主管的事)。

　　其實，人資部門可以透過「教育訓練」、「組織發展」、「組織承諾」、與「賦權」等工具，協助企業塑造出良好「內部品質」的氛圍。亦即讓員工對工作本身、對同事、對公司擁有良好的感覺，進而增加員工忠誠度，做好留才的動作，並減少因為員工流動所造成的損失。當員工擁有高度忠誠後，再配合良好的教育訓練，來提升員工生產力，進而創造服務價值，增加顧客滿意度與顧客忠誠度，最後驅動企業的成長與獲利。

透過以上的邏輯思路，人資部門就可以根據組織發展的計畫（例如：教育訓練、組織發展、組織承諾、與賦權 ... 等），設定相關的關鍵績效指標（KPI：Key Performance Indicator）（例如：員工滿意度、員工留任率、組織認同 ... 等），以提升各個部門的績效。同時，透過這樣的邏輯，人資部門也可以瞭解，自己對於公司獲利與成長的貢獻，進而強化自己在公司的定位，而不是把自己做成只注重同仁上下班，出勤要準時打卡的末梢單位。

◆ 社群顧客的消費旅程

消費者在準備消費時，往往會尋求他人的看法或口碑，而社群媒體的出現，對消費者的購買決策產生了強大的影響。舉例來說，由於消費者向自己親朋好友查詢店家口碑時，獲得回應的速度可能遠不如上網查詢。因此消費者很容易詢問他們可能從未見過面的「臉友（臉書上的朋友）」，詢問他們在渡假時去哪家餐廳用餐。而消費者本身在購買產品之後，可能也會頻繁地分享有關產品的資訊，並透過評級與評論影響他人的決策。這個過程就被稱為「社群顧客的消費旅程」（The Social Customer Journey）

以往，在行銷管理學的理論裡，有所謂「顧客旅程」（The Customer Journey）的概念，強調企業可透過「顧客旅程地圖」（CJM, Customer Journey Maps）的繪製，分析顧客在消費旅程中的各個階段、與員工在各個接觸點（touch point）產生的情緒，明確指出能夠改善的問題，進而提升顧客滿意度。

美國埃默里大學（Emory University）行銷學教授瑞安‧漢密爾頓（Ryan Hamilton）等人，便根據以上的發現，擴大了顧客旅程理論的範疇，發展出「社群顧客的消費旅程（The Social Customer Journey）」模型（如圖 7-22 所示），來解釋以上的現象。

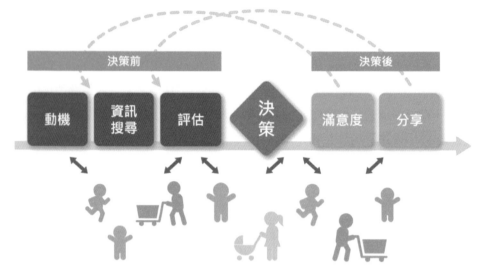

圖 7-17 社群顧客的消費旅程 (The Social Customer Journey)

繪圖者：彭媛蘋

資料來源：Hamilton, Ryan, Rosellina Ferraro , Kelly L. Haws, and Anirban Mukhopadhyay（2021），
"Traveling with Companions: The Social Customer Journey," Journal of Marketing, Vol. 85（1）68-92.

　　社群顧客的消費旅程模型，主要是一條線性六大步驟的旅程，包括：動機、資訊搜索、評估、決策、滿意度和分享。不過，漢密爾頓教授首先說明這樣的線性描述，並不見得能夠完全捕捉到決策的動態，因為消費者可能會在階段之間迭代或在任何階段退出，以重新啟動旅程。但建構線性模型，卻能為之後的分析，提供簡潔且可推廣的基礎。

　　此外，社群顧客的消費旅程模型中的社交夥伴（即旅伴），無論是一個人還是一群人，都可以影響單一顧客在各階段的決策過程。同時，他們也會受到該名顧客的影響。

　　另外，漢密爾頓教授認為，社交夥伴可以在旅程中扮演著許多不同的角色。例如，與對新餐廳讚不絕口的朋友面對面互動，或是在社群媒體和評論網站上

對匿名用戶的讚譽和熱烈評論。為了幫助理解和描述這些不同的角色和其影響，漢密爾頓教授同時提出了「社交距離連續帶」（Social Distance Continuum）的概念（如圖 7-18 所示）。

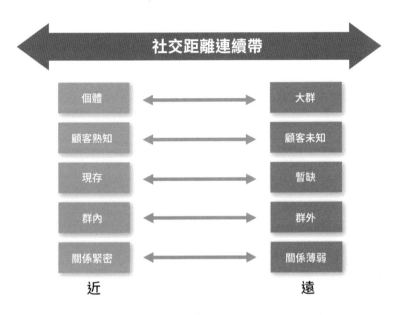

圖 7-18　社交距離連續帶 (Social Distance Continuum)
繪圖者：彭煖蘋

資料來源：Hamilton, Ryan, Rosellina Ferraro, Kelly L. Haws, and Anirban Mukhopadhyay（2021），"Traveling with Companions: The Social Customer Journey," Journal of Marketing, Vol. 85（1）68-92.

　　根據「社交距離連續帶」的概念，社交距離受到許多社會關係維度的影響，包括：個體數量、已知程度、是否存在、群體內外和關係強度。這些維度會據以形成一種整體的「社交距離感」。然而，並非所有維度都需要位於連續體的極端，才能將社交夥伴解釋為鄰近或疏遠的。

　　通常鄰近的社交夥伴都是那些顧客所熟知的現存個體，與顧客有著密切的聯繫，屬於群體內的人。例如，某位熟知 3C 商品的好朋友。反之，疏遠的社交夥伴通常是那些顧客未知、關係薄弱的群體，是否存在甚至未知，屬於群體外的人。例如，某個知名的 YouTuber。

最後，漢密爾頓教授等人認為，這種社交距離的區別會對社群夥伴和旅程產生影響，距離越近影響越大。例如，與疏遠的社交夥伴相比，鄰近的社交夥伴對顧客旅程產生較大的影響。

但漢密爾頓教授等人也試圖強調，背後可能產生的例外，例如：在何種情況下，疏遠的社會影響更為重要；是否有其他維度（變數）對社交距離的變化產生影響；鄰近或疏遠的社交夥伴可能扮演的角色，都有待後續研究進行探索。

數位行銷模型

◆ 線性思維與指數思維

多數的企業都想追求成長，不過，有些企業進步飛快，有些則是宛如牛步。這背後的原因之一，主要是採取的成長思維模式不同。其中，「線性模型」（Linear Model）成長與「指數模型」（Exponential Model）成長，兩者的差異有如天壤之別。

線性模型與指數模型的成長，剛開始並沒有很大的區別。從成長曲線的角度來看（如圖 7-19 所示），線性模型的成長是一條直線；指數模型的成長是一條曲線，而隨著時間的演進，兩條線的差距會越來越遠，到後來甚至是判若雲泥。

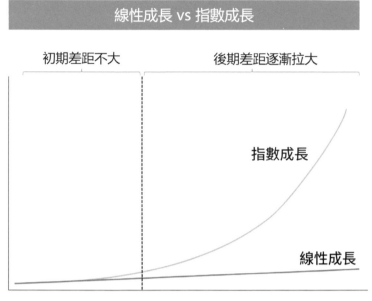

圖 7-19　線性思維與指數思維
繪圖者：謝瑜倩

　　線性模型與指數模型在生活上的應用比比皆是。例如，美國作家詹姆斯・克利爾（James Clear）的《原子習慣》（Atomic Habits），以及美國作家與演說家戴倫・哈迪（Darren Hardy）的《複利效應》（The Compound Effect）都強調，無論是在教育、商業、理財等生活上的各個層面，每天一點點小小的改變，長期下來，將會產生天翻地覆的變化。尤其，詹姆斯・克利爾就強調，如果每天進步百分之一，持續一年，您會進步 37 倍；反之，每天退步百分之一，一年後就會弱化到接近於零，「時間效應」會放大成功與失敗之間的差距。

　　戴倫・哈迪指出，「指數成長」即是這些微小的改變，經過長時間的累積以及再投入，終將產生強大的「複利效應」。

只是大多數的人，都習慣線性思維而不是指數思維。就像一般人很難想像，一張厚度 0.01 公分的紙，最多只能對摺 8 次，甚至如果可以對摺 103 次，厚度將等於宇宙。

　　而從商業經營的角度來看，拜資通訊科技成長與數位經濟蓬勃發展之賜，指數思維商業模式的實現，獲得了極大的機會。當企業在發展成長策略時，傳統的線性思維的成長，主要來自於廠房設備、服務據點、人力資源等固定成本的增加。但是，指數思維的成長，主要來自於用戶數的增加，像谷歌、臉書等社群媒體，並非固定成本的增長。而這裡也看出「線性思維」商業模式的背後，其實承受著極高的風險。

　　最後，薩利姆‧伊斯梅爾（Salim Ismail）等人在《指數型組織》（Exponential Organizations）一書中提到，指數型組織擁有遠大的目標，並深信自己在短時間之內就有機會達成。希爾頓酒店集團（Hilton）用了近百年的時間，在全球打造超過約 70 萬間客房，而 Airbnb 則只用了 4 年（到 2020 年，與 Airbnb 合作的房間已達 230 萬間）。

　　更重要的是，指數型組織擁有隨需求而聘僱的員工，以及擁有一群充滿熱情、願意奉獻時間與專業的外包群眾，以保持營運上的彈性及降低營運成本。此外，指數型組織能善用資料科學技術，精進服務品質，快速增加用戶數，創造網路外部效應。

　　因此，無論是個人在生活上，或是經營企業，善用指數思維，而且不小看每天一點點小小的改變，長期下來（例如當初努力學得的英語、日語能力，如果持續使用，或者很久不用）將會產生天翻地覆的變化。

◆　再談指數思維

　　打造一個能在績效、速度、成本上勝出競爭者 10 倍的「指數型組織」，是一種非常吸引人的構想。擁有創新、富含高度競爭力的「指數成長」也是一種非常迷人的想法。但是，為什麼許多企業或個人無法擁有「指數」思維？

　　許多人的答案可能是「被困在舒適圈裡」；另外一些人的答案可能是「受限於現有的框架」。這些答案都對，然而，還有另一項顯而易見的原因，常常被人所忽略：就是「市場規模」。因為，組織對市場規模的思維格局太小，就不可能追求能取得快速成長的業務目標。

　　在《指數型組織》(Exponential Organizations) 一書中，作者薩利姆‧伊斯梅爾 (Salim Ismail) 開宗明義地提出，指數型組織要有宏大的變革目標 (Massive Transformative Purpose，簡稱 MTP)。這裡的「宏大」，指的是要影響千千萬萬的人。Google 的使命是「彙整全球資訊，供大眾使用，使人人受惠」。代表 Google 想要影響全世界所有人。值得注意的是，這裡的「宏大」也是指「市場規模」。

　　想像一下，如果一家公司的主要顧客，只是利基市場裡的小眾。此時這家企業每天看到的顧客數有限、年度的成長也有限，所以就不容易有、也不會有「指數成長」的思維。或者，反過來說，一旦企業企圖發展成指數型組織，但快速成長後，市場馬上就飽和了，這時想要在原市場裡繼續成長下去，根本不可能，所以也就無法成為「指數型組織」。

　　此外，「受限於現有的思維模式」也是無法擁有「指數思維」的原因。舉例來說，某一家企業選擇分店一家一家地開；顧客一個一個去找，這是線性思維？還是指數思維？許多人會說這是線性思維，但平心而論，這不也是許多大企業，一路走來的成長的方式嗎？

在「指數思維」下，如果某一家企業「膽敢」選擇以不開店或是發展成為平台，而是讓顧客自動上門與推薦親朋好友購買產品，這才真正是指數思維的方式，如圖 7-25 所示。

圖 7-20　線性思維與指數思維
繪圖者：彭媛蘋

此外，指數思維與線性思維，在經過一段時間後，成長的差異為何越來越大？背後最主要的原因，來自於這些成長是「源自科技而非人力」。一旦成長的動力是來自於科技，就容易發揮邊際成本趨近於 0、或是規模經濟與網路效應的加乘效果，進而產生快速、巨幅度的提升，如圖 7-21 所示。

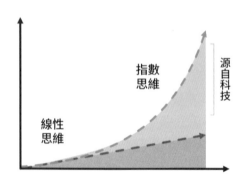

圖 7-21　線性思維與指數思維成長的差異為何越來越大
繪圖者：彭媛蘋

最後，伊斯梅爾在《指數型組織》（Exponential Organizations）一書中提到，指數型組織的屬性：包括要有宏大的變革目標（MTP）；善用群眾外包；善用資料科學；善用資產而非擁有資產；善用遊戲化創造網路效應。如果您是企業主，您能做得到嗎？或者如果您是一般員工，敢向主管做出類似的建議嗎？

◆ 梅特卡夫定律

「梅特卡夫」定律是由 3Com 公司的創始人，也是以太網路（Ethernet）共同發明人羅伯特‧梅特卡夫（Robert Metcalf）所提出。他認為，網路價值與用戶數的平方成正比，亦即網路使用者越多，價值就越大（如圖 7-22 所示）。

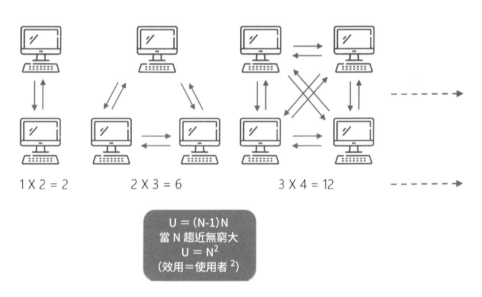

圖 7-22　梅特卡夫定律

繪圖者：謝瑜倩

從圖 1 中可以發現，當只有兩台電腦時，連線所產生的效用是 2(A 傳給 B；B 傳給 A)。當有三台電腦連線，這時所產生的效用是 6(A 傳給 B；B 傳給 A；A 傳給 C；C 傳給 A；B 傳給 C；C 傳給 B)......，以此類推。

我們可以從圖 1 中，發現背後有個規則，亦即兩台電腦連線的效用是 1X2=2；三台電腦連線的效用是 2X3=6；四台電腦連線的效用是 3X4=12；......。因此，如果您有 100 個電腦連線用戶，此時連線效用 99X100 = 9,900。可觀的是，如果將用戶數倍增至 200，連線效用快速增加到 199X200=39,800，等於用戶增加一倍，效用已逾四倍。換言之，成長的速度都以倍數計。一直到 N 台電腦連線的效用是 (N-1)N。而當 N 趨近於無窮大時，效用 U 就等於 N 平方 (U=N2)。

梅特卡夫定律強調，當越多人使用時，新技術的總價值會越高。而且，當規模達到一個臨界點後，其價值會呈現爆炸性的成長，這也就是所謂的網路效應 (Network Effect)。

在現實生活中，臉書和搜尋引擎 Google 可能是梅特卡夫定律最簡單直接的例子，因為隨著臉書用戶的增加，讓「臉友」可與更多的親朋好友連接上，而用戶又可以接觸到更多的內容、與更多的人交談，再透過他們的發文，接觸更廣泛的大眾，像雪球一般越滾越大。

至於 Google 也是相同，隨著更多的網友使用 Google 搜尋引擎，有兩種效用顯著增加：一、搜尋結果變得更加準確，更像是量身定做；其次，網路連結越多，其服務或產品對廣告商的價值就越高，而這也就是「梅特卡夫定律」的精髓所在。

不過，有正例，也就有反例，過去在電腦和網際網路尚未普及之前，有一個設備原來也頗受到歡迎—傳真機，當年傳真機也有凌駕電話之勢。國際上使用的企業和個人非常普遍，它也享受過「梅特卡夫定律」的便利。不過，後來則

因為傳真機無法即時回應的特性，加上必須經常需要補充感熱紙，造成使用上的不便，因此逐漸失去消費者的青睞。

前一陣子，我的一個朋友在網路上說他有一台傳真機，只用了一、二個月就收了起來，後來整理房間時，想要把它送給人，不但沒有人要，還被年輕人詢問它能收電子郵件嗎？他在思考過兩分鐘後，就決定把它丟進回收車裡，讓清潔隊直接載走。

◆　網路效應

「網路效應」又稱「網路外部性」（Network Externality）。簡單來說，網路效應是指一個產品、服務的價值，會隨著其使用人數的增加而增加。而網路外部性是指「個人是否願意加入某一網路（或群體），與該網路（或群體）中現有的顧客數量有關」。

舉例來說，一旦已經有許多人購買或擁有特定商品，此時，其他消費者希望購買或擁有這項商品的意願會跟著增加，這就是「正向網路外部性（Positive Network Externality）」。比方說，看到身邊每個人都在使用 Line 在進行溝通，會增加我們下載 Line 來使用的動機。

反之，如果已經有許多人購買或擁有某種商品，此時，消費者希望能購買或擁有此商品的意願會降低，這就是「負向網路外部性（Negative Network Externality）」。例如，對於許多女孩子來說，到某家服飾店裡購買衣服，如果該店員意外說了一句：「我們這件衣服賣得超好，保證您出門一定會撞衫」，可想而知，這個女孩子馬上就退避三舍，大概再也不會想買這款衣服。

此外，我們還可以用簡易的數學概念，來解釋網路效應的思維。假設現在有兩個群體，一個群體有 10 人，另一個群體有 100 人。當一個人選擇要加入這兩個群體中的任何一個時，他會考慮加入邊際效用較大的那一個，如圖 7-23 所示。

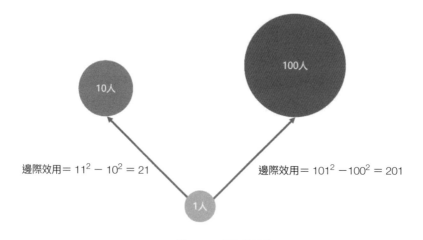

圖 7-23　網路外部性
繪圖者：謝瑜倩
資料來源：台灣科技大學資管系盧希鵬教授講義

還記得梅特卡夫方程式嗎？ 網路效用等於使用者平方（U = N2）。接下來我們就用梅特卡夫方程式來解釋以上的概念。

當一個人加入現有 10 個人的群體時，他所產生的邊際效用是 112 - 102 = 21，而當他加入現有 100 個人的群體時，他所產生的邊際效用是 1012 - 1002 =201。

從兩個邊際效用的數字來看（21 與 201），加入現有人數較多的網路，所創造出來的邊際效用較大。因此，會促使更多的人想要加入它，這就是「網路外部性」。

此外，以上概念，還可以解釋為何許多公司要不斷地擴大規模、增加會員人數？例如電信公司為何要不斷宣稱自己是全台最大網？或是透過併購方式增加會員人數。

　　由圖 7-24 可發現，原本兩家會員人數各為 10 人的企業，其效用分別是 100（因為 U＝N2），加總後是 200。而當兩家公司合併成一家時，會員人數變成了 20，這時的效用就變成了 400。

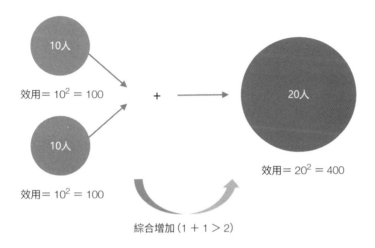

效用＝10^2＝100

＋

20人

效用＝10^2＝100

效用＝20^2＝400

綜合增加（1＋1＞2）

圖 7-24　由網路外部性效果解釋併購行為
繪圖者：謝瑜倩
資料來源：台灣科技大學資管系盧希鵬教授講義

　　由圖形中可以看出合併後的效用（400），比合併前個別效用的加總（200）還大，這就是所謂的綜效（1＋1＞2 的效果）。

◆ 大就是美？ 規模經濟與網路效應的加乘效果

　　網際網路自從上世紀末發展以來，無論是入口網站、社群媒體、搜尋引擎，甚至是美食遞送或影音服務平台。有意投入的企業，無不以追求「最大數量用戶」為唯一考量，這其實是植基於「規模經濟」和「網站外部性」的兩種思維的加乘效果。因此，業者初期都以「免費使用」、「大量補貼」為策略賣點，以招徠用戶或消費者，但如果企業的口袋不夠深則要小心使用，以免資金很快燒完。

所謂的「規模經濟」是指，隨著數量的增加，平均單位成本會因此而降低。最後，規模經濟的曲線會趨近於變動成本（在此不考慮「規模不經濟」）。而數位產品的特性之一，在於變動成本很低（可以趨近於零）。

例如：數位產品軟體的複製成本、電子報的複製成本都很低。進一步來說，如果有廠商製作了一份實體宣傳品，寄給旗下的 1000 名顧客，每一份的印刷製作費用和遞送成本可能要新台幣 10 元，然而在製作宣傳品的同時，一併轉換成電子報，製作和遞送成本可能馬上下跌至 1 元；如果這家企業旗下有十萬、甚至百萬名顧客，全部改以電子報形式來發送，每一份的費用，可能跌至 0.01 元。

所以，一旦規模出現之後，數位產品的規模經濟曲線有機會趨近於零，如圖 7-25 所示。

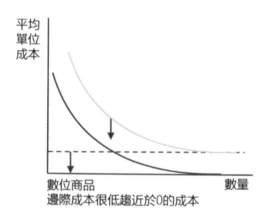

圖 7-25　數位產品規模經濟
繪圖者：謝瑜倩

現在，如果再將「網路效應」的概念加入，配合規模經濟，背後的加乘效果，可以讓企業達到「大者恆大」的境界。

當網路效應出現之後,使用者數目呈指數增加,進而促使企業降低產品或服務的平均單位成本,使得企業產品與服務因此更具有競爭力。如此又會讓更多的人使用企業的產品與服務,進而進入一個「正向循環」的境界(如圖 7-26 所示)[8]。

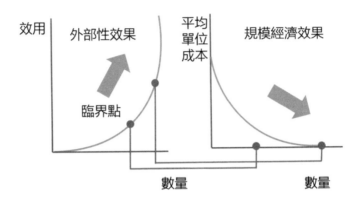

圖 7-26　外部性效果配合規模經濟
繪圖者:謝瑜倩

再強調一次,「網路效應」強調的是市場使用者的數量,一旦使用者的規模達到「臨界點」時,它的使用價值便呈倍數成長。同時,由於使用者增多,因此能吸引更多新使用者加入。

使用者多的優點在於:一、因為使用者多,價值高,回饋多,所以品質會愈來愈好,更符合需求;二、由於使用者多,因此企業的單位成本也愈來愈低。結果便產生一個成本愈低、品質愈好、效用愈高的「強者恆強」的環境。但要特別注意的是,因為使用者越多,企業為了滿足使用者,很可能會讓產品或服務愈趨複雜,因此在策略上,反而應力促簡單化。

---

[8] 如何找出臨界點,類似的觀念可以參考,Malcolm Gladwell,齊思賢譯,《引爆趨勢》,時報出版。

同時，在網路效應理論下，業者為了加速達到臨界數量，經常採用「補貼」和「免費」策略，結果不是無利可圖，就是很快把資金燒光。因此，就又衍生出「羊毛出在狗身上，豬來買單」的商業模式。有意採用這類策略的企業，必須區別出羊、狗和豬都位在何處，以及他們的意圖和興趣。

◆ 學習效應、網路效應與規模經濟的加乘效果

之前，曾經為大家介紹過網路效應與規模經濟的加乘效果，接下來，要再為大家介紹一種能夠增加網路效應價值的「學習效應」（Learning Effect）。

不過要強調的是，這裡的「學習效應」並不是指企業透過傳統的知識管理，讓整個企業或組織變成所謂的「學習型組織」，進而增加競爭優勢的方式。這裡的學習效應則是聚焦在「網路能夠不斷地自行創造價值，或是讓現有的網路效應增加價值的一種學習效應」[9]。

舉個例子來說，搜尋引擎 Google 剛問世時，使用人口不多，第一次搜尋出來的結果常常不是很精準，並非是自己想要的。不過，當越多人使用 Google 搜尋後，Google 透過演算法，就不斷自行優化搜尋結果，間接讓消費者搜尋體驗越來越好，這就是「自行創造價值」；而當搜尋結果持續地優化，吸引更多網友使用 Google，又讓現有的網路效應增加價值，等於兩者相互推動、持續進步。

值得注意的是，「學習效應」特別容易從資料產品（Data Product）中展現出來。例如，當一家線上學習公司，透過分析學習者線上學習的資料，展現學習效應，他們就能更了解學習者的學習狀況（無論是從學習者本身的學習狀況來推估，或是從其他類似的學習者身上來預測），接下來進一步提供更精準的「客製化」學習服務。

[9] Marco Iansiti, Karin R. Lakhani 著，李芳齡譯，《領導者的數位轉型 (Competing in the Age of AI: Strategy and Leadership When Algorithms and Networks Run the World)，天下文化，2021 年 5 月 10 日。

　　再看看電動車特斯拉、電動機車 Gogoro，更是不斷透過無線傳感器進行遠端的監測（某一個零件是否快要失效，電池是否快要沒電等），進而對所蒐集的資料進行分析，並透過學習效應，不斷優化服務內容（主動提醒車主早些更換電池或零件…等），藉此提升顧客滿意度。

　　另外，學習效應的競爭優勢來源，往往來自於規模經濟。以前面 Google 搜尋為例，當越多的人使用搜尋後，經過學習效應，Google 的搜尋結果越好。相反的，當使用的人越少，越不容易發揮學習效應。而對於線上學習公司、電動車、電動機車製造商來說，越多人使用該公司的產品或服務，該公司將能發揮學習效果，透過演算法，提供客戶更精準、更客製化的服務。

　　從以上的介紹中可發現，學習效應與網路效應及規模經濟有關，三者之間可以發揮加乘效果。因此，為了擁有網路效應與展現學習效應，「規模」又是核心中的核心，如圖 7-27 所示。

圖 7-27　學習效應與網路效應及規模經濟
繪圖者：彭媛蘋

也難怪許多提供數位產品與服務的公司，像是智慧型手機、線上點餐或宅配等，都要想盡辦法在短期內積極地擴張規模，縱使不斷透過「補貼」，也在所不惜。

◆ 混成思維與融合思維

相信在學生時代，大家都讀過化學中「混合物」和「化合物」的概念。在混合物中，參與混合的物質，最終仍保有它原來的性質，而化合物則是結合成一種全新物質。這一次我們要來談談近來在教育學習領域中的「混成」與「融合」思維，它們也有類似混合物和化合物的概念。...

近十年來，受網際網路普及影響，各個企業無不在追求「數位轉型」。以教育服務機構為例，數位轉型背後的就出現混成（Blending）與融合（Merge）思維。

混成思維源自於混成學習（Blending Learning）的概念。以往，學生與老師上課的方式，雙方都必須趕赴同一個教室，並以面授（Face to Face）方式進行。後來網路盛行，有所謂的「數位學習中心（Digital Learning Center）」以及「線上（同步、非同步）」學習的方式出現，並且產生了各種不同學習模式的「混搭」。

舉例來說，學生可以先在數位學習中心進行數位課程的學習，然後在特定日子裡，再到課堂上與老師進行面對面地解答疑惑；之後，學生還可以回家透過線上考試系統進行試題演練，以了解自己對於課程的熟悉程度。

這種混成學習的方式，最近在疫情出現之後，又有了許多新的應用。舉例來說，過去某一家顧問公司都會定期安排一位加拿大的有名講師，飛抵台灣進行授課，過程採用兩天的工作坊（Workshop）方式進行。

　　2020 年，因為疫情緊繃，講師無法親自飛來台灣授課，於是該顧問公司便採取實虛混成的方式進行。老師人在加拿大，學生們則在台灣的訓練中心集合，透過遠端同步方式進行授課。

　　2021 年，台灣不幸進入三級警戒，為了避免群聚，顧問公司隨即將所有課程搬到線上。老師一樣在加拿大，而學生則分布在全台各地。這樣的結果，不但避免了無法開課的問題，反而學生人數也因此變多了，如圖 7-28 所示。

圖 7-28　混成思維
繪圖者：謝瑜倩

　　至於「融合思維」，源自於新零售的概念，從 O2O（Online to Offline），進化到 OMO（Online Merge Offline）。我們一樣以教育服務機構為例，由價值鏈的角度來看，從教學研究、師資培訓、授課、服務、營運管理、行銷……等，每個環節都有線上線下融合的做法。

例如：線上數位標準化教學資源與線下非標準化教材的融合；線上授課與線下授課的融合；線上同步、非同步課程與線下各類實體課程的融合；線上行銷活動與線下行銷活動的融合......等。可以融合成五花八門各種不同的上課方式。進一步看，這種融合已不只是線上與線下的融合，還有室內與戶外的融合（探索）、校內與校外的融合，以及實體與虛擬的融合（VR/AR）......等，如圖7-29 所示。

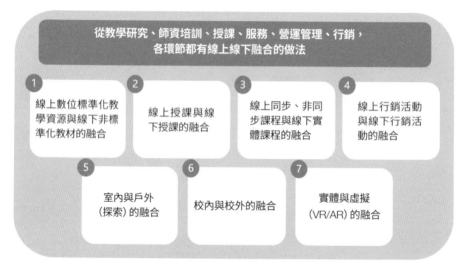

圖 7-29　融合思維
繪圖者：謝瑜倩

至於混成與融合的差異，在於混成主要偏重學習模式的混合，而融合則是整個商業模式與營運模式的改變。無論是混成或是融合，對於面臨數位轉型的企業來說，都有很大的參考價值。

◆ 訂閱制思維

在日常生活中，「訂閱」是一種相當普遍的消費習慣。從早年的訂閱報紙、雜誌，到訂購專人送貨到府的羊乳、優格、有機蔬菜箱。只要廠商有意願、又有物流、金流系統支持，消費者也願意買單，其實幾乎沒有商品不能訂閱（現在連汽車都可以訂閱）。全球最大訂閱管理平台祖睿（Zuora）執行長暨共同創辦人左軒霆（Tien Tzuo）與《訂閱》雜誌總編輯蓋比‧偉瑟特（Gabe Weisert）在《訂閱經濟（Subscribed）》一書中，就指出這樣的消費趨勢。

在這本書中提到許多成功的「訂閱制」模式，其中包括亞馬遜（Amazon）的 Prime 截至 2021 年的訂閱會員人數已達 2 億人；網飛（Netflix）脫離傳統 DVD 租賃業務，轉型成為串流媒體訂閱服務；已有百年歷史的老媒體「紐約時報（The New York Times）成功轉型數位訂閱，而微軟的 Office 作業系統也早在幾年前就開始走向訂閱制。

麥肯錫顧問公司在 2018 年，出版一份報告在〈訂閱的盒中思考〉（Thinking inside the subscription box）[10]，內容提到：

訂閱電子商務市場，在 2013 年到 2018 年間，每年以 100% 以上的速度增長。產品五花八門，包括：嬰兒用品、隱形眼鏡、化妝品、女性用品、寵物食品、刮鬍刀、內衣、女士和男士服裝、電子遊戲和營養品。

老實說，「訂閱制」的概念並不算新。現在，在辦公室上班的人應該都有過類似的經驗。每隔一段時間，辦公室裡影印機（事務機）的廠商，就會派人來保養、記錄、更新，並且每個月收取租賃與使用的費用。甚至過了一段時間，還會搬來最新的影印機（事務機）進行更換。

[10] https://www.mckinsey.com/industries/technology-media-and-telecommunications/our-insights/thinking-inside-the-subscription-box-new-research-on-ecommerce-consumers#

畢竟一台影印機（事務機）並不便宜，多功能的大型影印機可能要價十多萬元，對中小企業也是一項財務負擔。如果影印機公司採取銷售機器的方式，而非利用租賃、訂閱制的方式來進行銷售。願意購買影印機（事務機）公司的數量，應該會比現在少很多。

　　根據麥肯錫顧問公司的分類，訂閱制包括三種：補貨式訂閱（Replenishment Subscriptions）、策展式訂閱（Curation Subscriptions）以及會員制訂閱（Access Subscriptions）。

　　首先，「補貨式訂閱」讓消費者能自動購買商品，例如刮鬍刀或尿布；「策展式訂閱」則透過提供服裝、美容和食品等新產品或高度個人化的體驗，來讓消費者充滿驚喜；「會員制訂閱」讓消費者支付一定的費用，以獲得更低的價格或是會員專屬權益（專人送達），常見於服裝和食品，如圖 7-30 所示。

補貨式訂閱	策展式訂閱	會員制訂閱
讓消費者能自動購買商品	透過提供服裝、美容和食品等新產品或高度個人化的體驗，來讓消費者充滿驚喜	讓消費者支付一定的費用，以獲得更低的價格或是會員專屬權益（專人送達）

圖 7-30　麥肯錫顧問公司三種訂閱制
繪圖者：彭煖蘋

另一方面，「訂閱制」的優點，主要可以為企業帶來穩定、可預期的收入。資誠創新整合公司董事長劉鏡清就分析，2008 年金融風暴時，IBM 的股價相對穩定，因為 IBM 的營收，有很大的比例來自於訂閱制。根據估計，當時 IBM 的訂閱合約收入約 6,500 億元。

同時，對於顧客來說，訂閱制的好處還可以降低交易成本。畢竟當所訂閱的服務自己相當滿意，只要企業端保證變動不大，此時就不用每次再花時間、精力去搜尋與進行交易。

最後，為了讓消費者持續訂閱，麥肯錫顧問公司建議，提升個人化的體驗是讓消費者繼續訂閱的最重要原因，並且讓消費者感受到物有所值與便利，也能促使消費者持續訂閱。而這也是為何許多廠商會透過行銷資料科學，來提升訂閱制背後個人化體驗的原因。

◆ 淺談「平台策略」

企業在進行「數位轉型」的過程中，有一種思維非常重要，那就是「平台思維」。「平台」(Platform) 指的是一家企業，無論能提供商品、服務、場域，甚至是工具，它能夠連結使用者、消費者、供應商等關係人，並透過關係人的交流而獲利，像是 Uber 沒有自己的車輛，卻能載客，像是 Airbnb 沒有自己的客房或飯店，卻能讓旅客過夜，都是典型的代表，而平台思維的展現，又有賴「平台策略」的高度落實。

至於「平台策略」(Platform Strategy) 再進一步解釋，則是藉由建立一個平台，促使關係人進行交流，進而獲利的一種方法。無論獲利來源是「羊」毛出在「羊」身上，或是「羊」毛出在「狗」身上，最後由「豬」來買單（其中的「羊」：消費者；「狗」：擁有大數據的企業；「豬」：花錢買大數據的企業）。

許多人可能以為「平台策略」的概念很新，事實上，平台概念很久以前就已經出現。舉凡微軟的作業系統(OS)或是VISA的信用卡，都是平台概念的典型範例。

平台策略要能成功，有一項很重要的關鍵，就是擁有「網路外部性(network externality)」。這裡，網路外部性是指，一旦越多人已經擁有、使用或購買某種商品時，其他消費者希望能擁有、使用或購買此商品的意願也會跟著增加。舉例來說，當我們在選擇文書處理軟體時，因為身邊的人都使用微軟的Office，此時，我們使用微軟Office的意願就會增加。

值得注意的是，網路外部性的建立，常常又與「先行者優勢」(First Mover Advantage)有關。所謂「先佔先贏」，先行佈署、卡好位置後，企業有機會享有「品牌定位」、「規模經濟」、「專業技術」、「網路外部性」等優勢，如圖7-31所示。(不過，後進者也不用太擔心，另一方面也可以說明，一旦市場被「先佔」後，後進者則可選擇「利基市場」來經營，或是另外創建市場)。

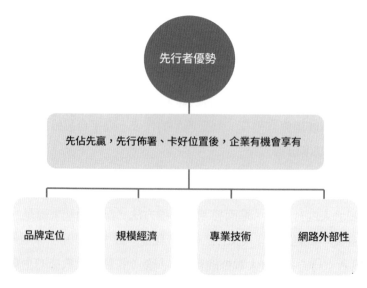

圖7-31 先行者優勢
繪圖者：謝瑜倩

　　既然平台概念很早以前就有，為何近幾年特別受到重視？主要的原因，在於「『互聯網＋』營運模式」的出現，顛覆了各行各業。互聯網＋計程車，產生了Uber；互聯網＋住房，讓 Airbnb 於焉誕生。平台策略問世後，讓傳統的計程車業者與飯店業者，面臨了強大的威脅。許多傳統業者們以前不覺得「平台概念」或「平台策略」跟自己相關，而當新型態營運模式以創新方式經營後，傳統業者往往掉入進退維谷的困境當中。

◆「平台」與「網路效應」之間的關係

　　剛開始研究「平台策略」的人，很容易搜尋到一篇刊登於 2006 年 10 月號的《哈佛商業評論》(Harvard Business Review, HBR)，篇名為〈打造雙邊市場策略〉(Strategies for Two-Sided Markets) 的經典文章，作者是湯瑪士・艾森曼 (Thomas R. Eisenmann)、傑佛瑞・帕克 (Geoffrey G. Parker) 與馬歇爾・阿爾斯泰恩 (Marshall W. Van Alstyne) 等三人。

　　在這篇文章談到的「雙邊市場」(Two-Sided Markets)，位在市場兩側的使用者，指的就是消費者與供應商，而能將他們連結起來的產品或服務就是「平台」。因此「打造」雙邊市場策略，其實就是在探討「平台策略」。而能建構的基礎就是網路，該文即探討「平台」與「網路效應」之間的關係。

　　「網路效應」(Network Effect) 的概念與「網路外部性」類似。「網路效應」指的是當某種產品 (也可能是服務或平台) 的使用者增加時，該產品 (服務或平台) 對消費者的價值會增加 (或減少)。舉例來說，當我們身邊的人都使用微軟的 Office，這時微軟的 Office 對我們的價值就會增加。

　　不過，有一個現象值得特別注意，因為在這裡「網路效應」可分成「同邊效應」與「跨邊效應」，以及「正向效應」與「負向效應」。

「同邊效應」(Same-Side Effects) 指的是，平台某一邊的人數增加，同一邊的使用者會覺得平台的價值增加或減少；至於「跨邊效應」(Cross-Side Effects) 指的是，平台某一邊的人數增加，另一邊的使用者會覺得平台的價值增加或減少。「正向效應」(Positive Effects) 指的是價值「增加」，「負向效應」(Negative Effects) 指的是價值「減少」。

將「同邊效應」與「跨邊效應」，以及「正向效應」與「負向效應」進行排列，可以得到以下四種組合 (如圖 7-32 所示)。

	同邊效應	跨邊效應
正向效應	**正向同邊效應** 越多人使用中華電信，中華電信對用戶的價值越高	**正向跨邊效應** 越多店家接受 Visa 信用卡，消費者的便利性越高。越多消費者使用 Visa 信用卡，店家越有意願加入 Visa
負向效應	**負向同邊效應** B2B 交易市集的供應商，會希望競爭者越少越好。	**負向跨邊效應** 當 Uber 吸引「乘客」的速度遠超過「司機」時，乘客候車的時間就會增加。反之，司機空檔的時間就會增加。

圖 7-32　網路效應
繪圖者：彭嬡蘋

1. 正向同邊效應 (Positive Same-Side Effects)

對「消費者邊」來說，越多親朋好友使用中華電信的網內免費互打服務為例，作為中華電信用戶的價值就越高。

2. **負向同邊效應**（Negative Same-Side Effects）

對「供應商邊」來說，B2B 的供應商希望使用者越多越好，競爭者則是越少越好。

3. **正向跨邊效應**（Positive Cross-Side Effects）

對「消費者邊」與「店家邊」來說，越多店家接受 Visa 信用卡，消費者的便利性越高。越多消費者使用 Visa 信用卡，店家越有意願加入 Visa（而且這種跨邊效應未必會是對稱的。例如：對 Visa 來說，增加一家「店家」，對其平台成長的影響，可能大過增加一位「消費者」所帶來的影響）。

4. **負向跨邊效應**（Negative Cross-Side Effects）

對「乘客邊」與「司機邊」來說，一旦 Uber 吸引「乘客」的速度，遠超過「司機」的人數時，乘客候車的時間就會增加。反之，司機空檔的時間就會增加。

以上的理論，提醒想要經營或是正在經營「平台」的企業，應思考如何妥善管理四種「效應」。

◆「平台策略」— 如何解決「補貼兩難」的問題？

企業在採取「平台策略」時，為了鼓勵有更多的使用者上線使用，很容易使用一種配套措施，那就是「補貼」。多年來，這種配套不斷演進，而「補貼」的意義與目的，都是不斷地透過降價或是免費的方式，讓「受補貼方」更願意使用，進而快速打開市場。

只是，在「雙邊平台」策略下，由於資源有限，這些平台企業不可能無限制地降價或免費地「燒錢」鼓勵使用者。因此，到底該先「補貼」哪一邊，就成了「雞生蛋、蛋生雞」的問題。

安德烈・哈邱（Andrei Hagiu）與湯瑪斯・艾森曼（Thomas Eisenmann），在 2007 年的 HBR，曾經發表過一篇文章《押寶不如分段解套》（A Staged Solution to the Catch-22）。

這篇文章英文標題中的 Catch-22，源自《第 22 條軍規》這部小說。這本小說由美國作家約瑟夫・海勒（Joseph Heller）所著，內容提到一項荒謬的規定。大意是「喪失心智的飛行員可以申請停飛，但限定必須本人才能辦理，如果該飛行員有能力申請停飛，代表他不可能喪失心智 ...」。哈邱與艾森曼利用這個故事，來凸顯「補貼」的兩難，並說明企業可採取「分段式策略」，來解決「補貼」兩難的問題。

哈邱與艾森曼以搜尋引擎 Google 為例，來說明「分段式策略」的執行。Google 先以「授權」搜尋引擎給大型入口網站起家，一開始只將它的服務賣給其中一邊，對於另一邊的顧客，服務的價值並非來自於另一邊的人數，所以最早還不能算是一個「平台」。

不過，在逐步累積了大量的一般使用者之後，Google 才開始增加廣告業務，追求另一邊的成長。對廣告商來說，廣告服務或者產品的價值來自於另一邊的使用者的人數成長，至此「雙邊平台」才終於出現。

後來，在《平台經濟模式》這本書裡，帕克等人（Geoffrey G. Parker et al.）進一步提出解決「雞生蛋與蛋生雞困境」的八種策略。我們把它重新排列組合一下，並將其區分成三大類給大家參考，如圖 7-33 所示：

圖 7-33　「雞生蛋與蛋生雞困境」的八種策略
繪圖者：彭媛蘋

1. 先服務「單邊」，再服務「雙邊」

- 「播種策略」(Seeding Strategy)：Google 推出 android 作業系統時，提供 500 萬美元獎金，鼓勵程式開發者設計程式。

- 「跑馬燈策略」(Marquee Strategy)：Sony、Microsoft 吸引重要夥伴藝電 (Electronic Arts, EA) 開發遊戲軟體。

- 「單邊策略」(Single-Side Strategy)：OpenTab 初期贈送定位系統給餐廳業者使用。

- 「勾引生產者策略」(Producer Evangelism Strategy)：Skillshare 吸引名師開設線上課程。

2. 同時服務「雙邊」

- 「搭便車策略」（Piggyback Strategy）：PayPal 搭 eBay 的便車。

- 「大爆炸策略」（Big-Bang Adoption Strategy）：使用多種傳統行銷方式，瞬間引爆。

- 「微型市場策略」（Micromarket Strategy）：Facebook 先以哈佛大學校園師生的使用，來帶動啟動。

3. 先經營「非平台」，後經營「平台」

- 「跟兔策略」（Follow-the-Rabbit Strategy）：先經營非平台事業，再擴大成平台事業，如 Amazon。

　對於有意發展平台策略的企業來說，「補貼」這個配套措施是個有趣且重要的議題，必須一併考慮，而上述的作法，提供我們良好的指引。

◆ 如何建構 AI 行銷矩陣？

　美國貝伯森學院（Babson College）管理與資訊科技教授湯瑪斯・戴文波特（Thomas H. Davenport）等人，於 2021 年 8 月號的《哈佛商業評論》（HBR）上發表一篇〈如何設計 AI 行銷策略〉（How to Design an AI Marketing Strategy），談到企業如何藉由 AI 人工智慧，直接從顧客購買歷程（Customer journey）著手，當潛在顧客還在探索與評估時，企業就可以先透過 AI 進行消費者洞察與分析，同時對潛在顧客主動推播精準廣告以引導其進行搜尋，對行銷產生巨大的貢獻。

　　湯瑪斯‧戴文波特等人指出，一旦有意購物的顧客進入企業網站時，可以透過 AI 來增進消費者體驗，並可根據顧客過去的瀏覽紀錄，推薦適合他們的產品。AI 還能協助追加銷售（Upselling）和交叉銷售（Cross-selling）。例如，透過「聊天機器人」協助開發潛在顧客。

　　甚至在消費者將產品放進購物車後，戴文波特教授舉例，AI 可以透過具體的話術來促使完成訂單。舉例來說：「您真是購物高手！台北的艾琳也買了相同的無線耳機。」類似這種做法，可以讓轉換率提高了五倍以上。

　　在售後服務方面，AI 能比真人更全年無休地處理各種不同的服務需求，包括，顧客來電分析轉接；顧客電郵意見分類、分析、回饋；甚至是交貨時間查詢等。

　　接著，戴文波特在本篇文章中提出「AI 行銷矩陣」。該矩陣由「智慧先進程度」與「獨立整合程度」，將 AI 行銷區分成四種類型，如圖 7-34 所示。

圖 7-34　AI 行銷矩陣
繪圖者：謝瑜倩
資料來源：Davenport, Thomas H., Abhijit Guha, and Dhruv Grewal,
"How to Design an AI Marketing Strategy," HBR, July-August 2021.

1. 智慧先進程度

戴文波特教授根據智慧先進程度，將 AI 行銷技術分成兩大類：任務自動化（Task automation）與機器學習（Machine learning）。

「任務自動化」技術所需的人工智慧程度較低，強調能夠執行重複、結構性高的任務。例如，自動向新顧客傳送歡迎簡訊，或是配置一些功能較簡單的聊天機器人。「機器學習」所需的智慧程度較高，能透過資料進行訓練，發展出複雜的預測模型。這些模型能協助企業進行市場區隔、線上廣告的程式化購買（Programmatic buying）、預測消費者對不同促銷方案的回應等。

2. 獨立整合程度

戴文波特教授依據獨立整合程度，將 AI 應用程式分成兩大類：獨立的 AI 程式（Stand-alone application）與整合的 AI 程式（Integrated application）。

獨立的 AI 程式，顧名思義是指獨立運作的 AI 程式。例如，企業開發出一款使用 Google 或是 IBM Watson 等功能的 AI 系統，但這個系統並不與企業本身的資訊系統連結；而整合的應用程式，意指 AI 程式會與現有系統進行整合。例如，將 AI 程式整合進企業的顧客關係管理系統，以便對顧客展開精準行銷。

藉由以上對智慧先進程度（高低）與獨立整合程度（高低）進行排列組合，便可構成四種象限的 AI 行銷矩陣。

至於 AI 行銷矩陣的使用，戴文波特教授建議企業可以採取「循序漸進」的方式。一開始可以先採用獨立、基本的 AI 技術，並且在累積大量數據之後，再移轉到機器學習。接著再尋找新的內外部資料來源，將 AI 逐步整合到現有的行銷管理系統當中。而從獨立的任務自動化系統，到追求整合的機器學習應用，行銷人終將看到背後龐大的價值所在。

◆ 典範轉移

「典範轉移」這個名詞，是由孔恩（Thomas S. Kuhn）於《科學革命的結構》（The Structure of Scientific Revolutions）這本書所提出。

　　孔恩解釋，所謂的「典範」（Paradigm），是指在一個研究社群裡，各成員所認同的信念、價值與方法（通常會用「教科書」來呈現）。而「典範轉移」（Paradigm Shift）是一種「科學革命」，是一種對各成員所認同的信念、價值與方法，進行轉變的過程。

　　孔恩在書中以「光學」為例，提到，十八世紀的物理學教科書，認為光是「粒子」，此光學典範來自於牛頓（Newton）的《光學》。十九世紀的物理學教科書，認為光是「橫波」，此光學典範源自楊格（Young）與佛雷斯諾（Fresnel）。今日的物理學教科書，則告訴學生光是「光子」，是一種「具有波動性與粒子性的量子力學實體」，此光學典範由普朗克（Planck）、愛因斯坦（Einstein）等人所提出。物理光學典範的轉變，就是一種科學革命，舊典範被新典範所取代，如圖 7-35 所示。

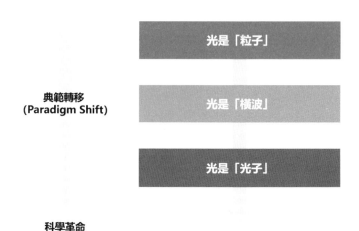

圖 7-35　典範轉移
繪圖者：謝瑜倩

將此概念類比到「管理學」與「管理實務」,「管理典範」意指「企業經營成功的法則」(可以寫在管理學教科書裡)。但也因為商業環境一直在變,所以新典範不斷地出現。

　　舉例來說,因為「匯流」(Convergence)現象的興起(無論是「數位匯流」、「技術匯流」、「市場匯流」... 等),導致「價值」[11]的改變,進而影響到商業世界「典範轉移」(Paradigm Shift)的出現。此時,如果企業「營運模式」的改變,跟不上「價值」的改變,在經營上,就會面臨到嚴峻的挑戰。

　　從「桌機」、「筆電」到「手機」、「穿戴式裝置」...,各種終端裝置推陳出新,搭配「電腦」、「電信」、「電視」的三網匯流,以及網路上的「雲、霧計算、邊緣計算」,再加上「擴增實境」與「虛擬實境」的實虛「融合」與「整合」,甚至是元宇宙的誕生,新需求與新應用不斷地出現,產業之間的疆界也變得越來越模糊。

　　在此之際,企業除了要有能力,規避(潛在)競爭者與替代者所帶來的威脅外,還要能掌握新的機會(例如:與「互補者」合作,發展「平台策略」,掌握「多邊市場」。)

　　商業世界詭譎多變,「典範轉移」正持續進行,所以,商管教科書也不斷地在改版。

---

[11] 這裡的「價值」,套用吳思華教授「策略九說」的說法,就是「顧客」所認知、「商品」所傳遞、「企業」所創造的「價值」。